高性能纤维复合材料土木工程应用技术指南

Guide for the Design and Construction of Fiber Reinforced Plastics in Civil Engineering

陈小兵　主　编

李　荣
丁　一　副主编

中国建筑工业出版社

图书在版编目（CIP）数据

高性能纤维复合材料土木工程应用技术指南/陈小兵主编.
北京：中国建筑工业出版社，2009
ISBN 978-7-112-11316-3

Ⅰ. 高… Ⅱ. 陈… Ⅲ. 纤维增强复合材料-应用-土木工程-指南 Ⅳ. TB33-62

中国版本图书馆 CIP 数据核字（2009）第 169223 号

本书的主要作者是国家标准《纤维增强复合材料建设工程应用技术规范》的主要参编人。本书全面系统地介绍了 FRP 材料在建筑结构加固领域中的设计、施工及检验方法；汇集了国内外该领域的最新研究成果；还针对 FRP 设计中常遇到的设计计算，编制了计算分析软件。除了混凝土结构加固，本书还针对砌体结构、木结构和钢结构的 FRP 加固技术进行了介绍。本书还介绍了国内外应用 FRP 材料的新型加固技术和工程实例，以及配套组合技术，如 FRP 网格（CGR）加固、嵌入式（NSM）加固、机械锚固快速加固（MF-FRP）等；作为国标的重要补充，希望能给读者带来启发和帮助。

本书对科研人员、设计人员、施工人员及材料厂商等都具有较大的参考价值。

责任编辑：赵梦梅
责任设计：崔兰萍
责任校对：张 虹 赵 颖

高性能纤维复合材料土木工程
应用技术指南
Guide for the Design and Construction of Fiber
Reinforced Plastics in Civil Engineering
陈小兵 主 编
李 荣
丁 一 副主编

*

中国建筑工业出版社出版、发行（北京西郊百万庄）
各地新华书店、建筑书店经销
北京千辰公司制版
北京富生印刷厂印刷

*

开本：787×1092 毫米 1/16 印张：14½ 字数：352 千字
2009 年 12 月第一版 2009 年 12 月第一次印刷
定价：**36.00** 元
ISBN 978-7-112-11316-3
（18577）

本书编写人员

主　编　陈小兵

副主编　李　荣　丁　一

编写人　阳　涛　陈　烈　王伟军　黄小龙　谭　壮

本书参编单位

中冶建筑研究总院有限公司

中国京冶工程技术有限公司

日本新日本石油株式会社

日本 KONISHI 株式会社

日本日米树脂株式会社

前言　Preface

自 1997 年国内第一个碳纤维加固混凝土梁的试验以来，FRP 结构加固技术在国内迅速发展，已经成为钢筋混凝土结构主要的加固方法之一，2003 年正式出版了中国工程建设标准化协会标准《碳纤维片材加固混凝土结构技术规程》，FRP 材料在建筑结构上应用的国家技术标准和材料标准也正在编制之中，FRP 材料在建筑中的应用正经历着前所未有的发展时期。

相比几年前的状况，FRP 在建筑领域里的技术研究、应用又有了很大的发展，设计计算方法更加成熟，FRP 产品更加丰富，应用领域更加宽阔，应用技术更加多样，施工管理及质量检验也更加标准。在国际技术交流活动、科研活动及工程应用中我们认识到，有必要编著一本能比较全面反映这些技术成果的技术指南，为科研、设计、施工提供指导和参考。

本书的主要作者长期从事于 FRP 行业的科研、设计、施工及材料生产领域的工作，在国内最先开展了 FRP 加固技术的研究及工程应用，并作为主要起草人参与了多部 FRP 相关规范和标准的编制。在本书中我们力求能比较全面地介绍 FRP 材料在建筑结构加固领域中的设计、施工及检验方法，特别是一些目前在国内还没有推广应用的技术方法，以及与其他加固技术的配套组合技术，如 CGR 及 NSM 加固方法，这些技术都是对现有的外部粘贴 FRP 片材加固技术的补充，在很多情况下同外部粘贴 FRP 片材相比具有很大的技术优势，能解决很多应用中的技术问题。本书中还介绍了 FRP 加固混凝土结构计算软件，计算机设计软件的引入使设计工作更方便、使设计更能体现 FRP 材料的特性，同时保证结构的安全及材料的经济。

在日本新日本石油株式会社、日本 KONISHI 株式会社、日本日米树脂株式会社等公司的支持鼓励下，在中冶建筑研究总院有限公司的支持下，共同完成了本书的编写工作。本书编写过程中日本新日本石油株式会社、日本 KONISHI 株式会社以及日本日米树脂株式会社提供了大量的技术及图片资料，提出了很多宝贵的建议。

本书的编写还得到了很多朋友和公司的帮助，在此要特别向关心并帮助过本书编写的日本 TEIJIN 公司、日本 TORAY 公司以及厦门博士泰公司表示衷心的感谢。

目录　Contents

第一章

序言

Introduction

纤维增强复合材料（Fiber Reinforced Polymer/Plastics，简称 FRP）问世于 20 世纪 40 年代，依赖其优异的性能，在航空、航天、国防、体育休闲用品等领域得到了广泛应用。随着经济的飞速发展，人们对建筑物安全性、适用性和耐久性的要求不断增强，对于新结构、新技术及新材料都提出了新的挑战。相对于传统的建筑材料，FRP 材料具有高强、轻质、耐腐蚀、可设计性强、低磁感应性、热膨胀系数小等突出的优点，近年来成为土木建筑领域研究开发和应用的热点，特别是在钢筋混凝土结构的补强加固领域。

FRP 材料在土木工程中的应用形式主要包括以下几个方面：

1. 用于结构加固：外贴 FRP 片材加固、FRP 筋体外预应力加固、FRP 网格材等各类型材加固；
2. 在新建结构代替钢筋：FRP 筋混凝土结构、预应力 FRP 筋混凝土结构；
3. FRP-混凝土组合结构：FRP 管混凝土结构、FRP-混凝土组合梁、组合桥面板等；
4. FRP 结构：全 FRP 桥、FRP 网架等。

自 1997 年国内第一个碳纤维加固混凝土梁的试验以来，FRP 材料应用技术在我国迅速发展，2003 年正式出台了中国工程建设标准化协会标准《碳纤维片材加固混凝土结构技术规程》[1]，新的《纤维增强复合材料建设工程应用技术规范》也即将颁布，外贴 FRP 片材加固技术已经成为钢筋混凝土结构加固的主要方法之一。作为传统建材的一个重要补充，FRP 材料具有巨大的发展潜力。

相比几年前的状况，FRP 在建筑领域中的技术研究和应用有了很大的发展，设计计算方法更加成熟，FRP 产品更加丰富，应用领域更加宽阔，应用技术更加多样，施工管理及质量检验也更加规范。从所从事的国际技术交流以及科研活动、工程应用中，我们认识到有必要编著一本能比较全面地反映近年来国内外 FRP 建筑工程应用领域的技术现状及发展方向的书籍，为科研、设计及施工提供指导和参考。

本书的参编单位及编委都长期从事于 FRP 行业的科研、设计、施工及材料生产领域的工作，在本书中我们力求能比较全面地介绍 FRP 材料在建筑结构加固领域中的材料、设计、施工及检验方法。本书精选汇集了国内外该领域的研究成果，介绍了相关领域的发展方向，对采用 FRP 加固设计的基本理念、设计方法、工程应用中的技术问题做了详细介绍。本书还针对FRP设计中常遇到的设计计算编制了计算分析软件，可以使设计工作更方便、使设计更能体现FRP材料的特性，同时保证结构的安全性及材料的经济性。本书列举了国内外众多应用FRP材料的加固技术和工程实例，特别是一些目前在国内还没有推广应用的技术方法，以及与其他加固技术的配套组合技术，如FRP网格（CGR）加固、嵌入式（NSM）加固等，这些技术都是对现有的外贴FRP片材加固技术的补充，已经被证明具有明显的技术优势和广阔的应用前景，但在国内还没有被推广应用，希望本书的出版能给读者带来启发，为这些技术的推广作出贡献。

作为FRP材料在土木工程中应用的主要领域，本书主要介绍钢筋混凝土结构补强加固中使用的FRP体系，其中主要包括纤维布、FRP板材及FRP网格材。其他在建筑结构加固中应用较少的FRP筋材、FRP型材、管材、索材只做简单介绍，由于目前实际工程中主要采用的是碳纤维材料，故除非有特别注明，文中相关内容主要是指碳纤维材料。

1.1 外贴FRP片材加固技术

外贴FRP片材加固是通过配套粘结树脂将FRP片材（包括纤维布和FRP板）粘贴于混凝土构件表面从而起到补强加固的作用，是FRP材料在土木建筑中最主要的应用形式。该技术包括两种应用方法，一种方法是纤维布在现场粘贴与树脂复合成一体图1.1.1（*a*），另一种方法是粘贴预制成型的FRP板材图1.1.1（*b*）

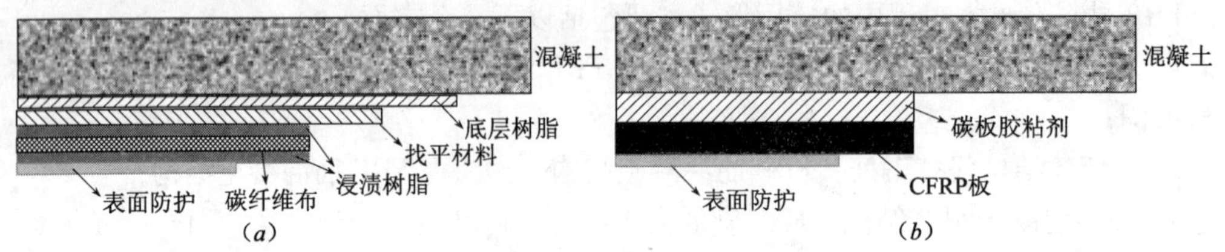

图1.1.1　外贴FRP片材加固工法示意
（*a*）外贴碳纤维布；（*b*）外贴CFRP板

外贴FRP片材加固技术已经成为国际上被广泛应用的新型结构加固技术。图1.1.2为外贴碳纤维布对钢筋混凝土框架结构的梁、板、柱进行加固的工程实例照片。

图1.1.2　外贴FRP片材加固实例

1.1.1 技术优势

传统的混凝土结构加固方法主要有加大截面法、外包钢法、体外预应力加固、喷射混凝土、粘钢板加固等，都存在一定的缺陷，如增加结构自重、施工难度大、节点不易处理、易锈蚀等，相比之下，外贴FRP片材加固技术具有明显的优越性：

1. 高强高效

FRP具有优异的力学性能，在加固修补混凝土结构中可以充分利用其高强度、高弹性模量的特点来提高混凝土结构的承载力和延性，改善结构受力性能，达到高效加固补强的目的，对于抗震加固尤其具有重要意义。

2. 不增加结构自重和截面尺寸

FRP片材质量轻且薄，粘贴加固后对原结构自重和构件尺寸基本没有影响。

3. 施工便捷

FRP加固施工不需大型机具，易于现场切割，施工占用场地少且没有湿作业，施工时对周围环境影响小，施工工期短，施工质量易保证。

4. 良好的耐久性和耐腐蚀性

FRP材料可用于恶劣环境下桥梁、建筑等的加固修复，没有钢材普遍存在的锈蚀问题，可大大降低后期维护费用。

5. 适用面广

适用于各种结构类型、结构形状、结构部位的加固，如曲面、转角等，不改变结构形状且不影响结构外观。可广泛应用于钢筋混凝土梁、板、柱、墙体的加固，也可用于桥梁、隧道、筒仓、烟囱、电线杆的加固，还可以应用于砌体结构、木结构和钢结构的加固。

1.1.2 研究与应用发展概况

FRP材料加固混凝土结构技术的研究始于1984年，瑞士联邦材料实验室[2]进行了最早的碳纤维板加固钢筋混凝土梁的试验。20世纪80年代，美国、日本和欧洲的一些国家相继开展了FRP加固混凝土结构技术的研究开发，主要采用外贴FRP片材对已有结构进行补强或抗震加固。

荷载增加、使用功能改变、设计失误、施工质量差或因遭受火灾、地震灾害等原因，都可能导致结构构件需要进行补强与加固。特别是在美国、日本的几次大地震中，许多建筑物和桥梁发生了倒塌或遭到严重损坏后（图1.1.3、图1.1.4），对抗震性能不足的结构进行抗震加固的需求日益突出。在震后损坏建筑结构的加固修复中，FRP加固技术的优越性得到很好的验证，为该技术的推广应用提供了良好的契机。美国洛杉矶一幢七层旅馆的加固[3]是使用FRP材料对钢筋混凝土柱进行抗震加固的一个成功范例。1992年6月28日在Landers发生了7.5级地震，震中距该建筑175km，结构柱出现了严重的斜向裂缝。震后对该建筑的结构柱采用外包玻璃纤维进行了加固，在加固结束后几个星期，又发生了Northridge地震（1994年），在这次地震中该建筑没有受到任何损坏。1997年日本用于加固补强的碳纤维布年使用量已突破100万m^2，并呈现逐年平稳增长的态势。

图 1.1.3　日本阪神地震中高架桥的破坏

图 1.1.4　日本阪神地震中建筑物的破坏

我国对 FRP 加固技术的研究始于 1997 年，中冶建筑研究总院有限公司（国家工业建筑诊断与改造工程技术研究中心）于 1997 年 10 月进行了国内首批外贴碳纤维布加固梁试验（图 1.1.5）。国内首个工程应用实例为北京巨龙公司 1 号建筑梁板加固（图 1.1.6），由国家工业建筑诊断与改造工程技术研究中心于 1998 年 4 月完成。随后在短短几年中，外贴 FRP 片材加固技术已成为全国土木建筑行业研究和应用的热点，很快为市场所接受，而市场的扩大使材料的成本大幅下降，这为 FRP 材料在建筑中的应用发展提供了更大的可能，在我国已迅速发展成为建筑结构补强加固的主要技术。至 2005 年，国内应用于建筑加固补强的纤维布达到了 100 万平方米左右，从事 FRP 试验研究及技术开发的科研单位几十所，用于土木建筑行业中的碳纤维制品生产销售的厂家几十个，从事于碳纤维加固补强的专业公司上百个，已经形成了相当大的研发、生产、设计、应用的社会群体。

目前 FRP 材料在土木建筑中的应用以加固钢筋混凝土结构为主，加固的形式又以外贴 FRP 片材为主，但 FRP 技术在砌体结构、钢结构、木结构中的应用，以及采用 FRP 筋材、网格材、预应力 FRP 片材加固技术的应用已有很多，新的应用形式、新的产品、新的规范规程的研究正在世界各地广泛开展。

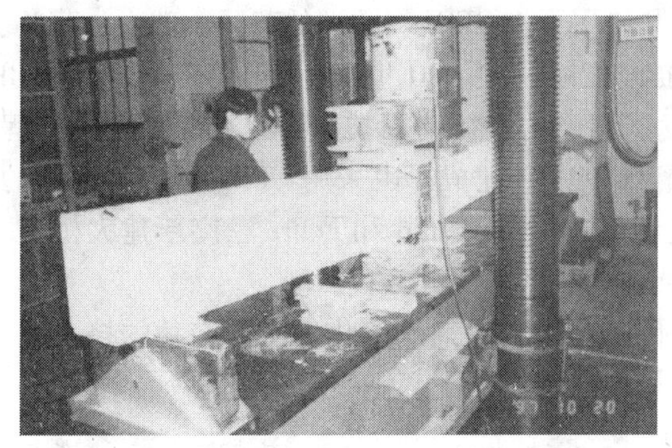

图 1.1.5　国内首个碳纤维布加固梁试验

图 1.1.6　国内首个碳纤维布加固工程实例

1.2　FRP 用于新建结构

FRP 材料具有许多与传统建筑材料不同的特点，除用于结构加固以外，在新建结构中也有很大的发展空间，主要体现在：

1. 轻质高强，FRP 的比强度（强度与密度之比）是钢材的 20 ~ 50 倍，采用 FRP 材料可大大减轻结构自重，并可使大跨桥梁和建筑物的极限跨度大为增加。

2. 良好的耐腐蚀性，可用于港口工程、地下工程、桥梁、化工建筑等有特殊环境下要求的建构筑物。

3. 可设计性强，FRP 产品成型方便，形状可灵活设计。

4. FRP 为线弹性材料，在发生较大变形后还能恢复原状，对于承受较大动载和冲击荷载的结构较为有利。

FRP 材料还具有透电磁波、绝缘（CFRP 除外）、隔热、热膨胀系数小等其他优势，在一些特殊建筑中能够发挥其他建材难以取代的作用。

1.2.1　FRP 筋在新建结构中代替钢筋

传统钢筋混凝土结构中配置非预应力和预应力钢筋，在处于恶劣环境条件时，如干湿交替、化学介质等作用下，极易引起钢筋的腐蚀，严重影响结构的耐久性和适用性，甚至导致结构承载能力的降低。相比之下，防腐性能好、粘结性能与钢筋相差不多且抗拉强度高的 FRP 筋成为代替钢筋的一个较好选择。

20 世纪 60 年代初，美国 Marshall-Vega 公司生产出 GFRP 筋，用于解决近海地区和寒冷地区的钢筋混凝土结构遭受盐蚀危害问题。20 世纪 80 年代初开始，FRP 筋逐渐大量应用于有特殊性能要求的结构物中代替钢筋，如有磁共振医疗设备的建筑及海堤、工业厂房屋面板等受严重化学侵蚀的结构物中。1985 年，美国 San Antonio 医院大楼的 MRI 设备的桩、柱和梁中均采用了 GFRP 筋。1986 年，San Antonio 的大学建筑中的边墙和钢筋混凝土梁中配置了 GFRP 筋。

20 世纪 70 年代初，德国首先开始研究采用 FRP 筋替代传统的高强钢丝修建预应力桥。1986 年，世界上第一座采用 GFRP 筋的预应力混凝土公路桥——Ulenberg Strass 桥建成，荷载等级为60/30级重交通荷载，全桥共使用了4t GFRP。欧洲的英国、瑞士、荷兰、丹麦等国相继建造了一些采用FRP预应力筋或索的桥梁。20世纪80年代，美国Cornell大学成功进行了预应力FRP束的试验，开发了相应的连接锚固技术，并在多项桥梁工程中应用。加拿大第一座FRP预应力公路大桥于1994年建成，由采用CFRP预应力绞线的大梁组成。加拿大还将FRP预应力筋应用于Taylor、Crowchild和Foffre三座新建大桥上，均于1997年建成，经静载和动载试验，效果非常理想。

FRP筋的另一个应用对象是岩土工程，目前已用于因潮汐变化等干湿交替的挡土墙、地基锚杆及地铁沉井等工程中。

图1.2.1 FRP筋在新建结构中代替钢筋

1.2.2 FRP结构及组合结构

由于FRP材料具有高强、轻质、耐腐蚀等优点，FRP结构和FRP组合结构的应用也日益受到工程界的重视。FRP结构是指主要结构构件完全采用FRP材料组成的结构，FRP组合结构是指FRP材料与传统的结构材料（主要是混凝土和钢材）通过合理的组合，共同承受荷载的结构形式。

1. 早期试验性的FRP结构

20世纪60年代，英国已开始生产GFRP复合材料的屋盖结构，运往中东和北非建造使用，1968年一个采用GFRP夹心板与铝质骨架的圆顶结构建于利比亚Bengazhi；1972年阿联酋的Dubai国际机场，采用GFRP伞状屋顶。20世纪70年代及80年代初期，英国的一些建筑采用了GFRP作为除梁柱以外的承重或半承重构件。1974年，第一个全复合材料建筑在英国Lancashire落成，外形为三棱锥体组成的空间结构。早期的FRP结构，大多带有一定的试验性质，尚未在土木工程中形成规模。

2. 桥梁工程中的FRP结构构件

随着FRP生产技术和产品形式的迅速发展，FRP结构在桥梁工程中得到迅速发展。英国、瑞士、丹麦、日本、美国及中国等国家，均成功建造了一系列全FRP结构的人行天桥。同时，FRP结构也被应用于承受较大反复动载的公路桥梁中。1982年，我国在北京密云建成了一座跨径为20.7m的GFRP蜂窝箱梁公路桥。1994年，英国建造的Bond Mill桥采用GFRP拉挤型材组合而成，是一座可通过40t卡车的活动桥。1996年，美国Kansas州Russell架起了第一座采用FRP桥面板的公路桥。此后不到十年的时间里，采用

FRP 桥面板的中小型桥梁在美国已有数十座。FRP 桥面板还被用于替换老化的混凝土桥面板。此外，FRP 索还可替代钢索用于斜拉桥和悬索桥。

图 1.2.2　FRP 桥面板施工

图 1.2.3　全 FRP 人行桥

图 1.2.4　FRP 斜拉桥

3. FRP 用于大跨结构体系

利用 FRP 材料轻质高强的特点可以实现更大的跨度，目前已有 FRP 空间网架、轻质屋盖等成功的应用实例。

图 1.2.5　FRP 网架

图 1.2.6　FRP 屋盖

1.3 相关标准、规范和指南

外贴 FRP 片材加固技术已经得到国际工程界的普遍认同，为了确保该技术发展的规范化，各国相继成立了相关的专业委员会，并开展了相关标准、规范和指南的编制工作。日本土木学会（JSCE）设立了连续纤维增强混凝土委员会，美国混凝土协会（ACI）成立了440 专业委员会（ACI440），欧洲、加拿大也相继成立了相关的委员会。2000 年我国成立了“中国土木工程学会混凝土与预应力分会纤维增强塑料（FRP）及工程应用专业委员会”，由国家工业建筑诊断与改造工程技术研究中心任主任委员单位，每两年举办一次全国性的学术交流会，已成功举办 2000 年北京密云、2002 年昆明、2004 年南京、2006 年济南、2007 年广州五届会议。

目前国际上已有的与外贴 FRP 加固技术相关的标准、规范及指南详见表 1.3.1。我国于 2003 年正式出台了中国工程建设标准化协会标准《碳纤维片材加固混凝土结构技术规程》[1]，又于 2004 年底发布了《结构加固修复用碳纤维片材》、《纤维片材加固修复结构用粘接树脂》两个建设部产品标准，目前 FRP 材料在土木建筑中应用的国家标准和其他产品标准也将陆续出台。

FRP 加固技术标准、规范及指南 **表 1.3.1**

名　　称	编　制　单　位	颁布时间（年）
Guide for the Design and Construction of Externally Bonded FRP Systems for Strengthening Concrete Structures[4] 外贴 FRP 加固混凝土结构设计与施工指南	美国混凝土学会（ACI）440 专业委员会	2002
Design Guidance for Strengthening Concrete Structures using Fibre Composite Materials[5] 纤维增强复合材料加固混凝土结构设计指南	英国混凝土协会	2000
Externally Bonded FRP Reinforcement for RC Structures[6] 外贴 FRP 加固混凝土结构	欧洲　CEB-FIP	2001
Recommendations for Upgrading of Concrete Structures with Use of Continuous Fiber Sheets[7] 连续纤维布加固混凝土结构设计建议	日本土木学会（JSCE）	2001
碳纤维片材加固混凝土结构技术规程[1] （CECS 146：2003）	中国工程建设标准化协会标准 国家工业建筑诊断与改造工程技术研究中心主编	2003

续表

名　　称	编　制　单　位	颁布时间（年）
纤维片材加固修复结构用粘接树脂 JG/T 166—2004	中华人民共和国建筑工业行业标准 国家工业建筑诊断与改造工程技术研究中心主编	2004
结构加固修复用碳纤维片材 JG/T 167—2004	中华人民共和国建筑工业行业标准 国家工业建筑诊断与改造工程技术研究中心主编	2004
纤维增强复合材料建设工程应用技术规范	国家标准 国家工业建筑诊断与改造工程技术研究中心主编	报批稿
结构加固修复用玻璃纤维布	中华人民共和国建筑工业行业标准 国家工业建筑诊断与改造工程技术研究中心主编	在编

作为一种全新的材料体系，FRP的设计理论、施工及检验方式同传统的钢筋混凝土结构、钢结构存在很大的区别，有关FRP设计安全度、耐久性、防火等问题至今仍存在尚未确定的问题，仍在不断的研究之中，各国的规程规范也还在修订之中。

1.4　FRP加固技术工程应用实例

外贴FRP片材加固技术已经成为国际上一种广泛采用的新型加固技术，已取得很多成功的应用实例。1998年4月完成的北京巨龙公司1号建筑加固工程，为国内首个粘贴FRP片材加固的工程实例。之后，北京民族文化宫、人民大会堂、军事博物馆、北京电报大楼等国家重点工程的加固改造中都使用了外贴碳纤维布加固技术，均取得了良好的效果。本节收集了国内外FRP材料在土木工程中的加固应用实例供参考，按照加固方式及建筑物的结构类型进行排序。其中国内的工程实例均为由国家工业建筑诊断与改造工程技术研究中心（中国京冶工程技术有限公司）所承担并完成的项目。

1.4.1　钢筋混凝土结构加固（图1.4.1～图1.4.23）

- 北京长话方庄局机房楼加固工程

  加固原因：现浇框架—剪力墙结构，原施工质量差，整体抗震性能不满足规范要求；部分梁板承载力不满足使用要求

  加固方案：采用纤维增强聚合物改性修补砂浆和碳纤维布相结合的方法对柱抗震加固；电信机房、电池室楼板和梁粘贴碳纤维板加固

  优　　点：避免打磨产生灰尘；通过粘结树脂找平混凝土表面；对于管线密集处，碳纤维板可以通过管线的狭缝快速施工。满足不能带火花作业、不能湿作业、防尘、保证通信设备的正常运行等特殊要求

图 1.4.1　柱加固

图 1.4.2　粘贴碳板

图 1.4.3　碳板穿过管线的狭缝快速施工

图 1.4.4　涂防火涂料后的碳板

- 北京电报大楼加固改造工程

  加固原因：机房使用荷载增大，楼盖整体承载力不足，抗震性能不足

  加固方案：板抗弯加固，梁抗弯、抗剪加固，柱抗震加固

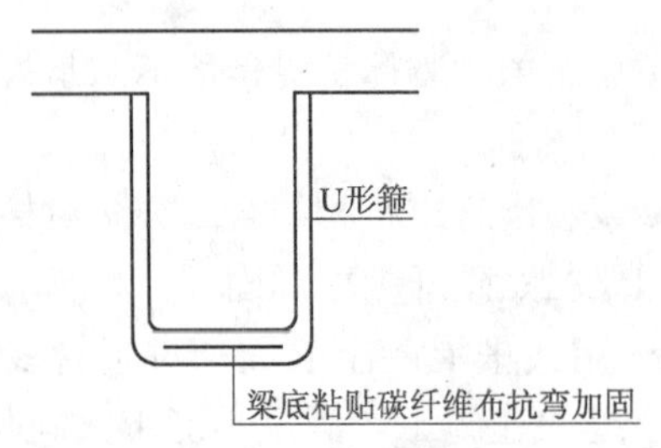

图 1.4.5　梁底粘贴碳纤维布抗弯加固

图 1.4.6　北京电报大楼

图 1.4.7　碳纤维布粘贴加固梁板

图 1.4.8　粘贴碳纤维布加固梁板

- 军事博物馆加固工程
  加固原因：梁端出现剪切裂缝，承载力及抗震性能不足
  加固方案：梁抗剪加固

图 1.4.9　军事博物馆

图 1.4.10　裂缝处理

图 1.4.11　粘贴碳纤维布加固梁

- 北京国际金融中心加固工程
  加固原因：楼层较原设计增加三层，底部部分柱轴压比不满足要求
  加固方案：圆柱缠绕碳纤维布加固

图 1.4.12　结构外观

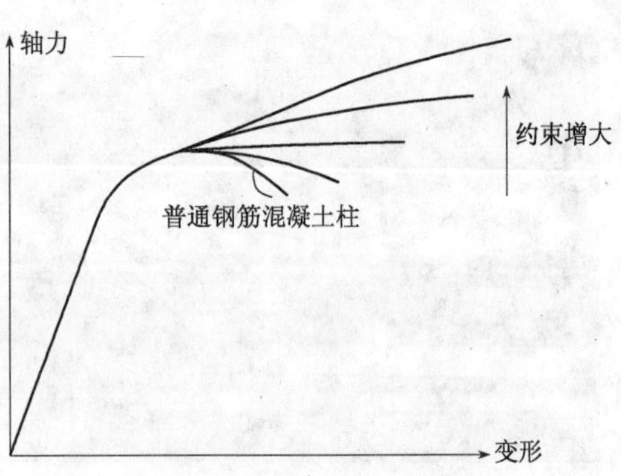

图 1.4.13　缠绕碳纤维布对柱的约束作用

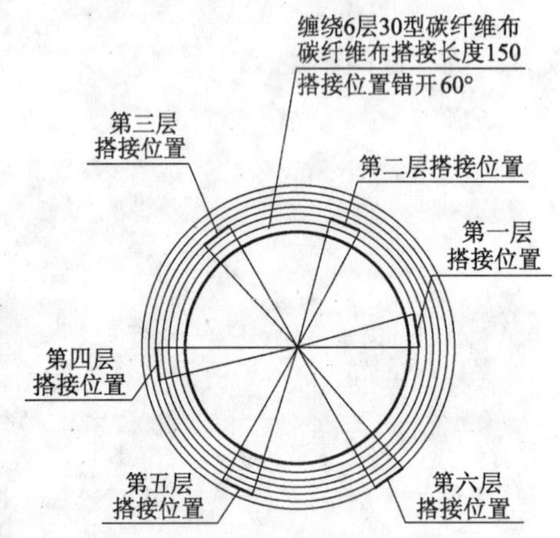

图 1.4.14　加固示意图

图 1.4.15　柱加固

- 北京某公寓加固工程

  加固原因：剪力墙窗洞口加大

  加固方案：开洞后窗梁、窗垛外包碳纤维布加固

图 1.4.16　粘贴碳纤维布加固窗梁

图 1.4.17　结构外观

- 北京东黎广场加固改造工程

  加固原因：设计变更，荷载增大

  加固方案：板抗弯加固，梁抗弯、抗剪加固

图 1.4.18　东黎广场

图 1.4.19　粘贴碳纤维布加固板

图 1.4.20　粘贴碳纤维布加固梁

- 北京国家体育总局办公大楼加固改造工程

  加固原因：宿舍楼改为办公楼，使用荷载增加，加层，原结构承载力及抗震性能不足

  加固方案：框架结构整体加固

图 1.4.21　结构外观

图 1.4.22　粘贴碳纤维布加固板

图 1.4.23　柱加固

1.4.2　桥梁加固（图 1.4.24 ~ 图 1.4.36）

- 京沈高速某立交桥加固工程
  加固原因：桥面层厚度增加，荷载增大，原设计配筋不足
  加固方案：桥板及箱梁底粘贴碳纤维布抗弯加固

图 1.4.24　模型试验

图 1.4.25　京沈高速立交桥

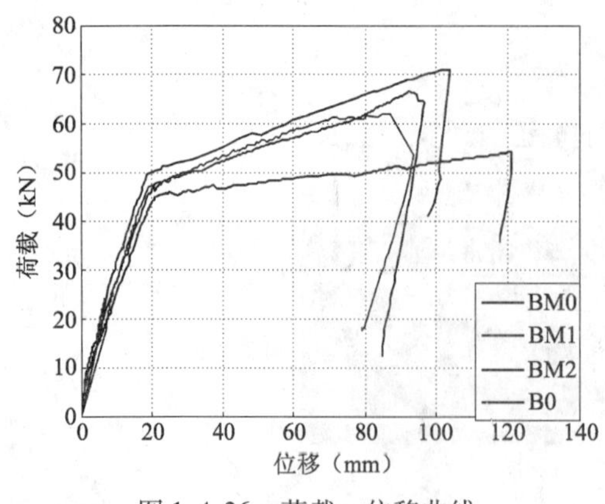

图 1.4.26　荷载—位移曲线

图 1.4.27　桥板底面处理

图 1.4.28　粘贴碳纤维布

图 1.4.29　碳纤维布加固后外观

- 沪宁高速陆慕大桥维修加固工程
  加固原因：改扩建，荷载增大，原结构耐久性损伤
  加固方案：箱梁灌缝、粘贴碳纤维布抗弯加固耐久性涂装

图 1.4.30　陆慕大桥

图 1.4.31　灌缝

图 1.4.32　粘贴碳纤维布

图 1.4.33　粘贴碳纤维布

图 1.4.34　加固后外观

- 日本高架桥柱加固

图 1.4.35　高架桥柱抗震加固

图 1.4.36　高架桥柱抗震加固

1.4.3　构筑物加固（图 1.4.37 ~ 图 1.4.42）

- 烟囱加固
  · 纵向粘贴 FRP 进行抗弯加固，横向包裹纤维布进行抗剪加固
  · 充分发挥纤维布可沿曲面粘贴的优势

图 1.4.37　包钢某烟囱加固

图 1.4.38　日本某烟囱加固

- 隧道加固
  - ·充分发挥纤维布可沿曲面粘贴的优势
  - ·迅速、便捷的施工可使对周围环境影响、阻断交通等不利因素降至最小

图 1.4.39　日本某隧道加固

图 1.4.40　日本某隧道加固

- 其他

图 1.4.41　核电站加固

图 1.4.42　日本某电线杆加固

1.4.4 砌体结构加固（图 1.4.43、图 1.4.44）

图 1.4.43　日本某砌体灯塔加固

图 1.4.44　某砌体别墅加固

1.4.5 木结构加固（图 1.4.45～图 1.4.48）

图 1.4.45　北京某古建筑加固

→

图 1.4.46　水柱缠绕碳纤维布加固

图 1.4.47　瑞典某木结构桥梁加固

→

图 1.4.48　外部粘贴碳纤维板加固

1.4.6 钢结构加固（图 1.4.49）

图 1.4.49 粘贴碳纤维板加固钢结构公路桥

1.4.7 纤维网格材 CGR 应用（图 1.4.50、图 1.4.51）

- 日本 Niiborigawa 桥梁加固
  钢筋混凝土梁受腐蚀，去除劣化混凝土后采用碳纤维网格材和聚合物砂浆加固

图 1.4.50 碳纤维网格加固钢筋混凝土桥梁

- 日本 Shikoku 岛 Daio-Paper Mill 筒仓
  该筒仓为近海结构，在新建筒仓结构中采用钢筋与纤维网格双层配置，外层纤维网格用以阻碍钢筋锈蚀裂缝的扩展

图 1.4.51 碳纤维网格新建结构

1.4.8 嵌入式 NSM 加固（图 1.4.52～图 1.4.54）

图 1.4.52 嵌入 FRP 板条

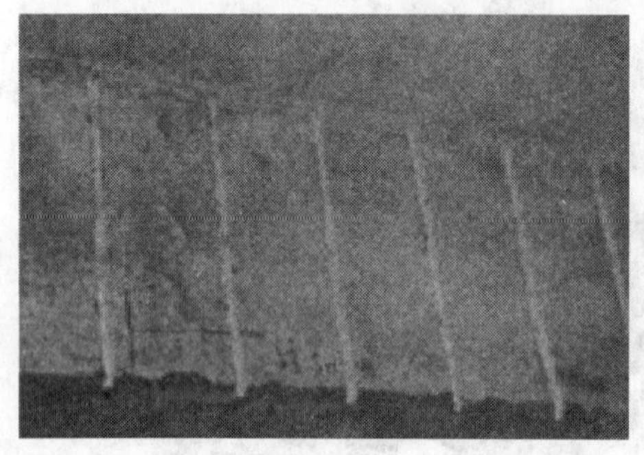

图 1.4.53 CFRP 筋嵌入式加固钢筋混凝土托梁

图 1.4.54 CFRP 筋嵌入式加固钢筋混凝土筒仓结构

1.4.9 机械锚固快速加固 MF-FRP（图 1.4.55、图 1.4.56）

图 1.4.55 FRP 板机械锚固快速加固桥梁面板及梁

图 1.4.56 FRP 板机械锚固快速加固桥梁面板

参考文献

[1] 中国工程建设标准化协会. 碳纤维片材加固混凝土结构技术规程 CECS 146：2003，北京：中国计划出版社.

[2] Meier U. , Deuring M. , Meier, H. and Schwegler G. "CFRP bonded sheets", Fibre-Reinforced-Plastic (FRP) Reinforcement for Concrete Structures: Properties and Applications, edited by A. Nanni, Elsevier Science, Amsterdam, The Netherlands, 1993.

[3] Teng, J. G. , Chen, J. F. , Smith, S. T. and Lam, L. "FRP-Strengthened RC Structures", John Wiley & Sons, UK, 2002. 李荣等译，FRP 加固混凝土结构，中国建筑工业出版社，2005.

[4] ACI 440. 2R-02 Guide for the Design and Construction of Externally Bonded FRP Systems for Strengthening Concrete Structures, American Concrete Institute (ACI) Committee 440, technical committee document 440. 2R-02, Michigan, USA, 2002.

[5] Concrete Society Technical Report No. 55, Design Guidance for Strengthening Concrete Structures Using Fibre Composite Materials□, Berkshire, UK, 2000.

[6] FIB No. 14, Externally Bonded FRP Reinforcement for RC Structures, The International Federation for Structural Concrete (FIB), technical report prepared by Task Group 9. 3, Bulletin No. 14, Lausanne, Switzerland, 2001.

[7] JSCE, Recommendations for Upgrading of Concrete Structures with Use of Continuous Fiber Sheets, Japan Society of Civil Engineers (JSCE), Concrete Engineering Series 41 (English version), Tokyo, Japan, 2001.

[8] 中华人民共和国建筑工业行业标准《纤维片材加固修复结构用粘接树脂》JG/T 166—2004 北京：

[9] 中华人民共和国建筑工业行业标准《结构加固修复用碳纤维片材》JG/T 167—2004 北京：

[10] ACI 440. 1R-03 Guide for the Design and Construction of Concrete Reinforced with FRP Bars, American Concrete Institute (ACI) Committee 440, technical committee document 440. 1R-03, Michigan, USA, 2003.

[11] 何政，欧进萍等. FRP 筋及其配筋混凝土构件的力学性能与智能特性［C］第二届全国土木工程用纤维增强复合材料（FRP）应用技术学术交流会论文集. 北京：清华大学出版社，2002.

[12] 冯鹏，叶列平. FRP 结构和 FRP 组合结构在结构工程中的应用与发展［C］第二届全国土木工程用纤维增强复合材料（FRP）应用技术学术交流会论文集. 北京：清华大学出版社，2002.

[13] Karbhari, V. M. Use of Composite Materials in Civil Infrastructure in Japan, International Technology Research Institute World Technology (WTEC) Division, 1998.

[14] Bakis, C. E. , Bank, L. C. , et al. , Fiber-Reinforced Polymer Composites for Construction-State-of-the-Art Review, Journal of Composites for Construction, ASCE, 2002, 6 (2): 73 ~ 87.

第二章

材料

Materials

纤维增强复合材料（FRP）是由连续纤维和基体树脂复合而成。目前在土木工程中应用比较多的三种FRP材料是碳纤维增强复合材料（CFRP）、玻璃纤维增强复合材料（GFRP）和芳纶纤维增强复合材料（AFRP）。目前也有对玄武岩纤维增强复合材料（BFRP）的初步研究和应用，但因其性能尚不稳定，用量还很少，所以本书暂不涉及。基体树脂的种类主要包括环氧树脂（Epoxy Resin）、乙烯基酯树脂（Vinyl ester Resin）和不饱和聚酯树脂（Polyester Resin）。外贴FRP片材加固技术的配套粘结材料为环氧树脂，包括用于纤维布的底层树脂（Primer）、找平树脂（Putty Fillers）和浸渍树脂（Saturating Resin），以及FRP板专用胶粘剂（Adhesives）。

近年来，国内外取得了大量关于土木工程用FRP材料的研发成果、实践经验及试验验证数据，国内市场上相关国产及进口产品种类很多，在结构加固应用中如何选择适当的材料是一个非常重要的问题。目前中华人民共和国建筑工业行业标准《纤维片材加固修复结构用粘接树脂》[1]、《结构加固修复用碳纤维片材》[2]两个产品标准已经出台，其他相关标准还在编制之中。本章主要介绍FRP材料的物理、力学性能及检验方法，并对FRP材料的耐久性及长期性能进行简要说明。

2.1 纤维

2.1.1 碳纤维

在三种纤维中，碳纤维在结构加固领域应用最为普遍。碳纤维丝是由聚丙烯腈、石油或沥青等为原料提炼制成，是无机材料。其中PAN类（聚丙烯腈基）碳纤维应用较广，它是将聚丙烯腈纤维丝束在惰性气体中经2000～3000℃的高温烧制、碳化而成。世界上高品质碳纤维丝的生产主要集中在日本、美国和西欧等国家的几个公司，其中，日本的三家公司控制着世界上PAN类碳纤维丝75%的生产量。

图2.1.1 碳纤维丝

碳纤维具有高强、高弹、重量轻及耐腐蚀、耐高温、耐疲劳和绝热性好等特点，其抗拉强度是普通碳素钢的十几倍，弹性模量可达钢材的 1～3 倍，在目前用于土木工程的三种纤维中，碳纤维的模量是最高的。碳纤维还具有较高的防磁和防辐射性能，但碳纤维是电导体。

碳纤维丝通常可分为高强型（HT）和高弹模型（HM）。在结构加固领域中，考虑结构必要的延性，一般使用高强型碳纤维。采用高弹模型碳纤维复合材料，在一些情况下能够取得更好的加固效果，但因其材料价格较高，且延性较差，目前用量还较少。

2.1.2 玻璃纤维

玻璃纤维的主要成分为 SiO_2，也是无机材料。用于土木工程中的玻璃纤维类型主要包括高强型（S）、无碱型（E）和耐碱型（AR）。玻璃纤维具有浸透性好、不导电的特点，且价格低廉。在目前用于土木工程的三种纤维中，玻璃纤维模量最低。玻璃纤维可用于结构的耐久性修复，高强型玻璃纤维也可作为补强材料。玻璃纤维还可用于生产各种制品和大型玻璃钢构件。因为在一般情况下混凝土的碱性较强，为了保证碱环境下的耐久性能，应避免使用耐碱性差的玻璃纤维。

2.1.3 芳纶纤维

芳纶纤维全称为“聚对苯二甲酰对苯二胺”。不同于碳纤维和玻璃纤维，芳纶纤维是一种有机材料。世界上著名的芳纶纤维生产厂家有美国杜邦公司和日本帝人公司等。芳纶纤维具有低密度（密度约为碳纤维的 80%）、高断裂伸长率、耐磨、耐冲击、减振性能好、不导电、浸透性好等特点，其弹性模量介于碳纤维和玻璃纤维之间，尤其适用于对绝缘性或非磁性要求比较高、抗冲击性和抗疲劳性能要求高的应用领域。但由于芳纶纤维为有机物，在一些特殊环境下（如高温、紫外线照射等）应用时应考虑其耐久性能。

2.1.4 力学性能指标

碳纤维、玻璃纤维和芳纶纤维三种纤维均为线弹性材料，应力-应变曲线没有类似钢筋的屈服点，在结构加固设计中应充分认识到高性能纤维这一不同于传统建材的材性特点。图 2.1.2 为三种纤维的典型应力-应变曲线。三种纤维的主要力学性能指标见表 2.1.1。

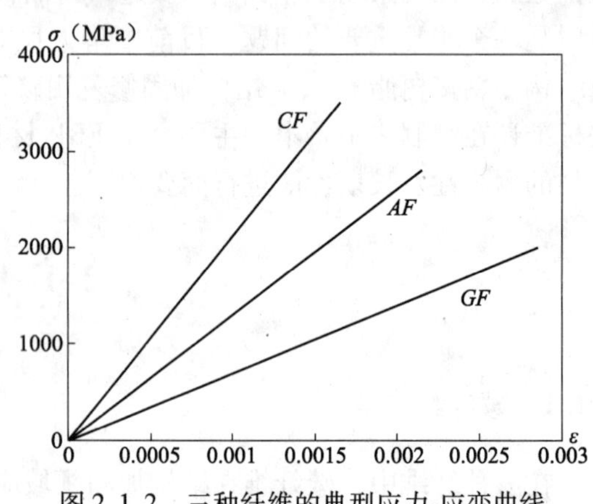

图 2.1.2 三种纤维的典型应力-应变曲线

纤维的力学性能指标[4] **表 2.1.1**

类	型	抗拉强度（MPa）	弹性模量（GPa）	极限伸长率（%）
碳纤维	高强型	3500～4800	215～235	1.4～2.0
	超高强型	3500～6000	215～235	1.5～2.3

续表

类	型	抗拉强度（MPa）	弹性模量（GPa）	极限伸长率（%）
碳纤维	高模型	2500～3100	350～500	0.5～0.9
	超高模型	2100～2400	500～700	0.2～0.4
玻璃纤维	E型	1900～3000	70	3.0～4.5
	S型	3500～4800	85～90	4.5～5.5
芳纶纤维	低模型	3500～4100	70～80	4.3～5.0
	高模型	3500～4000	115～130	2.5～3.5

2.2 纤维布

土木建筑中所使用的纤维布（Fiber Sheet）为连续纤维单向或多向排列、未经树脂浸渍的布状制品。结构加固施工时用树脂浸润粘贴，现场复合形成纤维增强复合材料（FRP）。其特点是可手工操作完成，具有较强的灵活性和可设计性。纤维布既可以应用于结构加固，也可以作为生产其他FRP制品的原料。

2.2.1 碳纤维布

土建结构的应用中，碳纤维布在各类制品中用量最大，这与碳纤维布本身优异的性能和应用范围广有很大的关系。

2.2.1.1 *产品规格及分类方式*

碳纤维布的品种很多，也有多种分类方式，常用的分类方式见表2.2.1。

碳纤维布分类方式 **表2.2.1**

分类方式	种类
力学性能	高强度、高弹模、高强高弹
编织方式	平铺（背网热压）、纬编、经编
单位面积质量（g/m^2）	200、300、450、600
纤维排列方向	单向、双向

目前在结构加固领域中，纤维单向排列的碳纤维布的使用量占绝大多数，双向碳纤维布用量极少。对于单向碳纤维布，纤维的直线度越高，其抗拉强度的发挥就更为有效。目前市场上供应的各种碳纤维布，外观上略有差异，各有优缺点。几种常见编织方法的碳纤维布照片见图2.2.1。由高强型碳丝（尤其是日本东丽公司T700型碳丝）织成的单向碳纤维布最为常见，其中单位面积质量为200g和300g的碳纤维布是结构加固工程中用量最大的品种。碳纤维单位面积质量在600g以上的纤维布在实际工程中很少用到，原因是控制浸渍树脂完全浸透碳纤维布的难度较大，工程质量难以保证。

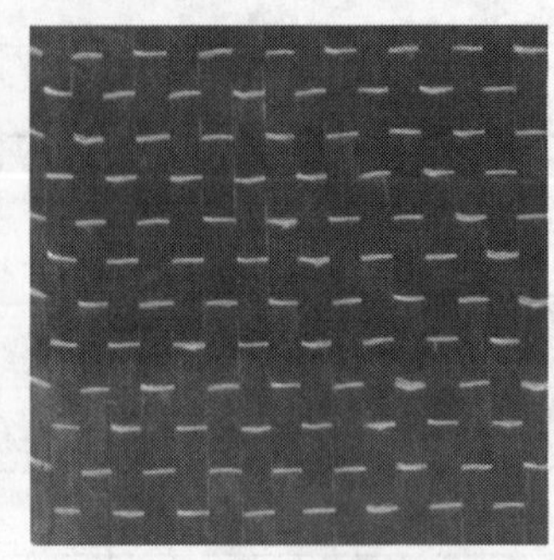

图 2. 2. 1　几种单向碳纤维布的不同编织方式

在结构加固施工中使用的碳纤维布预先没有经过树脂浸润，纤维布中只含有少量预成型树脂（一般低于1%）。施工时纤维布在现场浸透并粘贴到需要加固的构件表面。碳纤维布的外观应均一、整齐，表面干净，不得夹杂杂物，不得有灰尘和其他污染，不得有破洞，每100m不得多于三处缺纬、脱纬现象和断经现象，纤维应排列均匀，不应有歪斜、起皱现象，其宽度偏差应小于0. 5%[2]。

2. 2. 1. 2　主要性能指标

碳纤维布的拉伸性能测定中，截面面积取纤维布的计算厚度与试样宽度的乘积，碳纤维布计算厚度为实测的单位面积质量除以碳纤维密度（1. 8g/cm^3）得到的厚度值。碳纤维布的计算厚度为理论计算值，而不是碳纤维布的实际测量厚度。常用碳纤维布的单位面积质量、截面面积和计算厚度见表 2. 2. 2。

常用碳纤维布的单位面积质量、截面面积和计算厚度　　表 2. 2. 2

纤维单位面积质量（g/m^2）	单位宽度的截面积（mm^2/m）	计算厚度（mm）
200	111	0. 111
300	167	0. 167
450	250	0. 250
600	333	0. 333

在大多数结构加固工程项目中，采用了高强型碳纤维布。《碳纤维片材加固混凝土结构技术规程》(CECS 146：2003)[3]中对于单向高强度型碳纤维布的性能指标进行了规定，见表 2. 2. 3。在产品标准[2]中，按拉伸强度分为了三个等级。《纤维增强复合材料建设工程应用技术规范》(报批稿）中对碳纤维布的性能指标进行了更详细的规定，见表 2. 2. 4。

碳纤维布的力学性能指标[3]　　表 2. 2. 3

项　　目	拉伸强度标准值（MPa）	弹性模量（GPa）	伸长率（%）
指　　标	≥3000	≥210	≥1. 5

碳纤维布的力学性能指标 **表 2.2.4**

碳纤维布类型和等级		抗拉强度标准值（MPa）	弹性模量（GPa）	伸长率（%）
高强度型碳纤维布	Ⅰ级	≥2500	≥210	≥1.3
	Ⅱ级	≥3000	≥210	≥1.4
	Ⅲ级	≥3500	≥230	≥1.5
高弹性模量型碳纤维布		≥2900	≥390	≥0.7

需要指出的是，我国目前的一系列标准、规程、规范中，碳纤维布及其他 FRP 材料的强度标准值均为具有 95% 的保证率，即平均值减去 1.645 倍均方差后的数值，这与我国现行相关规范是一致的，但日本等厂商所提供的碳纤维强度标准值一般为平均值减去 3 倍均方差的值。

各生产厂家碳纤维布产品的性能规格值略有不同，表 2.2.5 为日本新日本石油公司单向碳纤维布的性能指标。

日本新日本石油公司 TU 碳纤维布的性能指标 **表 2.2.5**

品　　名		ST200	HT300	HT400	HT600	HM300	UHM300
类　　型		高强型	高强型	高强型	高强型	中弹模型	高弹模型
单位面积质量（g/m^2）		200	300	400	600	300	300
尺寸	宽度（cm）	25/50	25/50	25/50	25/50	25	25
	长度（cm）	50	50	50	50	50	50
设计厚度（mm）		0.111	0.167	0.222	0.333	0.165	0.143
拉伸强度（MPa）		3400	3400	3400	3400	2900	1900
拉伸弹性模量（MPa）		2.30×10^5	2.30×10^5	2.30×10^5	2.30×10^5	3.90×10^5	6.40×10^5

2.2.1.3 检验方法和标准

各国对碳纤维布性能指标的检验依据不同的体系和标准。我国主要参考已有的复合材料有关检验标准，在产品标准[2]中，推荐采用的方法为：

1. 纤维布单位面积质量

在距端头及边缘 40mm 以上处裁下三块 100mm × 100mm 碳纤维布方形试样，边长测量精确到 0.5mm。质量称量精确到 0.01g。单位面积质量按下式计算：

$$\rho=(W_1-W_2)(1-K)/0.01 \tag{2.2.1}$$

式中 ρ ——碳纤维布单位面积质量，g/m^2；

W_1——方形试样的质量，g；

W_2——试样中网格固定线的质量，g；

K ——预浸树脂的含量百分率。

2. 抗拉强度、弹性模量和伸长率

按《定向纤维增强塑料拉伸性能试验方法》(GB/T 3354) 的规定进行。其中，试件宽度为 15mm，碳纤维布的截面面积取碳纤维布的计算厚度与试样宽度的乘积。

2.2.2 玻璃纤维布

玻璃纤维布（图 2.2.2）在土木工程中很早就开始应用，但主要用于对强度要求不高的情况，一般用来提高结构的耐久性和抗腐蚀能力。随着玻璃纤维生产技术的提高，具有较高强度的玻璃纤维布已开始生产并用于对结构的加固和修复。

玻璃纤维因纤维密度较大，单位面积质量不宜过低导致厚度过小。表 2.2.6 列出了玻璃纤维布的主要性能指标。玻璃纤维布力学性能的检验可参考碳纤维布的检验方法进行。

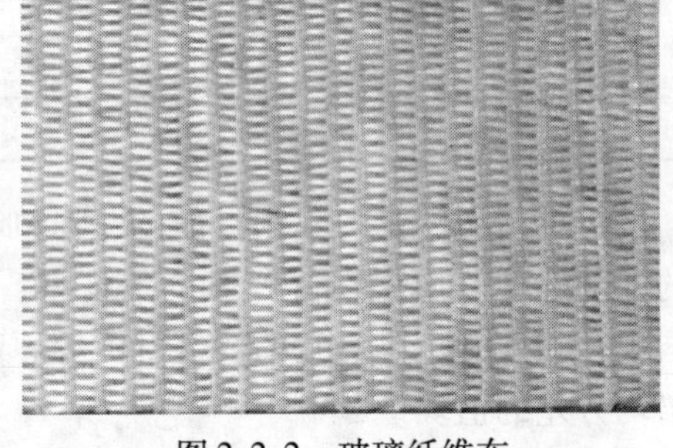

图 2.2.2 玻璃纤维布

玻璃纤维布的力学性能指标 **表 2.2.6**

玻璃纤维布等级		抗拉强度标准值（MPa）	弹性模量（GPa）	伸长率（%）
玻璃纤维布	Ⅰ级	≥1500	≥75	≥2.0
	Ⅱ级	≥2500	≥80	≥2.3

2.2.3 芳纶纤维布

同碳纤维布相比，芳纶纤维布（图 2.2.3）质轻柔软，柔韧性好，极限伸长率大，适合于承受反复冲击荷载、易受撞击损害或易受地震破坏的混凝土构件加固。芳纶纤维布不导电，还适用于对绝缘性或非磁性要求比较高的领域。

芳纶纤维和树脂都是有机材料，它们之间相互的浸透性较好。单层芳纶纤维布的单位面积质量可提高到 850g/m^2，芳纶纤维布的力学性能指标应满足表 2.2.7 的规定。

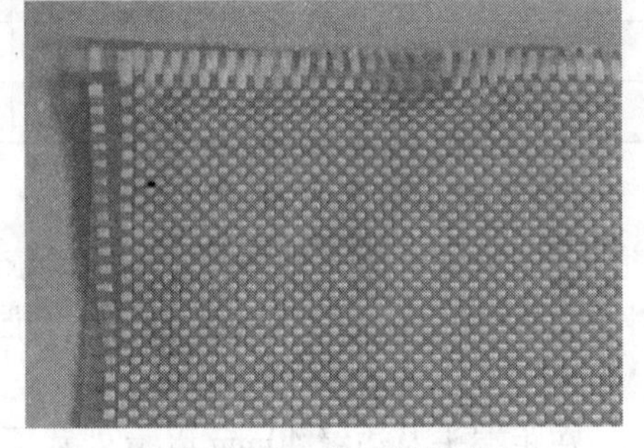

图 2.2.3 芳纶纤维布

芳纶纤维布的力学性能指标 **表 2.2.7**

项 目	抗拉强度标准值（MPa）	弹性模量（GPa）	伸长率（%）
指 标	≥2000	≥110	≥2.0

2.3 纤维增强复合材料

利用高性能纤维优良的性能，与基体树脂复合，可以制成各种形式的纤维增强复合材料（FRP），如 FRP 板、FRP 筋、FRP 管、FRP 网格材以及其他各种型材。通常将用于外贴加固的纤维布（Sheet）与 FRP 板（Plate）通称为 FRP 片材（Laminate）。

2.3.1 成型工艺

相对于纤维布的现场复合，各类 FRP 制品一般采用预先复合，即复合的过程在工厂中预先完成，可采用拉挤、缠绕、模压、离心等各种成型工艺。现场施工时要用专用胶粘剂或专用设备将其粘贴或固定。

1. 缠绕成型

将连续纤维束或纤维织物浸渍树脂后，按照一定的规律缠绕到芯模表面，再经过固化形成以环向纤维为主的型材，如 FRP 管等。FRP 缠绕型材可以承受很大的内压。

2. 拉挤成型

将纤维束或纤维织物通过纱架连续喂入，经过树脂胶槽将纤维浸渍，再穿过热成型模具后进入拉引机构，可生产出截面形状复杂的连续型材。纤维主要沿轴向，有很好的受力性能。

3. 模压成型

将预浸树脂的纤维或织物，干燥后放入金属模具中进行加温加压固化而成型。可以采用长纤维，也可以是短纤维或纤维织物。这种工艺生产出的型材尺寸准确、表面光洁、质量稳定，通常在平面内呈现为各向同性。

2.3.2 物理、力学性能

2.3.2.1 密度

FRP 复合材料的密度一般在 1.2 ~ 2.1g/cm^3 之间，约为钢材的 1/6 ~ 1/4（表 2.3.1）。重量轻使材料运费降低，加固时对结构自重也影响很小，且现场使用方便。

FRP 材料的密度（g/cm^3）[5] **表 2.3.1**

钢　　材	CFRP	GFRP	AFRP
7.8	1.56	1.2 ~ 2.1	1.2 ~ 1.5

2.3.2.2 热膨胀系数

单向 FRP 复合材料的热膨胀系数，由于受纤维种类、树脂种类及纤维体积含量不同的影响，其纵向和横向的热膨胀系数不同，见表 2.3.2。其中热膨胀系数为负表示材料升温时收缩，降温时膨胀。

FRP 复合材料的热膨胀系数（$\times 10^{-6}$/℃）[5] **表 2.3.2**

	CFRP	GFRP	AFRP
纵向 α_L	-1 ~ 0	6 ~ 10	-6 ~ -2
横向 α_T	22 ~ 50	19 ~ 23	60 ~ 80

注：纤维体积含量为 50% ~ 70%。

2.3.2.3 拉伸性能

只有一种纤维复合成的 FRP 材料在拉断前，应力-应变曲线呈线弹性，不出现任何塑性特征。由于 FRP 主要由纤维来承担拉力，因此纤维种类、纤维方向、纤维含量基本决定了 FRP 复合材料的拉伸性能。在确定 FRP 材料的拉伸性能时，应注意计算面积是取纯纤维的截面积（如纤维布）还是复合材料的截面积（如 FRP 板）。

2.3.2.4　压缩性能

FRP 材料的压缩性能比拉伸性能差。通常拉伸强度高的材料的压缩强度也高，压缩弹性模量通常也比拉伸弹性模量小。在结构加固中，一般仅用 FRP 材料来承担拉力，不考虑其压缩性能。

2.3.3　FRP 板材

FRP 板通常采用拉挤成型，将纤维原丝通过专用设备拉伸，同时浸润专用树脂，并在一定的温度和压力下固化成型，形成具有一定树脂含量的 FRP 板。与粘贴多层纤维布相比，粘贴 FRP 板的产品质量更易保证，受力更均匀，强度发挥更充分。目前在结构加固中应用到的板材类型主要是碳纤维板。碳纤维板材一般为细条卷状包装（图 2.3.1），通常碳纤维板中的纤维体积含量不宜低于 60%。

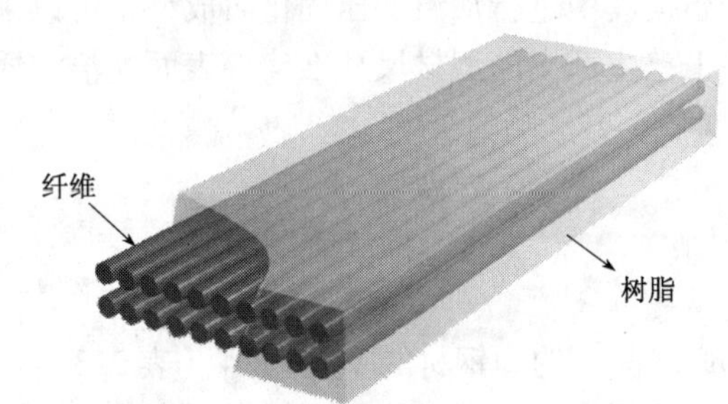

图 2.3.1　纤维增强复合材料的组成

图 2.3.2　碳纤维板

2.3.3.1　性能指标

高强型碳纤维板的主要性能指标要求见表 2.3.3。表 2.3.4、表 2.3.5 分别为日本新日本石油公司、日本东丽公司生产的碳纤维板材的物理力学性能指标。

高强型碳纤维板的力学性能指标[2]　**表 2.3.3**

项　目	拉伸强度标准值（MPa）	弹性模量（GPa）	伸长率（%）
指　标	≥2300	≥150	≥1.4

日本新日本石油公司 TU 碳纤维板的性能指标　**表 2.3.4**

型　号		TYPE-S	TYPE-M	TYPE-H
种　类		低弹模型	中弹模型	高弹模型
尺寸	厚度（mm）	1.2	1.2	1.2
	宽度（mm）	50	50	50
拉伸强度（MPa）		2350	1740	384
弹性模量（GPa）		152	234	6.40×10^5
伸长率（%）		1.5	0.7	0.3

日本东丽公司碳纤维板材性能指标 表 2.3.5

碳纤维板型号	TL510	TL512	TL515	TL520	备　注
单位长度 CF 量（g/m）	60	72	90	120	
单位长度碳板重量（g/m）	80	97	121.5	160	
单位面积的 CF 量（g/m^2）	1200	1440	1800	2400	
板厚（mm）	1.0	1.2	1.5	2.0	
设计用截面面积（mm^2）	50	60	75	100	每 5cm 宽度
板宽（mm）	50				
密度（g/cm^3）	1.6				碳纤维的密度为 1.8
拉伸强度（MPa）	2600				碳纤维为 4900
弹性模量（GPa）	156				碳纤维为 230

2.3.3.2　检验方法和标准

碳纤维板的力学性能指标也按照《定向纤维增强塑料拉伸性能试验方法》(GB/T 3354) 的规定进行检测，纤维板的截面面积取试样实测厚度与宽度的乘积。建议取试样总长度为 230mm，可保证工作部分为 100mm，宽度为 15mm。

按《碳纤维增强塑料树脂含量试验方法》(GB 3855) 进行碳纤维片材树脂含量的检验。

2.3.4 FRP 筋

2.3.4.1　产品类型及应用范围

FRP 筋是由若干股连续纤维束按特定的工艺经配套树脂浸渍固化而成，主要生产工艺包括编织型、绞线型、拉挤型。其中拉挤型是较为普遍的方法。按形状来划分，通过拉挤成型的条棒状直线型 FRP 筋一般称为筋材或棒材，包括表面光圆筋和表面变形筋，此类筋刚度较大，不易弯曲；将纤维束扭成绞状呈复合绳形式的 FRP 筋称为索或绞线，为单股或多股，刚度较小，可以弯曲绕成卷。

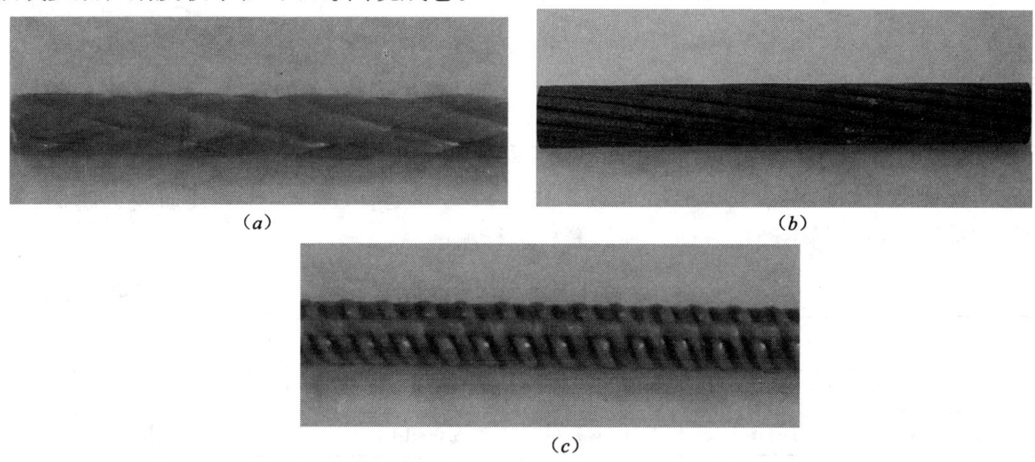

(a)　(b)　(c)

图 2.3.3　FRP 筋成型方式

(a) 发辫式（编织型）；(b) 绞线式；(c) 拉挤变形筋

目前，FRP 筋的生产厂家主要集中在欧美、日本等国。为了提高筋材与混凝土间的粘结性能，不同的厂家采用以下方法对拉挤筋材进行表面加工[9]：

1. 固化前在筋上螺旋形缠绕纤维条带；
2. 表面喷砂或覆以短纤维；
3. 让筋材通过具有凹凸内表面的模具，形成凹凸表面；
4. 用机械法直接对筋材外表面进行加工。

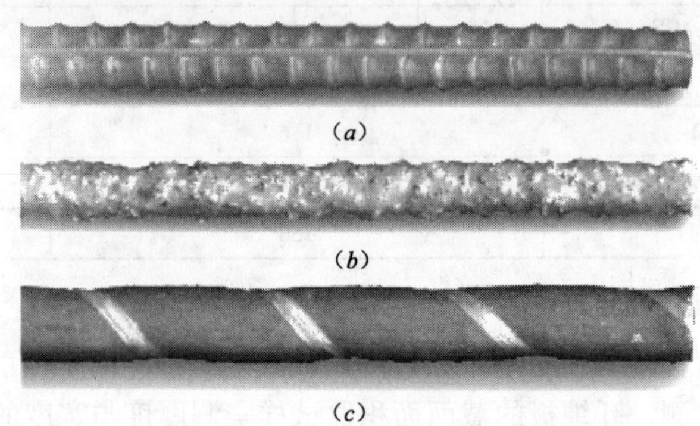

图 2.3.4　FRP 筋表面形状[6]
(*a*) 带肋；(*b*) 粘砂；(*c*) 缠绕纤维条带

FRP 筋最大的优点是具有极强的耐腐蚀性能，可以替代钢筋用于一些处于特殊环境中的建（构）筑物，形成 FRP 筋混凝土结构或预应力 FRP 筋混凝土结构。FRP 筋混凝土结构中，由于高强度 FRP 筋的极限强度不易充分发挥，同时考虑到 GFRP 筋具有相对的价格优势，建议 FRP 筋的选择依次为耐碱 GFRP 筋、AFRP 筋、CFRP 筋。预应力 FRP 筋应选用 CFRP 筋或 AFRP 筋，由于 GFRP 筋强度不是特别高且易产生徐变断裂，不宜用作预应力筋。

FRP 筋还可用于表面嵌入式（NSM）加固（见 6.2 节）。此外，应用碳纤维绞线、配套锚夹具及辅助材料，可以进行体外预应力加固，免除了钢索要定期进行维护、保养的麻烦。

2.3.4.2　主要性能指标

FRP 筋的抗拉强度按筋材的截面面积（含树脂）计算，截面面积按名义直径计算。三种 FRP 筋与钢筋的主要性能指标对比见表 2.3.6。FRP 筋的性能与钢筋不同，它不是一种各向同性的材料，由于剪切滞后现象，一般 FRP 筋随直径的增大，其强度也越低，力学性能检测时应采用不经过表面处理的筋材进行测试。

FRP 筋的物理、力学性能指标[6]　　**表 2.3.6**

		钢　筋	GFRP 筋	CFRP 筋	AFRP 筋
密度（g/cm^3）		7.9	1.25～2.10	1.50～1.60	1.25～1.40
热膨胀系数（$\times10^{-6}/℃$）	纵向 α_L	11.7	6.0～10.0	-9.0～0.0	-6～-2
	横向 α_T	11.7	21.0～23.0	74.0～104.0	60.0～80.0
屈服强度（MPa）		276～517	—	—	—

续表

	钢　筋	GFRP 筋	CFRP 筋	AFRP 筋
抗拉强度（MPa）	483 ~ 690	483 ~ 1600	600 ~ 3690	1720 ~ 2540
弹性模量（GPa）	200	35.0 ~ 51.0	120.0 ~ 580.0	41.0 ~ 125.0
极限伸长率（%）	6.0 ~ 12.0	1.2 ~ 3.1	0.5 ~ 1.7	1.9 ~ 4.4

注：纤维体积含量为 50% ~ 70%。

当 FRP 筋作为结构受力筋使用时，除考虑 FRP 筋的拉伸强度、弹性模量和伸长率以外，还应有剪切强度、握裹力、在碱性环境中的耐久性以及在新建结构中的耐火性能等方面的数据。当 FRP 筋作为桥面板等承受动荷载构件的受力筋时，还应具有疲劳测试和长期监测等数据。

2.3.5　FRP 网格材

目前所使用的网格材主要为碳纤维网格材，是用专用设备和模具将连续的碳纤维丝束浸渍于专用树脂中，在一定的温度和压力下固化形成的整体的网格状材料，其外形有二维和三维两种形式。网格材无论是经线、纬线都具有相当大的强度，与聚合物水泥砂浆牢固的粘附，并形成一体，是一种新型的 FRP 加固方法。由于碳纤维材料抗腐蚀、耐久性相当理想，可以有效的减少混凝土保护层的厚度。采用纤维网格对混凝土结构进行加固修复时，应采用配套新旧混凝土粘结材料、聚合物水泥砂浆、锚钉等。纤维网格的性能指标主要包括抗拉强度、弹性模量、横截面面积、网格间距等，必须使用品质和耐久性经过确认的纤维网格。碳纤维网格的纤维体积含量宜为 40% 左右。关于碳纤维网格材具体的材性指标详见 6.1 节。

图 2.3.5　碳纤维网格材

图 2.3.6　FRP 管

2.3.6　FRP 管

FRP 管为多向纤维铺设的层合壳体，由缠绕法、离心浇铸法和挤拉成形法等方法制作。可采用环向和 ±α°方向（如 ±45°）铺设碳纤维或玻璃纤维，但沿构件轴线方向一般应铺设碳纤维。应根据受力状态对纤维取向及铺层进行专门设计。FRP 管的材料性质可按试验方法或按层合板理论的计算方法确定。

在 FRP 管内浇灌混凝土可形成 FRP 管混凝土组合构件，类似于钢管混凝土，FRP 管混凝土构件一般有 FRP 圆管混凝土构件和 FRP 方管混凝土构件两种形式。

2.3.7 其他形式的 FRP 型材

FRP 的一个重要特点是具有可设计性，以纤维为增强相，以合成树脂（聚酯、乙烯基、环氧等）为基体，并加入适量助剂，经复合成型，可以生产出各种截面形状的 FRP 型材。可选用单一的碳纤维、玻璃纤维、芳纶纤维，为了改善构件的某种性能，也可以选择上述纤维中的两者或三者混杂，以达到优化的目的。FRP 型材可以用来建造各类 FRP 结构或组合结构，还可以用于结构加固。FRP 型材的截面形式有“工”字形、“U”形等各种形式，相对于钢制型材，FRP 型材具有重量轻、截面尺寸小、施工简便快捷、耐久性能好等优点，这些优点正在被各种形式的 FRP 结构所证实。

由于 FRP 型材的成型工艺对其质量、性能影响较大，为排除生产工艺的不稳定性造成的产品质量离散性，用于结构加固和构成组合结构工程的 FRP 型材，必须是机械化生产工艺成型。目前国内外较成熟的 FRP 型材机械化成型工艺，主要为拉挤成型工艺和缠绕成型工艺。

FRP 型材自身的刚性及被加固结构、被组合结构的形状不规则性，要求前者与后者连接为变形协调、共同工作的结构整体，且不发生界面先行破坏，不仅粘结树脂可靠，而且施工工艺技术（如型材匹配选择、连接工装夹具、施工工艺流程等）还应具有可实际操作性，避免因施工不易操作而导致的结构加固、组合失效，这也是 FRP 型材比片材工程应用更注重施工工艺技术及其可操作性的重要因素。

选定纤维类型的 FRP 型材的性能，主要与型材的纤维体积含量、纤维铺层取向、铺层厚度有关。在保证纤维浸胶充分的前提下提高型材性能，要求型材的纤维体积含量应大于 60%。型材的铺层取向及铺层厚度，主要根据型材的截面参数及结构要求确定，故可按复合材料结构设计、分析理论计算确定后交厂家加工，也可参照工厂标准型材的类型、规格、铺层参数、性能指标参数直接选用，从而简化设计和便于工程应用推广。

2.4 粘贴 FRP 片材的配套树脂材料

高性能纤维通过与树脂材料的复合能够充分发挥其优越的性能。环氧树脂由于其耐久性能好、固化收缩率低、力学性能优异、粘结强度高等特点，被广泛用于纤维增强复合材料中。其中，外贴纤维布加固配套使用的环氧树脂胶粘剂，分为三种类型：底涂树脂（Primer）、找平树脂（Putty fillers）和浸渍树脂（Saturating Resin），粘贴 FRP 板加固一般仅配套使用一种 FRP 板专用胶粘剂（Adhesives）。粘结材料的性能与 FRP 复合材料的性能、粘结质量及加固效果密切相关，如粘结材料的性能达不到要求，必然导致加固效果降低，甚至加固失效。

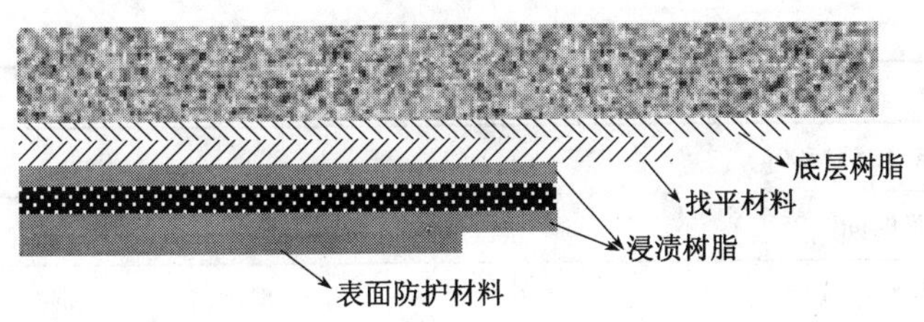

图 2.4.1　纤维布配套粘贴树脂

2.4.1　底层树脂

2.4.1.1　作用及特点

底层树脂又称为底涂树脂、底胶，为双组分液体，按比例混合搅拌均匀。粘贴纤维布加固的第一个步骤是将被加固区域的混凝土进行表面处理，清理干净后，在其表面涂刷底层树脂。底层树脂的主要作用是：通过混凝土表面渗透到混凝土内部，从而强化混凝土表面的强度；改进找平材料或浸渍树脂与混凝土的粘结性能；提高混凝土基层与纤维布的粘结强度。在混凝土孔隙率大、强度较低时，底层树脂的作用尤为重要。

应当注意一定要使用经过严格检验、强度能够达到要求的底层树脂，否则不但没有起到提高粘结强度的作用，反而使混凝土与纤维界面间多了一层薄弱层而降低了粘结效果。应在混凝土表面干燥时涂刷底层树脂。环氧树脂遇到水分时性能会大幅下降，当必须在潮湿表面施工时，应使用通过检验满足要求的潮湿环境下专用的底层树脂。

2.4.1.2　主要性能指标

底层树脂的性能指标应满足表 2.4.1 的要求。值得注意的是，树脂的各项单一性能指标并非越高越好，强度、弹性模量、极限伸长率、使用时间、黏度以及施工性能都应在合理的范围内才能保证 FRP 系统的可靠性。

底层树脂的性能指标[1]　　**表 2.4.1**

项　目	性　能　指　标
混合后初黏度（25℃）	≤2000mPa·s
适用期（25℃）	≥40min
凝胶时间（25℃）	≤12h
正拉粘结强度	≥2.5MPa，且不小于被加固混凝土抗拉强度标准值

注：固化条件为（23±2）℃下固化 7 天。

表 2.4.2～2.4.4 列出了目前国内市场上常用的几种底层树脂产品的物理及力学性能指标，包括国产的 NERC 碳布专用底层树脂 CFP、日本小西株式会社的 E810L（夏用型、冬用型）及日本日米树脂株式会社的 CF-PRIMER。

NERC 底层树脂 CFP 性能　　**表 2.4.2**

项　目	指　标
配合比（重量比）	主剂：硬化剂 = 2：1
混合黏度（mPa·s 25℃）	1000±200

续表

项目	指标
适用期（25℃ 500g）	>30min
指触干燥时间（25℃）	<12h
正拉粘结强度	2.5MPa 以上（或混凝土破坏）

日本小西 KONY BOND E810L 物理性能 **表 2.4.3**（a）

品名	E810Ls（夏用型）		E810Lw（冬用型）	
	主剂	硬化剂	主剂	硬化剂
主成分	环氧	聚酰胺	环氧	聚酰胺
外观	白色液体	褐色液体	白色液体	淡黄色液体
混合物外观	白色液体		白色液体	
混合比（重量比）	主剂：硬化剂＝5：2		主剂：硬化剂＝5：2	
混合黏度（mPa·s）	500±100（23℃）		400±100（23℃）	
可使用时间（min）	60±10（20℃，500g）		40±10（20℃，500g）	

日本小西 KONY BOND E810L 力学性能 **表 2.4.3**（b）

试验项目	本公司规格值	试验方法
相对密度	1.10±0.10	JIS K 7112
压缩强度（MPa）	≥45	JIS K 7208
压缩弹性模量（MPa）	$\geq 1.0\times10^{3}$	JIS K 7208
弯曲强度（MPa）	≥40	JIS K 7203
拉伸强度（MPa）	≥20	JIS K 7113
拉伸剪切粘结强度（MPa）	—	JIS K 6850

日本日米 CF-PRIMER 物理性能 **表 2.4.4**（a）

项目	主剂	硬化剂	试验方法
主成分	环氧	聚酰胺	—
外观	无色透明液体	淡褐色透明液体	—
混合比（重量比）	主剂：固化剂＝2：1		
黏度（mPa·s）（20℃）	100	30	JIS K 6833
	60		
相对密度（20℃）	1.01	0.9	JIS K 6833 JIS K 7112
	1.10（硬化物）		
可使用时间（20℃）	8h		JIS K 5400
指触干燥时间（20℃）	1h 以内		JIS K 5400
加热残分	50%	25%	JIS K 5407

CF-PRIMER 力学性能 **表 2.4.4（b）**

试　验　项　目	测　定　值		试 验 方 法
Election 值（mm）	8		JIS K 5400
耐弯曲性（mmφ）	2		JIS K 5400
粘结强度（MPa）	2.2		JIS K 5400
弯曲粘结强度（砂浆-砂浆，MPa）	干燥面 6.5	湿润面 6.1	JIS K 7203

2.4.2　找平材料

2.4.2.1　作用及特点

找平材料的作用是填充混凝土表面的空洞、裂隙，将平整度不好的区域处理平整，防止浸渍树脂固化时产生空鼓。当混凝土表面平整度满足要求时，可尽量减少找平材料的用量。

找平材料也是双组分的环氧材料，按比例混合搅拌均匀后使用。找平材料要有一定的黏稠度及触变性，确保在顶面施工和立面施工时不流淌且操作方便。找平材料应该与底层树脂和浸渍树脂间有很好的粘结。找平材料在底涂树脂涂刷完并且指触干燥后使用。

2.4.2.2　主要性能指标

找平材料的性能指标应满足表 2.4.5 的要求。树脂的各项单一性能指标并非越高越好，强度、弹性模量、极限伸长率、使用时间、黏度以及施工性能都应在合理的范围内才能保证 FRP 系统的可靠性。

找平材料的性能指标[1] **表 2.4.5**

项　　目	性　能　指　标
适用期（25℃）	≥40min
凝胶时间（25℃）	≤12h
正拉粘结强度	≥2.5MPa，且不小于被加固混凝土抗拉强度标准值

注：固化条件为（23±2）℃下固化 7 天。

表 2.4.6、2.4.7 分别列出了 NERC 碳布专用找平树脂 CFE、日本日米树脂株式会社的 CF-Putty 的物理及力学性能指标。

NERC 找平材料 CFE 性能 **表 2.4.6**

项　　目	指　　标
配合比（重量比）	主剂：固化剂 =2：1
适用期（25℃ 500g）	>30min
指触干燥时间（25℃）	<12h
正拉粘结强度	2.5MPa 以上（或混凝土破坏）

日本日米 CF-Putty 物理性能 表 2.4.7（a）

项　目	主　剂	硬 化 剂	试 验 方 法
主成分	环氧	聚酰胺	—
外观	白色腻子状	灰色腻子状	—
混合比（重量比）	主剂：硬化剂＝2：1		—
黏度（mPa·s）（20℃）	100	30	JIS K 6833
	60		
相对密度（20℃）	1.60	1.60	JIS K 6833 JIS K 7112
	1.60（硬化物）		
可使用时间（20℃）	40分（1kg）		温度上升法

日本日米 CF-Putty 力学性能 表 2.4.7（b）

试 验 项 目	测 量 值	本公司规格值	试 验 方 法
压缩强度（MPa）	53.9	≥40	JIS K 7208
弯曲强度（MPa）	32.3	≥25	JIS K 7203
拉伸强度（MPa）	19.6	≥15	JIS K 7113
压缩弹性模量（MPa）	3.4×10^3	$\geq1.0\times10^3$	JIS K 7208
拉伸剪切粘结强度（MPa）	14.7	≥10	JIS K 6850
粘结强度（MPa）	2.3	≥1.5	JIS K 5400
冲击强度（MPa）	2.0	≥1.5	JIS K 7111
硬度（$H_D D$）	85	≥80	JIS K 7215

2.4.3 浸渍树脂

2.4.3.1 作用及特点

纤维布配套浸渍树脂承担了复合材料中基体树脂和粘贴树脂两方面作用。这样对浸渍树脂的性能就提出了严格的要求，它即要有合适的黏度浸透纤维，又要有较高的强度和模量满足传递应力的要求。浸渍树脂是双组分液体，混合后具有一定的流动性和适宜的黏度，使其能够顺利地浸润纤维布，同时，还要具备一定的触变性能，以便在涂刷时不流坠。

施工现场主要在室温条件下固化浸渍树脂，在个别情况下会使用加热和加压的辅助措施，因此与粘贴纤维布加固配套使用的浸渍树脂都是常温常压固化树脂。对于在特殊环境（如低温、潮湿等）中施工的情况，应使用符合特殊要求的浸渍树脂。

2.4.3.2 主要性能指标

浸渍树脂性能的优劣直接影响到加固补强效果，因此，对浸渍树脂的各种力学性能指标的要求也是最全面和最严格的。由于使用的环境条件不一样，胶的性能有所差异，环氧树脂的黏度对环境温度的依赖性比较大，在不同的季节采用不同的配方进行施工是非常有必要的。

由于浸渍树脂既是基体树脂又是粘贴树脂，对浸渍树脂的性能要求比较严格，同时混合后浸渍树脂的适用期应满足施工要求。其具体性能指标一般应满足表2.4.8的要求。树脂的各项单一性能指标并非越高越好，强度、弹性模量、极限伸长率、使用时间、黏度以及施工性能都应在合理的范围内才能保证FRP系统的可靠性。

浸渍树脂的性能指标[1] **表2.4.8**

项目		性能指标
工艺性能	混合后初黏度（25℃）	4000～20000mPa·s
	触变指数TI	≥1.7
	适用期（25℃）	≥40min
	凝胶时间（25℃）	≤12h
胶体性能	拉伸强度	≥30MPa
	拉伸弹性模量	≥1500MPa
	伸长率	≥1.8%
	压缩强度	≥70MPa
	弯曲强度	≥40MPa
粘结性能	拉伸剪切强度（钢—钢）	≥10MPa
	层间剪切强度	≥35MPa
	正拉粘结强度	≥2.5MPa，且不小于被加固混凝土抗拉强度标准值

注：固化条件为（23±2）℃下固化7天。

表2.4.9～表2.4.11列出了目前国内市场上常用的几种浸渍树脂产品的物理及力学性能指标，包括国产的NERC碳布专用浸渍树脂CFR、日本小西株式会社的E2500（夏用型、冬用型）及日本日米树脂株式会社的CF-COAT。

NERC浸渍树脂CFR性能指标 **表2.4.9**

项目	指标
配合比（重量比）	主剂：固化剂=2：1
混合黏度（mPa·s 25℃）	6000±500
适用期（25℃ 500g）	>30min
指触干燥时间（25℃）	<12h
正拉粘结强度	2.5MPa以上（或混凝土破坏）
拉伸强度	30MPa以上
拉伸弹性模量	1500MPa以上
伸长率	1.5%以上
压缩强度	70MPa以上
拉伸剪切强度	10MPa以上
弯曲强度	40MPa以上

日本小西 KONY BOND E2500 物理性能　　**表 2.4.10**（a）

品　名	E2500s（夏用型）		E2500w（冬用型）	
	主　剂	硬化剂	主　剂	硬化剂
主成分	环氧	聚酰胺	环氧	聚酰胺
外观	黄色荧光黏稠液	青色黏稠液	黄色荧光黏稠液	青色黏稠液
混合物外观	绿色黏稠液		绿色黏稠液	
混合比（重量比）	主剂：硬化剂 =2：1		主剂：硬化剂 =2：1	
混合黏度（mPa·s）	22000 ±5000（20℃）		7500 ±2500（20℃）	
可使用时间	约 60min（20℃，500g）		约 70min（10℃，500g）	

日本小西 KONY BOND E2500 力学性能　　**表 2.4.10**（b）

试　验　项　目	本公司规格值	试　验　方　法
相对密度	1.15 ±0.10	JIS K 7112
压缩强度（MPa）	≥70.0	JIS K 7208
压缩弹性模量（MPa）	$\geq 1.5\times10^{3}$	JIS K 7208
弯曲强度（MPa）	≥60.0	JIS K 7203
拉伸强度（MPa）	≥30.0	JIS K 7113
拉伸剪切粘结强度（MPa）	≥10.0	JIS K 6850
触变系数	3.0～4.5	JIS K 6833（JIS A 6024）

日本日米 CF-COAT 物理性能　　**表 2.4.11**（a）

项　　目	主　　剂	硬　化　剂	试　验　方　法
主成分	环氧	聚酰胺	—
外观	青色黏稠状	微黄色液状	—
混合比（重量比）	主剂：硬化剂 =2：1		—
黏度（mPa·s）（20℃）	11000	800	JIS K 6833
	14000（混合物）		
相对密度（20℃）	1.20	1.05	JIS K 6833 JIS K 7112
	1.17（硬化物）		
可使用时间（20℃）	40min（1kg）		温度上升法

日本日米 CF-COAT 力学性能　　**表 2.4.11**（b）

试　验　项　目	测　量　值	本公司规格值	试　验　方　法
压缩强度（MPa）	68.6	≥50	JIS K 7208
弯曲强度（MPa）	53.9	≥40	JIS K 7203
拉伸强度（MPa）	39.2	≥30	JIS K 7113
压缩弹性模量（MPa）	2.5×10^{3}	$\geq 1.0\times10^{3}$	JIS K 7208
拉伸剪切粘结强度（MPa）	14.7	≥10	JIS K 6850
冲击强度（MPa）	3.9	≥2.5	JIS K 7111
硬度（H_DD）	83	≥80	JIS K 7215

2.4.4 FRP 板胶粘剂

2.4.4.1 作用及特点

在粘贴 FRP 板加固时，一般仅配套使用一种专用胶粘剂。其作用是将预先成型的 FRP 板材粘贴固定于混凝土基体，并传递之间的剪应力。

FRP 板专用胶粘剂也是双组分体系，但两个组分都是黏稠的膏状物，胶粘剂本身也具有找平的作用，施工时要在 FRP 板表面涂抹较厚的胶粘剂。施工时应使胶粘剂搅拌均匀，以保证树脂能够充分地反应、固化。由于 FRP 板的单位面积重量比纤维布的单位面积重量大，所以对其触变性能及粘结性能（特指拉伸剪切强度及对接接头拉伸强度）的要求高于纤维布浸渍树脂，FRP 胶粘剂应不流坠，以保证 FRP 板能够牢固地粘贴在加固部位。

2.4.4.2 主要性能指标

FRP 板胶粘剂的性能指标应满足表 2.4.12 的要求。树脂的各项单一性能指标并非越高越好，强度、弹性模量、极限伸长率、使用时间、黏度以及施工性能都应在合理的范围内才能保证 FRP 系统的可靠性。

FRP 板胶粘剂性能指标[1] **表 2.4.12**

项目		性能指标
工艺性能	适用期（25℃）	≥40min
	凝胶时间（25℃）	≤12h
胶体性能	拉伸强度	≥25MPa
	拉伸弹性模量	≥2500MPa
	压缩强度	≥70MPa
	弯曲强度	≥30MPa
粘结性能	拉伸剪切强度（钢—钢）	≥13MPa
	对接接头拉伸强度（钢—钢）	≥25MPa
	正拉粘结强度	≥2.5MPa，且不小于被加固混凝土抗拉强度标准值

注：固化条件为 (23±2)℃下固化 7 天。

2.4.5 树脂材料的检测方法和标准

材料的检测温度对粘结树脂的固化质量有直接影响，本节仅针对常温型树脂的性能指标，其他特殊条件下使用的粘结树脂比如低温条件下、高湿环境下使用的树脂要满足其相应使用状况下的性能要求。未特别说明时，各项性能的测试结果取平均值。

2.4.5.1 黏度和触变指数的检测

黏度指树脂甲乙组分混合后的初黏度，因为作为热固性树脂材料，体系的黏度与时间有关系，混合后黏度会不断上升。

触变指数 *TI* 是表征树脂体系触变性的数据指标，施工时，浸渍树脂经常涂刷在构件的下表面，要求树脂具有一定的抗流淌性能，以防止浸渍树脂从纤维布中析出，同时又要求树脂的真实的动力剪切强度要小，以有利于浸渍树脂对纤维布的浸透，触变指数是综合浸渍树脂这两方面的性能的数据。

黏度和触变指数按《胶粘剂黏度的测定》(GB/TT 2794) 的规定进行。测量浸渍树脂在旋转式黏度计转子 6r/min 时的黏度值 V_r，再测量浸渍树脂在旋转式黏度计转子 60r/min 时的黏度值 V_o，触变指数 TI 等于 V_r/V_o 的比值。

2.4.5.2　适用期的检测

按《胶粘剂适用期的测定》(GB 7123.1) 的规定进行，250g 混合树脂的适用期。

2.4.5.3　凝胶时间的检测

按《环氧树脂凝胶时间测定方法》(GB 12007.7) 的规定进行。

2.4.5.4　拉伸强度、弹性模量和伸长率的检测

按《树脂浇铸体拉伸强度试验方法》(GB/T 2568) 的规定进行，试件厚度为 4mm。

2.4.5.5　压缩强度的检测

按《树脂浇铸体压缩强度试验方法》(GB/T 2569) 的规定进行。

2.4.5.6　弯曲强度的检测

按《树脂浇铸体弯曲强度试验方法》(GB/T 2570) 的规定进行。

2.4.5.7　拉伸剪切强度（钢—钢）的检测

按《胶粘剂拉伸剪切强度测定方法（金属对金属）》(GB/T 7124) 的规定进行，试件的材质为 45 号碳钢。

2.4.5.8　对接接头拉伸强度（钢—钢）的检测

按《胶粘剂对接接头拉伸强度的测定》(GB/T 6329) 的规定进行，采用直径为 15mm 的圆钢试棒试验，试棒材质为 45 号碳钢。

2.4.5.9　层间剪切强度的检测

浸渍树脂与纤维布之间的层间剪切强度是两者之间浸润性能的基本反映。层间剪切强度的检测按《单向纤维增强塑料层间剪切强度试验方法》(GB 3357) 的规定进行，试件的尺寸为 34mm×4mm×6mm（由 12 层 300g 的碳纤维和浸渍树脂复合而成），试件的标准固化方式采取 23±2℃下固化 7 天后 60℃下再固化 2 小时。

2.4.5.10　正拉粘结强度的检测

按《纤维增强复合材料建设工程应用技术规范》(报批稿) 的规定进行。

2.5　FRP 材料的耐久性及长期性能

结构的耐久性问题直接影响着结构的承载能力和使用功能，对工程的投资效益和工程造价带来很大影响。对于结构的加固补强来说，被加固构件应当与结构中其他不需加固的构件具有同样的使用寿命，FRP 材料的耐久性是 FRP 应用中的一个关键性问题，尤其是当 FRP 应用于那些长期暴露于自然环境或处于更恶劣环境条件下的建（构）筑物的加固时。还应注意到，FRP 这种新型结构材料，正是因为它在一些特殊的环境条件下比钢材具有更好的耐久性，如在受海水、化学品侵蚀的新建结构中可以替代易发生锈蚀的钢筋，是 FRP 材料极具广阔前景的应用方向。

影响 FRP 材料耐久性的环境因素主要包括高温、潮湿、冻融循环、紫外线照射、化学腐蚀等，此外，一些影响 FRP 材料长期性能的因素，如徐变、疲劳等，也是在 FRP 应用中需要注意的问题。对外贴 FRP 片材加固技术来说，上述这些影响因素，除了对 FRP 材料本身的性能有影响之外，很大程度上会影响 FRP 与混凝土之间的粘结质量，从而影响 FRP 材料与混凝土界面应力的传递，直接影响到整个加固体系的效果。

关于 FRP 材料的耐久性及其长期性能，虽然已引起较大的重视，但受试验条件、试验设备、试验耗时长、花费大等所限，相关的研究还较少，还有很多工作值得进一步开展，本节对国内外现有的一些研究成果进行总结和介绍。

2.5.1 湿热老化

在一般大气环境中，湿热的共同作用是影响结构耐久性的主要因素之一，湿热老化对材料本身和粘结界面均有较大的影响。

2.5.1.1 高温

在 FRP 复合材料中，纤维的耐高温性能优于树脂，通常是树脂在纤维性能下降之前就已失去了工作性能，因此 FRP 材料的耐高温性主要取决于树脂。当温度超过树脂的玻璃化温度 T_g 时，树脂的分子链将变的非常柔软而易于移动，树脂的力学性能明显降低。T_g 值取决于树脂的种类，通常介于 60 ~ 82℃ 的范围[5]。且当温度超过了树脂的玻璃化温度，由于树脂不能有效的传递应力，使得纤维不能整体受力，复合材料整体的拉伸性能随之减弱。高温不但影响 FRP 材料自身的性能，对于外贴 FRP 片材加固来说，更重要的是影响到混凝土与 FRP 之间的粘结性能。当接近树脂的玻璃化温度时，将导致粘结强度的下降，容易发生剥离破坏，无法达到理想的加固效果。因而加固部位的最高温度应当低于树脂的玻璃化温度。

Katz 等[11]研究了高温对 FRP 筋与混凝土粘结性能的影响，在温度达到 100℃时，FRP 筋粘结强度的损失与传统变形钢筋相似；但当温度提高到 200 ~ 220℃时，剩余粘结强度仅为室温时的 10%。粘结强度的大幅度降低是由于当温度远高于树脂的玻璃化温度，聚合物的机械性能显著下降，已不能将混凝土上的应力传递到纤维上。

我国产品标准中对纤维布配套浸渍树脂和 FRP 板胶粘剂规定热变形温度不低于 50℃，热变形温度也是热固形树脂工程中常用的温度指标之一，指在规定负荷下，材料失去其物理机械强度而发生形变的温度。热变形温度可按照《塑料弯曲负载热变形温度试验方法》(GB 1634) 测定，试件的尺寸为 120mm × 15mm × 10mm，试件的标准固化方式采取 (23 ± 2)℃下固化 7d 后 60℃下再固化 2h。

高温对 FRP 材料的长期性能会产生很大影响，温度的升高将使 FRP 材料的徐变加快，亦会加快因潮湿环境或化学侵蚀而导致的纤维性能的退化。FRP 材料在高温条件下，由于化学性质的改变和某些化学进程的作用，可能会释放对人体健康有害的气体，这虽然与耐久性无关，但还是值得工程人员在使用过程中加以考虑。

2.5.1.2 潮湿

吸水后树脂的玻璃化温度会下降而且树脂会变脆，当吸水率超过 3%（重量比）时对树脂性能会有明显影响。对于玻璃纤维—环氧树脂复合材料体系，吸潮会破坏玻璃纤维—

硅烷偶联剂—树脂间的链接。长期潮湿环境会导致玻璃纤维中的钠离子或其他离子析出，致使强度降低。芳纶纤维对潮湿的环境较为敏感，这是由于芳香酊聚酰胺纤维会吸收水分而膨胀、翘曲，从而使抗拉强度下降并影响到树脂—纤维界面。碳纤维本身相对不易吸水，因而潮湿对 CFRP 的影响主要是对树脂的影响。

水分主要通过以下途径进入到加固体系内部：通过毛细运动从纤维或纤维与树脂界面进入、通过混凝土结构裂缝或孔隙进入、树脂吸水后进行扩散。加固施工之前应对被加固构件混凝土以及内部钢筋的状况进行检测、分析，一些原有的缺陷应在加固之前先进行修复，否则水和有害化学物质会渗入粘结界面导致粘结失效。混凝土内部的毛细孔压也应引起注意。因为粘贴 FRP 片材加固混凝土结构的同时也将混凝土表面进行了封闭，混凝土内部的水气会在局部聚集。为了使混凝土内部水气能够释放出来，应该在粘贴的 FRP 材料之间留一些间隔。但不利的一面是这些间隔也为潮湿气体和有害化学物质提供了进入混凝土内部的通道。在室内环境或气候温和的地区，这种内部水气的影响可以忽略不计。但对于加固部位可能有积水产生时，不留间隔的粘贴方式有可能会产生局部水气聚集的缺陷。

2.5.1.3　湿热循环

在实际应用时，湿热的共同作用往往是影响加固长期效果的主要因素。对于我国尤其是南方地区，温度高，湿度大，很多结构暴露在湿热循环的环境中，高温和潮湿的相互作用，对 FRP 材料的物理力学性能及粘结强度均造成影响，其中粘结界面是最薄弱的环节，因此我国产品标准中规定，参照《机械工业产品用塑料、涂料、橡胶材料人工气候加速试验方法》(GB/T 14522) 规定的环境条件进行耐久性检验，经 2000h 的加速老化后，浸渍树脂和 FRP 板胶粘剂的拉伸剪切强度（钢—钢）下降率应小于 10%。

2.5.2　冻融循环

在加固之前混凝土中存在包括毛细裂缝在内的各种裂缝，粘贴 FRP 片材加固施工质量差时也会在混凝土和 FRP 之间产生空隙。当处于干、湿、冷、热交替的环境，这些缝隙中的水产生冻融循环，则会严重影响 FRP 和混凝土间的粘结，导致剥离破坏。尤其是当加固构件的混凝土质量较差时，冻融循环有可能产生较大的影响[4]。

Pantuso[4]研究了不同温度下（-100℃、-30℃和 40℃）CFRP 板与混凝土间的粘结，分别采用两种不同模量（$E=175$GPa，$E=300$GPa）的碳纤维板。试验结果表明，温度对使用高模量碳板加固的构件影响较大。温度不仅对极限粘结强度有影响，粘结破坏形态也有所不同。

Toutanji 等[12]对外包纤维布加固的混凝土柱在冻融循环下的力学性能进行了试验研究，结果表明，冻融循环条件下，CFRP 和 GFRP 加固的混凝土柱的强度均有显著降低，且 GFRP 加固柱的降低程度更大；冻融循环对加固柱的刚度无影响，但柱的延性明显降低。

大连理工大学任慧韬等人[13]对冻融循环条件下 FRP 复合材料力学性能、FRP 与混凝土粘结界面、粘贴 FRP 加固的混凝土梁、柱的耐久性能进行了研究，试验结果表明：CFRP 抗冻融循环的能力优于 GFRP，冻融循环对复合材料本身性能影响不大，对粘结性能有较大的不利影响，其原因在于混凝土受到冻融循环损伤后，内部出现了微裂缝。在该文的试验条件下，冻融循环对 FRP 加固的混凝土梁、柱的承载能力没有明显影响。

2.5.3 紫外线

长期暴露在日光下特别是受到紫外线照射，复合材料表面颜色会发生变化。虽然表面的颜色变化很容易使人觉得复合材料的强度降低，但事实上紫外线只是对基体树脂有影响，而对纤维影响很小。碳纤维和玻璃纤维对紫外线均有一定的抵抗能力，相对来说芳纶纤维对紫外线较为敏感。紫外线的影响主要与树脂种类有关。与环氧树脂相比，聚酯性能受紫外线的影响更大。在紫外线照射下，复合材料中和纤维有关的性能（如拉伸强度和弯曲强度）没有明显变化，而与树脂有关的性能如剥离强度易受影响。

日本进行了碳纤维布（与环氧树脂复合后）在自然条件下暴露三年后及快速老化试验[7]，用日光老化试验机进行 2000 ~ 10000h 的快速暴露试验，同时每 2h 进行一次 18min 的喷雾（水雾）循环，黑色板温度为（63 ±3）℃。在这样的条件下，每 200h 相当于一年的自然暴露时间，10000h 的快速老化试验约相当于 50 年的自然暴露时间。结果表明，抗拉强度及粘接强度均无明显降低，证明碳纤维复合材料有理想的耐大气腐蚀性能。

2.5.4 化学腐蚀

酸、碱等化学介质对加固中使用的复合材料的影响和纤维、树脂都有关系。一般来说，碳纤维在酸、碱环境中性能无明显变化，但玻璃纤维的耐碱性很差，这是由于 OH^- 侵蚀玻璃纤维的主要构成物二氧化硅，导致 Si-O-Si 连接键结构破坏，使纤维丧失强度。混凝土中水分的 pH 值通常为 12 ~ 13.5，有很强的碱性，这会使 GFRP 材料变脆并引起强度和刚度的下降。在酸、碱或潮湿环境中应尽量使用碳纤维加固。三种纤维在各种化学介质中的耐腐蚀能力的比较见表 2.5.1。

三类纤维对各种化学物质抵抗能力的定性分析结果　　　　表 2.5.1

化学环境		碳纤维				芳纶纤维		玻璃纤维	
		普通沥青基	高性能沥青基	高强型 PAN 基	高弹型 PAN 基	Kevlar-49	Tecch nora	E 型	耐碱型（AR）
耐酸性	盐酸	良	优	优	优	差	良	差	—
	硫酸	优	优	优	优	差	良	差	—
	硝酸	良	优	优	优	差	良	差	—
耐碱性	NaOH	优	优	优	优	良	良	中	良
	NaCl	优	优	优	优	良	良	中	—
耐有机溶剂性能	丙酮	优	优	优	优	优	—	优	—
	苯	优	优	优	优	优	良	优	—
	汽油	优	优	优	优	优	良	优	—

FRP 在化学介质中的耐久性能很大程度上取决于浸润树脂的耐久性能。不同的树脂类型，其耐腐蚀性也有很大的差异，环氧树脂和乙烯基酯树脂抵抗水分和碱侵蚀的能力较

强，而聚酯树脂较差，如果水在聚合物基体中的扩散用 Fick 定律来描述，那么水分在乙烯基酯树脂中的扩散系数小于在聚酯树脂中的扩散系数。将环氧树脂试件浸泡在化学试剂中的试验结果表明，在大部分无机、有机酸及碱溶液中具有较好的稳定性，仅在热的浓硫酸及硝酸中是融解的。因此，对于一般非强酸的自然环境中的混凝土结构加固来说，环氧树脂具有较好的耐化学腐蚀性。

日本进行了将 CFRP 筋在各种浓度的酸、碱中浸泡一定时间及盐水喷雾试验[7]，测试样品试件的直径、抗拉强度及弹性模量的变化，结果表明，碳纤维及 CFRP 有非常理想的耐化学药品性能。

Tannous[14] 和 Saadatmanesh 将 AFRP 和 CFRP 筋浸泡在饱和氢氧化钙溶液（pH = 12）中，温度为 25℃和 60℃，持续 12 个月，对其力学性能变化情况进行试验研究。研究结果表明：AFRP 筋在 25℃下抗拉强度下降 4.3%，在 60℃下抗拉强度下降 6.4%；但 CFRP 筋抗拉强度无影响。

Uomoto[15] 和 Nishimura 将 GFRP，AFRP 和 AGFRP 浸泡在 NaOH 溶液中（温度 40℃）120d，结果表明：GFRP 抗拉强度降低 70%，但 AFRP 和 AGFRP 抗拉强度无影响。

2.5.5 徐变

FRP 材料在持续荷载的长期作用下会发生徐变，并可能导致突然破坏。恒定荷载与 FRP 短期强度的比值越大，徐变持续时间越短。在恶劣的环境条件下（如高温、紫外线照射、高碱、干湿循环、冻融循环等），徐变持续时间也会缩短。

试验研究结果表明，在三种 FRP 材料中，CFRP 的徐变影响较小，AFRP 及 GFRP 在持续荷载作用下的性能较 CFRP 差。有关三种 FRP 筋的试验结果表明，徐变破坏强度与持续时间的对数呈线性关系，CFRP、GFRP 和 AFRP 在 500000h（约相当于 50 年）后的徐变破坏应力分别是其初始极限强度的 0.91、0.3 和 0.47 倍。

2.5.6 疲劳

FRP 作为用于航空航天领域的材料，已经进行过大量疲劳性能的试验研究，其优异的抗疲劳性能已得到肯定。虽然目前建筑领域所采用的 FRP 材料与航空用 FRP 材料在质量和组成上有差别，但同样具有较好的抗疲劳性能。

影响 FRP 疲劳性能的主要因素是纤维的模量和纤维与树脂的粘结能力。材料模量越大，同样大小应力产生的应变就小，不易发生疲劳损伤。在三类 FRP 材料中，模量较大的 CFRP 最不易发生疲劳破坏，其疲劳破坏应力一般为静态极限应力的 60% ~70%，比钢材有更好的抗疲劳性能，而 GFRP 只有 25% 左右。

2.5.7 电腐蚀

在三类常用的纤维材料中，玻璃纤维和芳纶纤维都是绝缘体，没有电腐蚀的现象。碳纤维是电导体且电阻比较高，当有电流通过时温度会升高，这会对未加保护的 CFRP 产生两方面的影响：一方面对环氧树脂的性能造成破坏，另一方面当温度降下来后复合材料的层间剪切强度和压缩强度都会明显下降，但对抗拉强度影响不大。当 CFRP 与其他金属部位接触时，若有电解质溶液存在，则可能引起接触腐蚀，应采取相应措施予以避免。若能改善复合界面状态，使碳纤维完全置于基体材料的包裹之下，则能在相当程度上增强 CFRP 的耐蚀性。

在大部分 FRP 加固的工程应用中，加固部分位于室内、桥梁底面等，不会受到电击的影响。如遇有可能遭受电击的加固部位，应考虑必要的防护措施。为了防止混凝土内部的钢筋电流腐蚀，加固中使用的碳纤维不能直接与钢筋接触。

2.6 表面防护材料

表面防护的作用是保护加固结构的 FRP 片材和树脂免受外界不利环境的侵害，如紫外线照射、火灾、高温、冲击等。经过适当表面防护后，FRP 材料的耐久性会有很大程度的提高。表面防护材料的选择，可按照现行有关标准的规定执行，如防火涂料、水泥砂浆等。所选用的防护材料应当与浸渍树脂粘结可靠、变形协调，并应定期检查和维护，以确保其有效性。

对于有防火要求的建筑物，选用的防火材料及处理方法，应保证加固后的建筑物达到所要求的防火等级。此外，设计中对于防火的考虑见第 3.1.4 节上相关内容。当被加固结构本身需要按使用环境条件采取规定的防护措施时，采用 FRP 片材加固后还应采取相应的有效防护措施。

参考文献

[1] 中华人民共和国建筑工业行业标准. 纤维片材加固修复结构用粘结树脂 JG/T 166—2004. 北京:

[2] 中华人民共和国建筑工业行业标准. 结构加固修复用碳纤维片材 JG/T 167—2004. 北京:

[3] 中国工程建设标准化协会标准. 碳纤维片材加固混凝土结构技术规程 CECS 146：2003. 北京：中国计划出版社，2003.

[4] FIB No. 14. "*Externally Bonded FRP Reinforcement for RC Structures*". The International Federation for Structural Concrete (FIB). technical report prepared by Task Group 9.3, Bulletin No. 14, Lausanne, Switzerland, 2001.

[5] ACI 440.2R-02. "*Guide for the Design and Construction of Externally Bonded FRP Systems for Strengthening Concrete Structures*". American Concrete Institute (ACI) Committee 440. technical committee document 440.2R-02, Michigan, USA, 2002.

[6] ACI 440.1R-03. "*Guide for the Design and Construction of Concrete Reinforced with FRP Bars*". American Concrete Institute (ACI) Committee 440. technical committee document 440.1R-03, Michigan, USA, 2003.

[7] 日本铁道综合技术研究所.

[8] 冯鹏，叶列平. FRP 结构和 FRP 组合结构在结构工程中的应用与发展 [C] //第二届全国土木工程用纤维增强复合材料（FRP）应用技术学术交流会论文集. 北京：清华大学出版社，2002.

[9] 包兆鼎，戴方毕等. 增强混凝土用玻璃纤维复合材料筋 [C] //第二届全国土木工程用纤维增强复合材料（FRP）应用技术学术交流会论文集. 北京：清华大学出版社，2002.

[10] 才鹏等. 结构加固用 CFRP 片材拉伸性能的研究 [C] //05 全国 FRP 与结构加固学术会议论文精

选《FRP与结构补强》. 西安：陕西科学技术出版社，2005.
[11] Katz A, Berman N, Bank L C. Effect of cyclic loading and elevated temperature on the bond properties of FRP rebars. Proceedings from the First International Conference on Durability of Fiber Reinforced Polymer Composites for Construction. Sherbrooke, 1998, 403-413.
[12] 邓宗才，牛翠兵等. FRP加固混凝土结构耐久性研究. 北京工业大学学报，2006，32（2）:.
[13] 任慧韬，胡安妮等. 纤维增强聚合物加固混凝土结构耐久性能研究. 大连理工大学学报，2005，45（6）：847-852.
[14] TANNOUS F E, SAADATMANESH H. "Durability and long-term behavior of carbon and aramid FRP tendons". Proceedings of the Second International Conference on Fiber Composites in Infrastructure, II: 524-538, University of Arizona, USA, 1998.
[15] BYARS E A, WALDRON P, DEJKE V. "Durability of FRP in concrete-deterioration mechanisms", Int J of Materials and Product Technology, 2003, 19 : 28-39.
[16] Valter Dejke, Durability of FRP Reinforcement in Concrete-Literature Review and Experiments, Thesis for the degree of licentiate of engineering, Department of Building Materials, CHALMERS UNIVERSITY OF TECHNOLOGY, Göteborg, Sweden 2001.
[17] 金叶，吕西林. 纤维筋耐久性能研究现状分析. 结构工程师，2005，21（3）.
[18] 祁德庆，钱文军等. 土木工程用FRP筋的耐久性研究进展. 玻璃钢/复合材料，2006.2.

第三章

粘贴 FRP 片材加固设计

Design of Externally Bon ded FRP Laminate

采用 FRP 片材加固修复混凝土结构的方法是通过配套粘结材料将 FRP 片材粘贴于混凝土构件表面，使 FRP 片材承受拉应力，并与混凝土变形协调，共同受力。FRP 片材包括纤维布和 FRP 板材。该技术是近年来发展起来的一项新技术，较其他加固方法具有一定的特殊性，设计时需充分考虑 FRP 复合材料本身的性能及受力特点，以保证该技术的有效实施和安全应用。

3.1 加固设计基本概念及原则

3.1.1 加固设计前的准备

3.1.1.1 原始资料的调查

在进行加固设计前，应该对待加固的建筑结构资料进行调查分析，包括原设计图纸、施工记录、检测鉴定及现场测试报告、结构的维修加固记录、结构使用的有关规定文件等，在此基础上计算分析加固部位和加固量，并评估采用外部粘贴 FRP 加固方法的合理性、可行性和经济性。

3.1.1.2 现场检测评估

在进行加固设计前，应该对加固的工程现场进行详细的检查。检查内容应按照以下四个方面进行安排：

1. 加固处理后结构构件材料是否会发生劣化，劣化的进程会是什么样

决定混凝土结构劣化进程的是劣化因素的种类和程度。在加固处理前应该调查清楚这些劣化因素和影响程度以及处理后这些因素的存在及发展趋势。特别是在具有碱骨料反应、氯离子含量高、腐蚀环境等因素时要引起注意。

2. 结构基层条件，能否和 FRP 材料结合良好

采用外贴 FRP 片材加固方法时，混凝土基层表面的状况对加固效果的好坏至关重要。当表面存在孔洞、脱模剂、污渍或凹凸不平时，粘贴效果会受到不同程度的影响。若基层表面处理不好，FRP 材料会出现气泡或分层现象，同时表面凹凸不平还会引起纤维应力不

均，在 FRP 材料性能充分发挥之前过早出现剥离破坏。此外基层混凝土表面强度过低也是 FRP 材料过早出现剥离破坏的重要因素，这些因素都会影响 FRP 材料的性能发挥，在设计时应该充分调查并妥善处理。

3. 现场工作条件

在施工时可能遇到的低温、潮湿都有可能造成粘结材料性能下降。低温下树脂的黏度增大，难以施工，对纤维的浸润性能下降，后期固化缓慢。施工时，若空气相对湿度很大，涂刷后的树脂表面可能会因为树脂吸水结露出现白化现象，这时的树脂强度会出现降低，影响加固效果。因此在加固设计中应考虑施工可能遇到的温度、湿度、阳光、风等影响加固效果的气象因素。

4. 表面的防护问题

施工过程中及使用过程中纤维受到撞击荷载或其他荷载作用时可能造成 FRP 的损坏，当表面有热辐射时也会影响 FRP 的性能。有这些情况时应该考虑设计 FRP 的表面防护。表面防护材料的种类及厚度应该保证 FRP 材料在这些因素作用下不受破坏并能保证材料性能的可靠。此外，当 FRP 材料工作于在高温、冻融、紫外线辐射等恶劣环境中时，也应考虑 FRP 的耐久性防护。

3.1.2 加固设计的基本特点及要求

本章所述的加固设计，主要是指外部粘贴 FRP 片材以提高钢筋混凝土构件的承载力的加固，或以改善延性为目的的抗震加固。当然，外部粘贴 FRP 片材也可用于维持原有承载力，仅对裂缝等缺陷进行修复补强，此时可选用强度较低的 FRP 材料。

1. 进行外贴 FRP 片材加固设计时应注意以下几个方面的问题：

1）FRP 片材不能设计为承受压应力，但在反复荷载下 FRP 片材在经受一定的压应力作用后，仍可承受拉应力。

2）采用 FRP 片材加固的混凝土结构，由于环境影响、防护失效、火灾等原因，可能导致 FRP 片材与混凝土粘结界面的粘结强度降低致使加固失效或 FRP 片材的强度不能充分发挥，此时被加固构件仍应具有足够的剩余承载力，以避免被加固构件严重破坏。所以，在进行 FRP 加固设计时，被加固结构的承载力设计值应不低于其荷载效应准永久组合值。

3）纤维方向应与加固所需要的受力方向一致。如在受弯加固时，FRP 片材的纤维方向沿受拉区的拉应力方向；在受剪加固时，当纤维方向与混凝土中主拉应力方向一致时最为有效，但为了施工方便，常采用纤维方向与构件纵轴垂直的粘贴方式；柱抗震加固时，将纤维布环向封闭缠绕在柱上；受拉构件加固时，将纤维方向沿构件轴向粘贴。当纤维方向与受力方向不一致时，应考虑纤维方向与受力方向之间的夹角对 FRP 受力的影响。

4）FRP 片材与混凝土的粘结强度主要取决于混凝土强度，如果被加固构件的混凝土强度太低，将导致界面粘结强度不足，易发生脆性显著的剥离破坏，影响 FRP 片材的强度发挥。因此，抗弯加固和抗剪加固时，被加固混凝土构件的实测混凝土强度等级不应低于 C15。采用 FRP 片材约束加固混凝土柱时，实测混凝土强度等级不应低于 C10。

5）工程结构作为一个整体，不同构件的承载力以及构件不同受力形式的承载力之间存在级差要求，如强柱弱梁、强剪弱弯等，这些级差要求在现行有关国家标准中均有相关规定。一般情况下，对结构或构件的加固是局部的，加固后应考虑加固后对结构中的其他构件或构件的其他性能可能产生的影响，注意保持原有结构构件和构件的承载力间的级差，避免影响整个结构的合理的受力性能。

6）加固施工时宜卸除结构上的活荷载作用，并采取措施减小被加固构件的初始受力对加固后二次受力的影响。当不能完全卸载进行加固时，应考虑二次受力对加固的不利影响。

2. 本章对于外贴 FRP 片材的加固设计，一般都是在原有钢筋混凝土设计方法基础上，考虑 FRP 材料的特殊受力性能，对传统的设计方法进行修正，采用以概率理论为基础的极限状态设计法进行承载能力极限状态和正常使用极限状态的计算和验算。由于 FRP 材料与钢筋、混凝土有很大的不同，给传统的极限状态设计法提出了新的问题，必须在设计时加以相应的考虑，主要体现在以下两个方面：

1）破坏时 FRP 并不一定能完全发挥其强度

传统的钢筋混凝土结构设计，在各种承载力极限状态下，钢筋和混凝土均达到各自的强度，材料的强度是被充分利用的。FRP 为线弹性材料，对于 FRP 加固的混凝土结构，达到承载力极限状态时 FRP 并不一定能完全发挥其强度。针对不同的加固情况，FRP 材料强度的发挥程度有很大的差别。这与传统的钢筋、混凝土充分利用材料强度有很大的不同。对于 FRP 材料来说，必须根据不同受力特点，确定相应所达到的有效应力 σ_{fe}（或有效应变 ε_{fe}）值，才能合理地计算 FRP 对相应承载力的贡献。

2）破坏时可能呈现一定的脆性特征

配筋适当的钢筋混凝土构件，其达到极限承载力之前往往表现出较好的延性。而采用 FRP 加固的混凝土结构，破坏时则有可能延性降低，表现出一定的脆性特征。例如受弯加固中，无论是 FRP 拉断破坏，还是剥离破坏，破坏时均没有明显的预兆，属脆性破坏。设计时必须考虑这种破坏的脆性性质，给予一定的安全储备。

3.1.3 FRP 片材的抗拉强度设计值

第二章中，给出了 FRP 片材的力学性能指标，由条形试件拉伸试验确定其抗拉强度标准值 f_{fk}，该指标是在短期试验条件下得到的，没有考虑环境条件、长期作用等对材料性能的影响。FRP 的抗拉强度设计值 f_f 通常的表达形式为：

$$f_f = \frac{f_{fk}}{k_f} \tag{3.1.1}$$

其中，系数 k_f 可由考虑不同影响因素的多个分项系数组合得到，包括：FRP 的材料分项系数、FRP 材料种类、FRP 加固工法（采用纤维布现场浸润粘贴与预制 FRP 板材的质量控制水平不同）、环境暴露条件等。

耐久性是加固设计中需要考虑的重要因素，尤其是对处于特殊环境中的建筑，如沿海建筑、受恶劣化学侵蚀环境的建筑等。影响 FRP 耐久性的因素有环境温度、湿度、紫外线照射、冻融循环等。FRP 具有很好的抗腐蚀性、抗磁性，与其他材料相比在耐久性方面具有很大的优势。其中，CFRP、AFRP 的抗腐蚀能力较好，而一般 GFRP 的抗碱性能不理想。CFRP、AFRP 的耐受冻融循环能力也较 GFRP 好。在加固设计中对耐久性的考虑主要通过两方面来体现，一是可根据被加固结构的具体情况，选择适当的 FRP 材料并考虑适当的力学性能降低幅度；另一方面也可通过适当的表面防护措施以提高加固结构的耐久性。

美国 ACI-440 指南中环境影响降低系数 C_E 考虑了不同的 FRP 种类及环境条件，取值介于0.5~0.95（相当于 k_f 取为 1.05~2），欧洲 FIB 设计指南中对 FRP 的材料分项系数按不同加固工法和材料种类，取为 1.2~1.5。此外，考虑到 FRP 加固后的脆性破坏特征，以及目前对 FRP 材料的认识尚不足，还存在一些不确定因素，美国 ACI-440 指南、欧洲 FIB 设计指南等还对计算出的承载力再乘以一个附加承载力降低系数，以确保更大的安全储备。为了简化起见，也可以在系数 k_f 中考虑 FRP 加固后的弹脆性破坏特征，不再另取附加承载力降低系数。本书建议采用后一种处理方式，对 k_f 综合取值，即

$$k_f = \gamma_f \gamma_e \tag{3.1.2}$$

式中 γ_f——FRP 材料的分项系数，纤维布及 FRP 筋取 1.4，其他 FRP 制品取 1.25；

γ_e——环境影响系数，按表 3.1.1 取值。对临时性混凝土结构，可取 1.0。

环境影响系数 γ_e **表 3.1.1**

环 境 条 件	FRP 类型	γ_e
室内环境	CFRP	1.0
	BFRP	1.0
	AFRP	1.2
	GFRP	1.25
一般室外环境	CFRP	1.1
	BFRP	1.2
	AFRP	1.3
	GFRP	1.4
海洋环境 侵蚀性环境	CFRP	1.2
	BFRP	1.2
	AFRP	1.5
	GFRP	1.6（强碱环境中取 2.0）

需要指出的是，FRP 片材的抗拉强度设计值 f_f 在计算中并不一定直接用到，因为在不同的受力形式下，达到承载力极限状态时 FRP 片材强度所发挥的程度不同，应根据 FRP 片材实际发挥的有效应变 ε_{fe}，按线弹性应力应变关系确定其相应的有效应力 σ_{fe}，该值不应超过 FRP 材料抗拉强度设计值 f_f。

此外，为了避免 FRP 材料在长期荷载作用下发生徐变破坏和在循环荷载作用下发生疲劳破坏，应控制这些荷载条件下的 FRP 应力水平。美国 ACI-440 指南[1]指出，由于这些应力水平往往处于构件的弹性范围，可通过弹性分析来计算，并对于不同 FRP 种类，给出了抗弯加固时徐变破坏和疲劳破坏应力限值，如表 3.1.2 所示。

长期荷载和疲劳荷载作用下 FRP 的应力限值　　表 3.1.2

纤维种类	GFRP	AFRP	CFRP
长期荷载和疲劳荷载作用下应力限值	$0.20f_f$	$0.30f_f$	$0.55f_f$

3.1.4 加固设计中的防火问题

FRP 复合材料中有些纤维本身具有很强的耐火性，但粘结树脂在火灾中会迅速软化，使复合材料的整体强度随之减弱至丧失。为保证加固后结构的可靠性，应使在 FRP 加固失效的情况下，被加固构件仍具有足够的剩余承载力而不会出现严重破坏。在美国 ACI440 指南[1]、欧洲 FIB 指南[2]、英国指南[3]等都有针对于此的相应考虑。防火设计主要通过下述两个方面来体现：

1. 设计时将结构安全度控制在一个合理的水平，以确保在 FRP 体系完全失效的情况下，不会出现结构倒塌等严重破坏。即不考虑 FRP 的作用时原结构本身应能承担全部恒载和一定比例的活荷载，由于火灾为一种意外荷载，验算时相应的材料分项系数和荷载分项系数均减小。建议被加固构件的剩余承载力不应低于恒载和可变荷载频遇值组合下的作用效应设计值。

2. 可以通过防火保护措施来提高 FRP 体系的耐火性能，如外覆砂浆保护层、外扣防火板及涂刷防火涂料等。

3.2 抗弯加固

由于设计荷载的增加、使用功能的改变以及设计和施工的人为错误等原因，导致梁、板等钢筋混凝土构件的受弯承载能力不足，需要进行抗弯加固，此时在构件的受拉面粘贴纤维布或 FRP 板（图 3.2.1），可以提高构件的受弯承载能力。瑞士联邦材料实验室（EMPA）于上世纪 80 年代中期进行了首个 CFRP 加固钢筋混凝土梁试验[4]。近十几年来，国内外进行了大量采用 FRP 片材进行抗弯加固的试验研究，取得了很多研究成果。同加大截面法、粘钢板等传统加固方法相比，外贴 FRP 加固法具有施工便捷、耐久性好等优点，近年来已经成为一种较为普遍的加固技术。

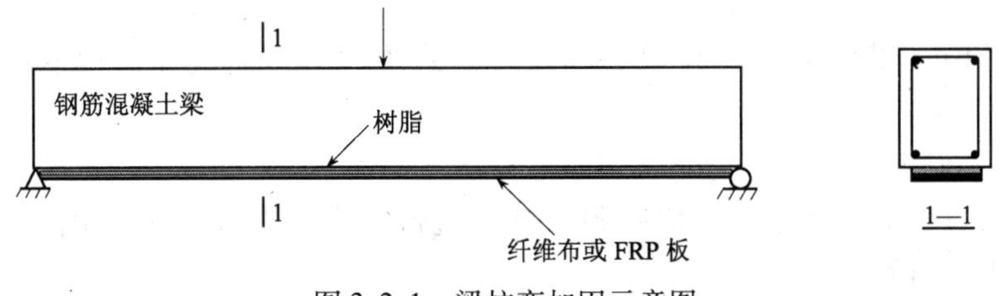

图 3.2.1　梁抗弯加固示意图

3.2.1 破坏模式

根据外贴 FRP 片材加固钢筋混凝土梁的抗弯加固试验结果，加固后梁的破坏模式主要可分为以下几种：

1. FRP 拉断

受拉钢筋首先屈服，随着荷载的继续增加，纤维受力进一步增大，直至纤维拉断，此时压区混凝土尚未达到极限压应变。尽管纤维拉断是脆性的，但由于此前钢筋已经屈服，结构有较大变形。在低配筋率和 FRP 加固量较少的情况下，容易发生此种破坏，类似于少筋梁的破坏形式。

2. 混凝土压碎

受拉钢筋首先屈服，随着荷载的继续增加，混凝土受压区应力进一步增大，直至压区边缘混凝土达到极限压应变而压碎破坏，但 FRP 没有拉断，结构表现为类似适筋梁的延性破坏。

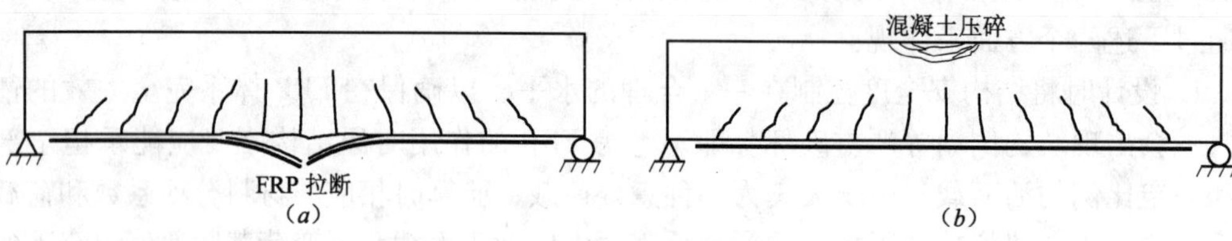

图 3.2.2　弯曲破坏模式

3. 剥离破坏

因 FRP 剥离所引发的提前破坏，呈脆性，此时 FRP 未拉断而且混凝土也未压碎。详见 3.2.3 节。

4. 剪切破坏

一个按照“强剪弱弯”原则设计的梁，当进行受弯加固后，破坏形式有可能转化为先发生脆性的剪切破坏。因此，进行受弯加固时，也应验算梁的受剪承载力，必要时也应同时采取受剪加固措施，以避免受剪破坏发生于受弯破坏之前。

在 FRP 片材加固钢筋混凝土受弯构件的设计中，第一、二种破坏模式是与传统钢筋混凝土梁类似的弯曲破坏模式，可参照原有的钢筋混凝土正截面承载力设计计算方法并考虑 FRP 材料的受力性能来计算。剥离破坏需要通过特殊的计算和构造要求来控制，而剪切破坏则可以通过受剪承载力验算来避免。

3.2.2　弯曲破坏极限弯矩的计算

通常将 FRP 拉断、混凝土压碎二种破坏模式统称为弯曲破坏，暂不考虑剥离破坏的影响。

3.2.2.1　基本假定

在受弯构件受拉面和梁侧面粘贴 FRP 片材进行抗弯加固时，其正截面受弯承载力应按以下基本假定计算：

1. 截面应变保持平面；

2. 不考虑混凝土抗拉强度；

3. 混凝土受压应力与应变关系按现行国家标准《混凝土结构设计规范》(GB 50010) 确定；

4. 纵向钢筋的应力与应变关系按现行国家标准《混凝土结构设计规范》(GB 50010)

确定；

5. FRP 片材的拉应力取等于 FRP 片材的拉应变与其弹性模量的乘积，且不应超过 FRP 片材抗拉强度设计值，同时其极限拉应变设计值不应大于 0.01。

粘贴 FRP 片材加固后的极限弯矩计算理论和方法与现行国家《混凝土结构设计规范》（GB 50010）一致，只是 FRP 片材按线弹性应力-应变关系来确定其达到弯曲承载力极限状态时的有效拉应力。规定 FRP 片材的极限拉应变不应大于 0.01，是为了避免受弯承载力极限状态时变形过大，这与现行国家《混凝土结构设计规范》（GB 50010）规定受拉钢筋的应变不超过 0.01 是一致的。

3.2.2.2 计算公式

以下计算以单筋矩形截面为例。当混凝土压碎与 FRP 拉断同时发生时，即为界限破坏，此时界限相对受压区高度为：

$$\xi_{fb}=\frac{0.8\varepsilon_{cu}}{\varepsilon_{cu}+\varepsilon_{fu}+\varepsilon_i} \tag{3.2.1}$$

式中 ε_i ——考虑二次受力影响时，加固前受弯构件在初始弯矩 M_i 作用下，截面受拉边缘混凝土的初始应变。当忽略二次受力影响时，取零；

ε_{cu}——混凝土极限压应变，取 0.0033；

ε_{fu}——FRP 的设计极限拉应变，$\varepsilon_{fu}=f_f/E_f$，$\varepsilon_{fu}\leqslant 0.01$。

1. 当混凝土受压区高度 x 大于 $\xi_{fb}h$，即破坏由混凝土压碎控制时（图 3.2.3）

$$\begin{cases} f_c bx = f_y A_s + E_f\varepsilon_f A_f & (3.2.2)\\ x = \dfrac{0.8\varepsilon_{cu}}{\varepsilon_{cu}+\varepsilon_f+\varepsilon_i}h & (3.2.3)\end{cases}$$

$$M_u=f_yA_s\left(h_0-\frac{x}{2}\right)+E_f\varepsilon_fA_f\left(h-\frac{x}{2}\right) \tag{3.2.4}$$

式中 A_f ——FRP 的截面面积，$A_f=b_ft_f$；

x ——混凝土等效矩形应力图受压区高度；

f_c ——混凝土轴心抗压强度设计值；

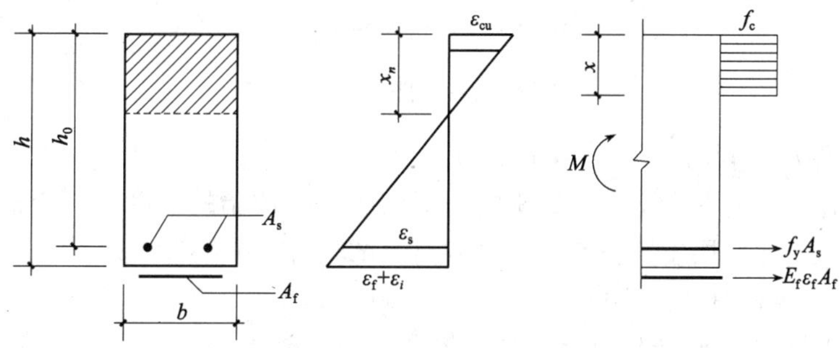

图 3.2.3 截面内力分析（$x>\xi_{cfb}h$）

2. 当混凝土受压区高度 x 小于 $\xi_{fb}h$，即破坏由 FRP 拉断控制时（图 3.2.4）

$$C=f_yA_s+E_f\varepsilon_{fu}A_f \tag{3.2.5}$$

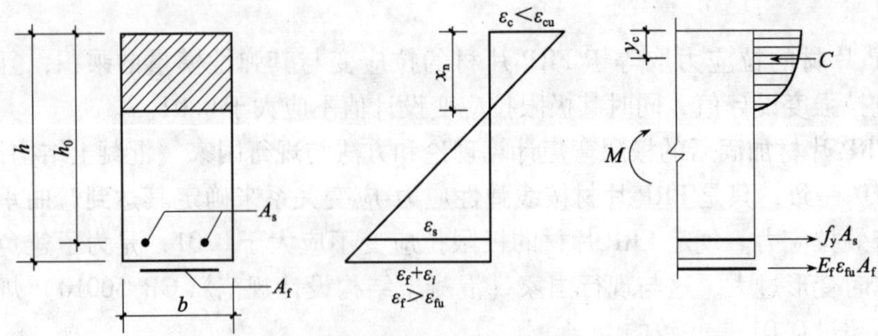

图 3.2.4　截面内力分析（$x<\xi_{cfb}h$）

$$x_n=\frac{\varepsilon_c}{\varepsilon_c+\varepsilon_{fu}+\varepsilon_i}h \tag{3.2.6}$$

$$M_u=f_yA_s(h_0-y_c)+E_f\varepsilon_{fu}A_f(h-y_c) \tag{3.2.7}$$

此时压区边缘混凝土未达极限压应变，求解混凝土压区合力 C 合力作用点距压区边缘距离 y_c 时，不能直接简化为原等效矩形应力图，可根据混凝土应力—应变关系积分通过迭代来精确求解，此时手算较为困难，一般需借助计算机软件来实现，也可以寻求一些近似计算方法。

3.2.3　剥离破坏

在采用 FRP 片材进行抗弯加固时，FRP 的拉力通过界面粘结应力传递给混凝土。除了混凝土压碎或 FRP 拉断等常规弯曲破坏形式外，FRP 片材和混凝土界面还会出现提前的剥离破坏，此时 FRP 的强度并未得到有效发挥。

3.2.3.1　剥离破坏的分类

目前国际上一般认为 FRP 加固梁的剥离破坏可分为以下四种形式（图 3.2.5）：

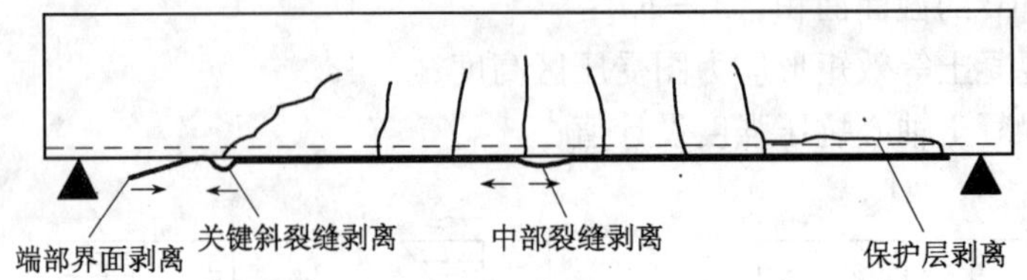

图 3.2.5　受弯构件剥离破坏形式

1. 混凝土保护层剥离　Cover separation

破坏发生在端部的混凝土内，通常情况下由于粘结树脂的强度远高于混凝土的强度，从端部开始沿纵筋保护层发生撕裂。该种剥离在试验研究中最为常见。

2. FRP 端部界面剥离　Plate end interface debonding

破坏发生于端部的 FRP 与混凝土粘结界面，当混凝土表面处理不好或施工不当时易发生这种破坏。

3. 中部裂缝处剥离　Intermediate crack debonding，简称 IC debonding

指由梁中部弯曲裂缝或弯剪裂缝处所引发的剥离。

4. 关键斜裂缝处剥离　Critical diagonal crack debonding，简称 CDC debonding

指由梁剪切斜裂缝处所引发的剥离。

这些剥离破坏形式可以分为两大类：一类是由 FRP 片材端部应力集中引起的，包括混凝土保护层剥离和 FRP 端部界面剥离；另一类是由于梁底裂缝发展引起的，包括中部裂缝处剥离和关键斜裂缝处剥离。除了中部弯曲裂缝引起的剥离可能会经历一个较长的剥离发展过程之外，其他剥离破坏模式均呈脆性，特别是端部剥离破坏的发生几乎没有任何预兆。

3.2.3.2 端部剥离

端部剥离破坏包括混凝土保护层剥离和 FRP 端部界面剥离，FRP 片材端部剥离一般是由于 FRP 截断导致切断截面处受弯刚度不连续，形成应力集中而引起的，其中以保护层剥离更为常见。这种剥离形式与加固的片材刚度有关，刚度越大，剥离越容易出现。在粘钢加固中就已经对这类破坏形式有了一定的认识和研究，近十年来，各国学者对粘贴 FRP 板加固钢筋混凝土梁中的端部剥离破坏提出了一系列强度模型。

众多试验研究表明，在 FRP 片材的端部附加 U 形箍或采取其他机械锚固措施，可以比较有效地避免端部剥离情况发生[8]。

3.2.3.3 裂缝处的剥离

在 FRP 加固应用的早期，对于梁底裂缝处的剥离认识还很少，直到近几年来对 FRP 受弯加固梁的剥离破坏分类才逐渐明朗。相对于端部剥离来说，对梁底裂缝处剥离的研究还较少。

中部裂缝剥离（IC debonding）是由于受弯裂缝张开较大，在裂缝附近形成局部粘结应力集中而导致的剥离破坏，如果梁底表面不平整，也容易导致中部裂缝剥离。这种剥离破坏形式在粘钢加固中并不常见，而在 FRP 抗弯加固中却经常发生。这是因为钢材的强度比较低，达到屈服时应变不大，因而裂缝附近的滑移也就不显著。而 FRP 强度高，断裂应变很大，在断裂前裂缝附近的滑移也很大，使得中部裂缝剥离先于 FRP 断裂发生。这种剥离破坏和混凝土受弯裂缝开展相关，即便使用 U 形箍或其他附加锚固措施也不能完全避免。关键斜裂缝剥离破坏主要是由于钢筋混凝土梁抗剪能力不足，出现较大的受剪斜裂缝，进而引起斜裂缝两侧刚体错动而导致的。由于实际工程设计中一般要求梁为强剪弱弯，因此这种由于抗剪承载力不足导致的剥离破坏一般可以避免。

3.2.3.4 剥离破坏强度的计算

在 FRP 的抗弯加固中，如何合理计算剥离破坏强度一直是一个未得到圆满解决的难点。在现有的一些设计指南中，对剥离破坏也都进行了不同程度的考虑，但尚未有一个具体设计公式得到普遍认同。计算剥离破坏强度的思路一般通过以下两种途径：

1. 验算 FRP 的应力梯度

FRP 与混凝土通过其界面的粘结应力来传递二者间的应力，使两者共同工作。当剪弯段内某一区段 FRP 间的应力差所产生的粘结应力超出界面粘结强度时，即会发生剥离。如图 3.2.6，取梁剪弯段的一个微段 dx，由微段 FRP 受力平衡可以得到界面粘结应力为：

$$\tau = \frac{d\sigma_{\mathrm{f}}}{dx} t_{\mathrm{f}} \qquad (3.2.8)$$

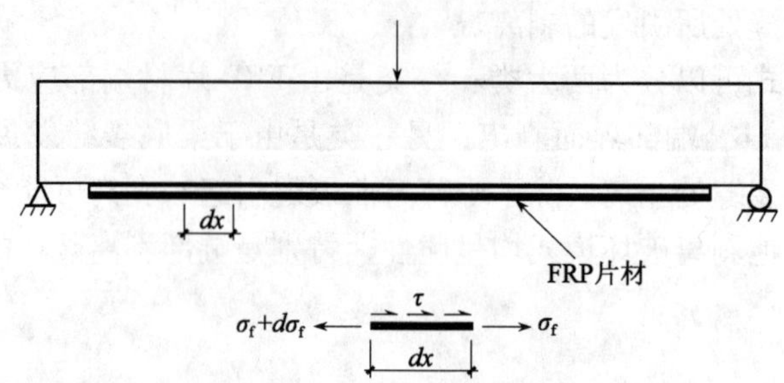

图 3.2.6　FRP 与混凝土界面粘结应力

限制 $\tau \leqslant [\tau_f]$，也就是通过验算 FRP 的应力梯度，使其小于一个最大限值，则可以控制剥离破坏的发生。该方法较为直观，但存在的问题是：首先应力梯度的验算较为繁琐，在实际设计时使用不太方便，一般需借助计算机软件来解决；另一方面，关于界面粘结强度最大限值的具体取值，目前还难以准确定量。

日本土木工程学会（JSCE）[8] 即是建议采用这一方法在设计时控制剥离，其具体公式见式（3.2.9），是基于 FRP-混凝土界面破坏能概念建立的：

$$\Delta\sigma_f \leqslant \sqrt{\frac{2G_f E_f}{n_f t_f}} \tag{3.2.9}$$

式中，G_f 为界面剥离破坏能，其数值是由众多剥离破坏试验结果分析对比得来的，JSCE 建议取为 0.5N/mm，并建议最大弯矩截面至验算截面的距离 ΔL 根据 FRP 片材厚度可取为 150～250mm。

2. 控制 FRP 的有效应变

该方法是直接给出 FRP 发生剥离破坏时的应变上限 $\varepsilon_{f,debond}$，在设计时控制 FRP 的有效应变 $\varepsilon_{fe} \leqslant \varepsilon_{f,debond}$。但关于应变上限值 $\varepsilon_{f,debond}$，不同的研究者也给出了不同的计算公式。

美国 ACI 440 指南[1] 即是根据这一思路，并未区分不同剥离破坏形式，而是根据试验数据回归，给出了一个统一的受弯剥离应变限值。引入一个剥离应变折减系数 κ_m，使极限状态时 FRP 的有效应变小于 $\kappa_m \varepsilon_{fu}$，即

$$\varepsilon_{fe} \leqslant \varepsilon_{f,debond} = \kappa_m \varepsilon_{fu} \tag{3.2.10}$$

$$\kappa_m = \begin{cases} \dfrac{1}{60\varepsilon_{fu}}\left(1-\dfrac{n_f E_f t_f}{360000}\right) \leqslant 0.90\varepsilon_{fu}，当 n_f E_f t_f \leqslant 180000 \\ \dfrac{1}{60\varepsilon_{fu}}\left(\dfrac{90000}{n_f E_f t_f}\right) \leqslant 0.90\varepsilon_{fu}，当 n_f E_f t_f > 180000 \end{cases} \tag{3.2.11}$$

文献［7］对中部裂缝引起的剥离进行了深入的研究，取得了一些有价值的成果。该文根据精细单元模型有限元分析，较好地对受弯剥离进行了模拟，揭示了受弯剥离破坏的机理，即受弯剥离破坏不但和剪力引起的界面粘结应力有关（图 3.2.6），还与裂缝张开的界面粘结应力有关（图 3.2.7）。弯曲裂缝在弯矩作用下有张开的趋势，且跨越裂缝两侧的 FRP 片材将阻止裂缝张开，因而在裂缝两侧 FRP-混凝

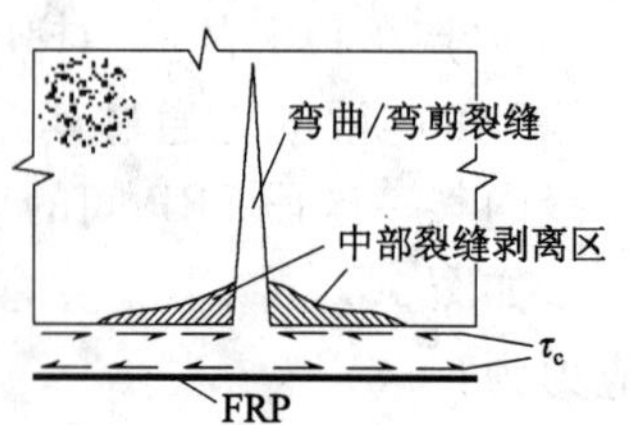

图 3.2.7　裂缝张开引起的界面粘结应力

土界面上会出现界面粘结应力 τ_c，τ_c 将随着裂缝张开宽度加大而增大，并导致在裂缝两侧出现剥离破坏。该文以收集到的 80 个梁中部裂缝处剥离的试验数据，与已有的一些设计公式进行了对比，认为由于以往对剥离破坏的内在机理还缺乏全面的认识，这些设计公式（如 JSCE 公式、ACI 公式），往往过高估计了受弯剥离承载力，且计算结果非常离散，偏于不安全。基于有限元分析和试验结果，文献［4］提出了界面粘结应力分布的简化计算模型为：

$$\varepsilon_{f,debond} = (0.6/\sqrt{E_f t_f} - 0.1/L_d)\beta_w f_t \quad (3.2.12)$$

式中　L_d——受弯承载力充分利用截面至 FRP 切断点的距离，如图 3.2.8 所示。公式（3.2.11）的适用条件是 $L_d \geq 0.76\sqrt{E_f t_f}$；

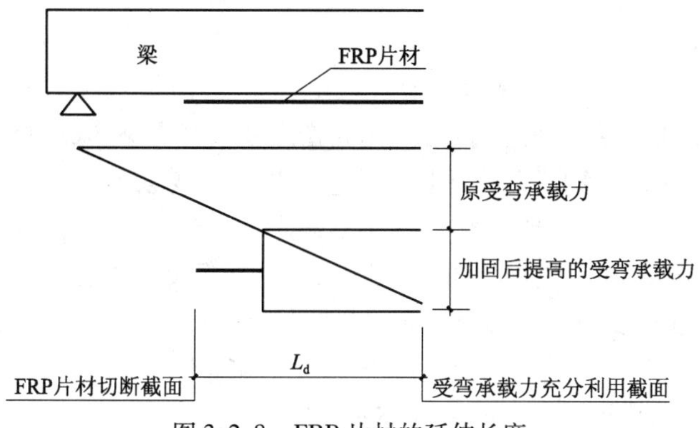

图 3.2.8　FRP 片材的延伸长度

β_w——宽度修正系数，$\beta_w = \sqrt{(2.25 - b_f/b_c)/(1.25 + b_f/b_c)}$　(3.2.13)

当 FRP 宽度 b_f 等于梁宽 b_c 时，$\beta_w = 1$；

f_t——混凝土抗拉强度。

图 3.2.9 为式（3.2.12）计算结果与 80 个试验值的对比，表明该公式可以较为准确地预测受弯剥离的承载力。该公式是针对集中荷载作用下的受弯剥离提出的，文献［7］根据有限元分析结果认为，也可以将其用于受均布荷载作用的受弯剥离，且略偏于安全。

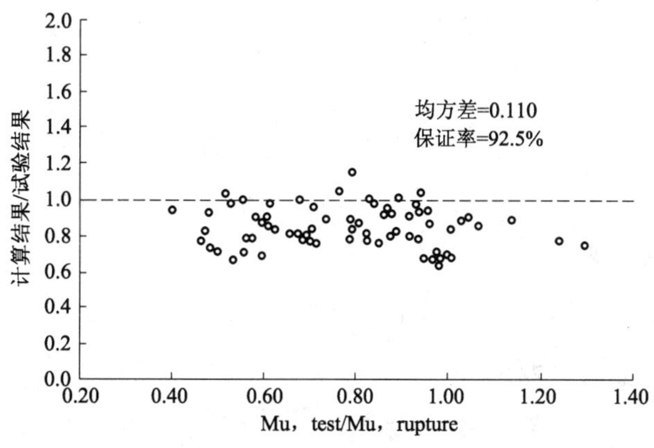

图 3.2.9　式（3.2.12）与试验结果的对比

需要指出，式（3.2.12）的提出是基于仅梁底粘贴 FRP 片材无任何附加锚固措施的受弯剥离试验结果。试验研究表明，当增加适当的 U 形箍锚固后，将延缓或阻止剥离破坏的发生，且即使发生界面剥离，其破坏过程具有一定的延性特征。但由于目前有 U 形箍约束的受弯剥离研究并不成熟，尚难以给出定量的结果，所以在设计计算时还无法直接考虑 U 形箍的作用，一般按构造要求设置 U 形箍并作为一定的安全储备使用。

3.2.4 设计建议

我国《纤维增强复合材料建设工程应用技术规范》(报批稿）依据 3.2.2.1 的基本假定，给出了以下的设计计算方法：

3.2.4.1 计算步骤

设加固后最大弯矩截面所需达到的设计弯矩为 M_d，由于 FRP 片材随不同的受力状态所达到的有效应力不同，一般可假定 FRP 加固量求解抵抗弯矩 M，具体步骤为：

1. 首先求出初始弯矩作用下混凝土受拉边缘初始应变 ε_i，一般可由平截面假定按钢筋混凝土截面受力分析方法得到。当不考虑二次受力影响时，取 $\varepsilon_i=0$。

2. 先假设一个 FRP 加固量即 A_f 值，按下式联立求解受压边缘混凝土达到极限压应变时 FRP 片材的有效拉应变 ε_{f1}

$$\begin{cases} f_c bx = f_y A_s - f_y' A_s' + E_f \varepsilon_{f1} A_f & (3.2.14) \\ x = \dfrac{0.8\varepsilon_{cu}}{\varepsilon_{cu} + \varepsilon_{f1} + \varepsilon_i} h & (3.2.15) \end{cases}$$

3. 计算剥离破坏控制应变 $\varepsilon_{f,debond}$，可根据实际布置 L_d（建议尽可能粘贴至梁端），按式（3.2.16）求解：

$$\varepsilon_{fe,debond} = (1.1/\sqrt{E_f t_f} - 0.2/L_d)\beta_w f_t \tag{3.2.16}$$

其中，β_w 为 FRP 片材的宽度影响系数，$\beta_w=\sqrt{(2.25-b_f/b_c)/(1.25+b_f/b_c)}$；

4. 确定有效应变 ε_{fe}

$$\varepsilon_{fe} = \min\{\varepsilon_{fu}, \varepsilon_{f1}, \varepsilon_{f,debond}\} \tag{3.2.17}$$

5. 根据平截面假定、力平衡和弯矩平衡关系计算截面弯矩，精确计算应根据混凝土应力-应变关系进行积分求解。规范中采用一种简化计算方法，引入系数 ω 对等效矩形应力图进行折减：

$$\omega = 0.5 + 0.5\frac{\varepsilon_{fe}}{\varepsilon_{f1}} \leqslant 1 \tag{3.2.18}$$

$$\omega f_c bx = f_y A_s - f_y' A_s' + E_f \varepsilon_{fe} A_f \tag{3.2.19}$$

当混凝土受压区高度 x 小于 $\xi_b h_0$，且大于 $2a'$时，

$$M \leqslant \omega f_c bx\left(h_0 - \frac{x}{2}\right) + f_y' A_s'(h_0 - a') + E_f \varepsilon_{fe} A_f (h - h_0) \tag{3.2.20}$$

当混凝土受压区高度 x 小于 $2a'$时，

$$M \leqslant f_y A_s (h_0 - a') + E_f \varepsilon_{fe} A_f (h - a') \tag{3.2.21}$$

6. 若求出的弯矩 M 小于所需的弯矩值 M_d 时，调整 A_f，再按步骤 2～5 计算，直至 M

满足要求。

7. 按构造要求设置 U 形箍锚固。

上述公式中具体参数的含义以及更详细的计算公式可参考《纤维增强复合材料建设工程应用技术规范》(报批稿)。

3.2.4.2 构造要求

采用 FRP 片材进行受弯承载力加固时，根据《纤维增强复合材料建设工程应用技术规范》(报批稿) 应符合以下构造规定：

1. 梁受弯加固时（图 3.2.10），FRP 片材宜延伸至梁支座边缘，并应在每个端部设置不少于 2 道构造纤维布 U 形箍，净间距不应大于 1 倍梁高，且纤维布 U 形箍应伸至梁顶部或梁顶部的板底面。对于采用纤维布受弯加固，端部纤维布 U 形箍的宽度和厚度分别不应小于受弯加固纤维布宽度和厚度的二分之一；对于 FRP 板受弯加固，端部纤维布 U 形箍的宽度不应小于 100mm，纤维布 U 形箍的截面面积不应小于 FRP 板截面面积的四分之一。端部 U 形箍主要用于防止 FRP 端部应力集中引起的剥离破坏。由于此类剥离破坏脆性较大且受力复杂，因此端部 U 形箍必须有足够的强度和刚度。

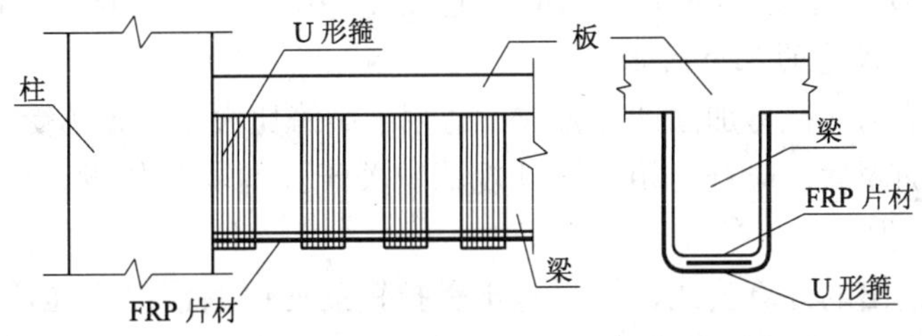

图 3.2.10 梁受弯加固时 FRP 片材 U 形箍构造

有集中荷载或次梁时，两侧宜设置宽度不小于 100mm 构造纤维布 U 形箍，且纤维布 U 形箍宜伸至梁顶部或梁顶部的板底面。在其他部位也宜适当设置宽度不小于 100mm 的构造纤维布 U 形箍，高度宜取梁侧高，净间距不宜大于 3 倍的梁高。中部受弯裂缝引起的剥离破坏已通过计算加以控制，在梁中部区域适当布置 U 形箍，可有效减少端部剥离破坏的脆性。

U 形箍采用纤维布沿梁底、梁侧 U 形粘贴而成，转角处应进行倒角处理，曲率半径不小于 20mm。

2. 板受弯加固时（图 3.2.11），FRP 片材宜采用多条密布方案并延伸至支座边缘，当板的高跨比较大且 FRP 加固量较大时，宜在 FRP 片材端部应粘贴设置不小于 200mm 宽的横向纤维布压条。试验研究表明，与梁相比，板较少发生端部剥离破坏。

3. 当采用粘贴 FRP 片材对梁、板负弯矩区进行受弯加固时，FRP 片材的截断位置距支座边缘的长度不应小于 $L_f + 200$mm，L_f 为加固后 FRP 片材抗弯承载力的充分利用截面到不需要 FRP 片材截面的距离，且对板不小于 1/4 跨度，对梁不小于 1/3 跨度。

4. 当采用 FRP 片材在框架梁负弯矩区进行受弯加固时，应采取可靠锚固措施与支座连接。当 FRP 片材需绕过柱时，宜在梁两侧 4 倍板厚范围内粘贴 FRP 片材（图 3.2.12），当有可靠依据和经验时，可适当放宽。

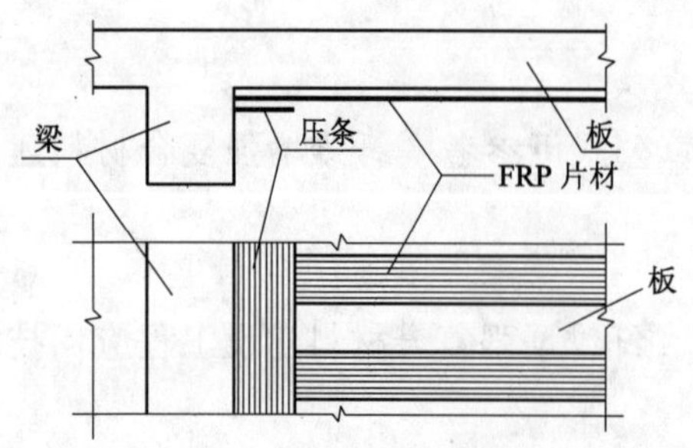

图 3.2.11　板受弯加固时 FRP 片材压条构造

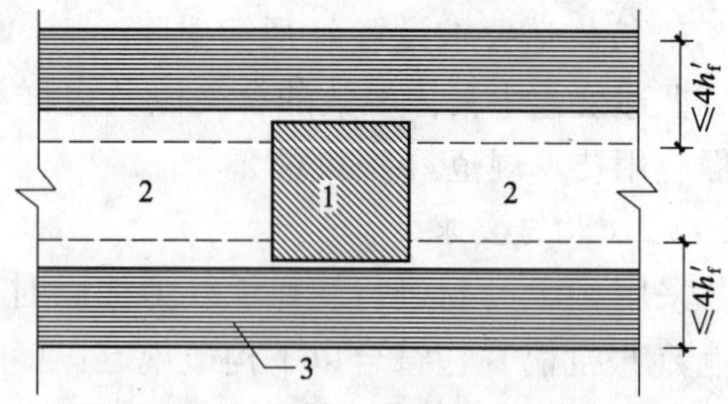

图 3.2.12　负弯矩区加固时梁侧有效粘贴范围

1—柱；2—梁；3—板顶面碳纤维片材；h'_f—板厚

5. 粘贴 FRP 片材加固时，当确因加固施工困难需要采取搭接时，不应在主要受力区段搭接，纤维布的搭接长度不宜小于 150mm。FRP 板因厚度较大，直接搭接难以保证受力传递，故一般不宜采用搭接。

6. 为保证 FRP 片材可靠地与被加固构件共同工作，必要时可采取附加机械锚固措施，包括用膨胀螺栓固定钢板条压住 FRP 片材、直接在 FRP 板上设置锚固于混凝土的栓钉等。

3.2.4.3　设计中应注意的几个问题

1. 本节中所给出的抗弯加固计算公式不适用于高跨比大于 1/5 的受弯构件。

2. 受弯构件加固后，应符合相关设计规范中关于强剪弱弯的设计要求，避免受剪破坏先于受弯破坏发生。

3. 本节中所给出的计算公式，均是基于受拉钢筋屈服后混凝土压碎或碳纤维拉断破坏，因而在计算时应限制受压区高度 $x \leqslant \xi_b h_0$，以避免因加固量过大而导致超筋性质的脆性破坏。

4. 因为受弯加固 FRP 的粘贴面积相对于受拉钢筋面积而言一般较小，且 CFRP 的弹性模量与钢材相近，其他 FRP 的弹性模量小于钢材，因此在未采用预应力加固的情况下，FRP 片材是在受拉钢筋屈服后才开始发挥较大的作用。因此，尽管按受弯承载力极限状态进行计算可提高受弯构件的承载力，但为保证加固后正常使用阶段承载的可靠性，避免钢筋在正常使用荷载下超过屈服强度，需控制频遇荷载组合下受拉钢筋的拉应力不大于其抗拉强度标准值。

5. 关于加固后受弯承载力的提高幅度，在规程[9]中规定，加固后受弯承载能力的提高幅度不宜超过 40%。该规定的提出是出于考虑到 FRP 加固的应用初期经验尚不足，为了较好控制正常使用阶段的裂缝宽度和变形而考虑了较大的强度安全储备。实际上，已有试验研究得到的碳纤维布加固梁的受弯承载能力提高幅度从 10% 至 100% 以上不等，且对于不同几何、材性参数的构件，即使加固量相同时，提高幅度也是不同的，并不能一概而论。该规程中也明确指出，有工程经验和依据时提高幅度可以适当放宽。

6. 由于加固是在结构已承受一定荷载的情况下进行的，存在二次受力的问题。但当加固前计算截面承担的初始弯矩 M_i 小于未加固截面受弯承载力的 20% 时，一般认为初始弯矩的影响较小，可忽略二次受力的影响。而当加固前计算截面承担的初始弯矩 M_i 大于未加固截面受弯承载力的 50% 以上，且无法卸载时，不宜采取非预应力加固方法。

7. 受弯构件加固除应进行承载力极限状态计算外，还应进行正常使用极限状态的验算。试验研究表明，FRP 加固后，在相同的荷载条件下，受弯构件裂缝的宽度变小，裂缝的间距变窄，裂缝的高度也变小，由于受弯构件的受拉面粘贴了 FRP，裂缝得到了封闭，结构的耐久性显著改善。在考虑 FRP 片材对裂缝间距、受拉钢筋应力和受拉区有效配筋率的影响的基础上，裂缝宽度的计算方法与普通钢筋混凝土受弯构件基本相同。FRP 加固对构件刚度的提高没有承载力的提高那样显著，其对抗弯刚度的提高作用相当于在原有钢筋基础上增加了 FRP 的模量换算钢筋面积。

8. FRP 片材也可粘贴于梁侧面受拉区进行受弯承载力的加固，但一般仅考虑距受拉区边缘 1/4 梁高范围内粘贴的 FRP 片材对受弯承载力的贡献。此时 FRP 拉应力作用点较上述计算公式不同。

9. GFRP 和 AFRP 片材相对于 CFRP，抗拉强度或弹性模量较低，因此一般受弯加固多以 CFRP 为主，不建议采用 GFRP 和 AFRP 片材进行用于提高受弯承载力的加固。

3.2.5 预应力碳纤维片材加固

由于碳纤维布强度很高，可达到普通钢筋的 10 倍以上，而弹性模量却与普通钢筋基本相同，因此在受弯加固中，其高强度的实际利用率并不很高，一般在受拉钢筋屈服后才能发挥作用，此时对结构构件的裂缝、挠度的控制作用并不显著。当碳纤维布充分发挥强度时，被加固构件的挠度、裂缝宽度往往已超出了一般使用者的心理承受能力或正常使用极限状态限值，这在实际加固工程中往往是不允许出现的。

对碳纤维片材施加预应力进行抗弯加固则可以有效地解决上述问题。与传统的预应力混凝土结构相似，初始预应力可以用来平衡结构自重的部分荷载，推迟裂缝的开展，减小裂缝宽度和构件挠度，提高碳纤维布的受力水平。近年来，预应力碳纤维片材的加固已经成为国内外一个新的研究热点。对碳纤维片材施加预应力的方法主要有三种：

1. 通过液压千斤顶使受弯构件产生反向弯曲，再将碳纤维片材粘贴于被加固构件，待树脂完全固化后将千斤顶撤离从而对碳纤维片材间接地施加预应力；

2. 采用独立于被加固构件的反力台座通过液压千斤顶张拉碳纤维片材后再将碳纤维片材粘贴于被加固构件，待树脂完全固化后拆除反力装置；

3. 利用安装于混凝土梁上的反力装置张拉碳纤维片材，待树脂完全固化后拆除反力装置。

目前国内外预应力碳纤维片材的加固还主要集中于试验研究上，各类张拉设备和锚具还都具有一定局限性，张拉控制应力、预应力损失的计算等也还存在较大的难度，因而该技术超越试验室阶段实现工程推广应用还有很多问题迄待解决。

3.3 抗剪加固

3.3.1 抗剪加固设计基本概念

在梁、柱表面粘贴 FRP 片材，可以达到抑制剪切裂缝开展，提高其受剪承载力的效果。采用FRP片材对混凝土梁、柱进行抗剪加固时，FRP粘贴方向可以沿平行或垂直于梁、柱长轴方向，也可以与构件长轴方向成一定角度，但在实际工程中一般采用与长轴垂直的方向粘贴。研究发现，FRP对受剪承载力的贡献类似于箍筋，但加固构件达到极限受剪承载力时，FRP不一定能达到其极限抗拉强度，此时FRP的应变小于FRP的极限应变，称为FRP的有效应变。FRP对加固构件受剪承载力的贡献取决于FRP的有效应变。

3.3.1.1　FRP抗剪加固梁的方式

采用FRP抗剪加固混凝土梁，可以根据加固梁本身的截面形状采取不同的加固方式，如图3.3.1所示。对于矩形独立梁，可以采用FRP片材绕其四周封闭粘贴的加固方式；对于T形截面梁或者梁与楼板浇注成一体而无法封闭粘贴FRP片材的，可以采用在梁的两个侧面粘贴或者在两个侧面和底面粘贴（U形加固）方式，也可以采用双L形FRP型材对构件进行抗剪加固。对于侧面粘贴和U形粘贴加固方式，一般会在FRP非封闭端部设置FRP压条等端部锚固措施，增强FRP与混凝土的粘结，提高其剥离承载力和剥离破坏时的延性。

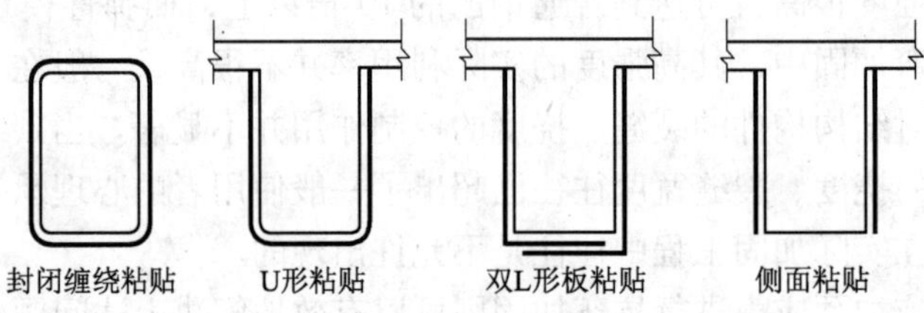

图3.3.1　FRP片材抗剪加固梁的方式

3.3.1.2　FRP粘贴角度

抗剪加固中，FRP的受力模式及作用与钢筋混凝土结构中的箍筋及弯起钢筋作用相同，因此在使用FRP抗剪加固时，FRP的粘贴方向与传统钢筋混凝土梁柱中抗剪箍筋及弯起钢筋的布置方向及布置的原理相同。

图3.3.2为FRP方向与梁长向轴线夹角为β时，加固梁FRP的受力方向与梁剪力方向之间的关系。剪切斜裂缝一般与梁轴线成近似45°角，所以当$\beta=45°$即FRP与梁抗剪斜裂缝垂直时，其强度发挥的效率最大。实际工程中FRP通常与构件长轴方向垂直，即β角为90°，如图3.3.3梁抗剪加固所示。

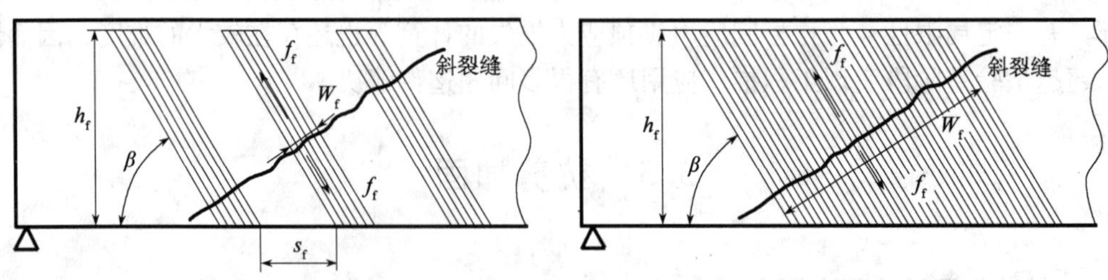

图3.3.2　FRP粘贴角度与受力方向（条带式间隔粘贴、连续粘贴）

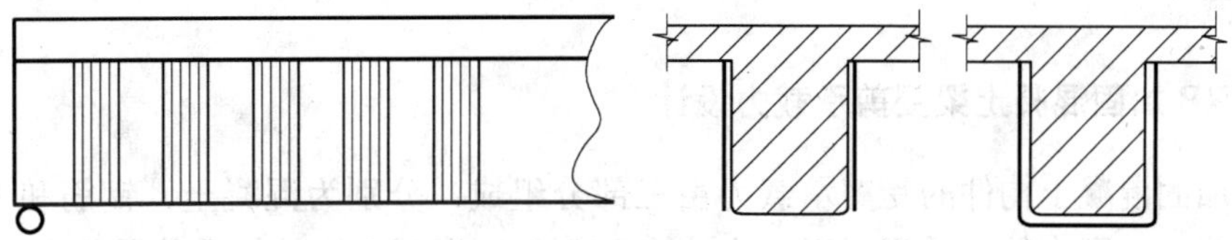

图 3.3.3　FRP 粘贴方向与构件长轴线垂直（侧面粘贴、U 形粘贴）

3.3.1.3　FRP 有效应变

FRP 抗剪加固梁达到极限受剪承载力时，FRP 的应变称为 FRP 有效应变 $\varepsilon_{f,e}$，$\varepsilon_{f,e}$值大小与 FRP 加固方式、FRP 加固量及混凝土强度等因素有关。$\varepsilon_{f,e}$不应大于 FRP 的极限拉应变 ε_{fu}。FRP 对加固梁受剪承载力的贡献不是由 FRP 的极限拉应变 ε_{fu}控制，而是由 FRP 有效应变 $\varepsilon_{f,e}$控制。

3.3.2　破坏模式

FRP 抗剪加固混凝土梁的破坏模式因 FRP 加固量、加固方式以及混凝土强度和钢筋配置的不同而不同，FRP 抗剪加固混凝土梁破坏模式主要有以下几种：

1. FRP 拉断。主要发生于封闭粘贴或 FRP 端部有可靠锚固的加固梁，破坏时 FRP 强度发挥效率较高。破坏模式如图 3.3.4 所示。

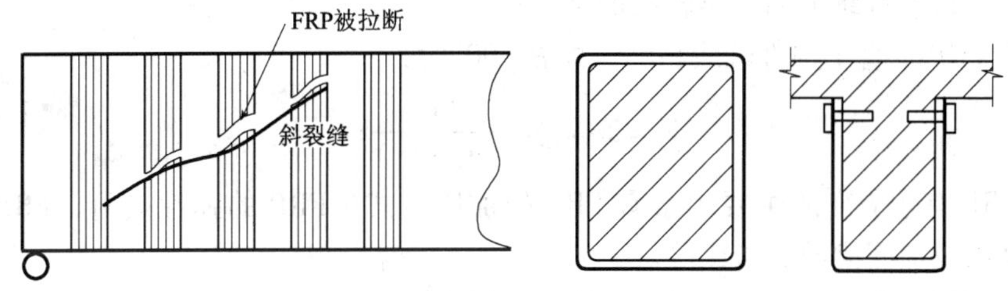

图 3.3.4　FRP 被拉断的破坏模式及相应的粘贴方式

2. FRP 剥离破坏。主要发生于非封闭粘贴加固的构件，破坏时 FRP 强度发挥效率比 FRP 拉断时低。破坏模式如图 3.3.5 所示，如果粘结可靠，剥离的 FRP 条带会粘下部分混凝土。

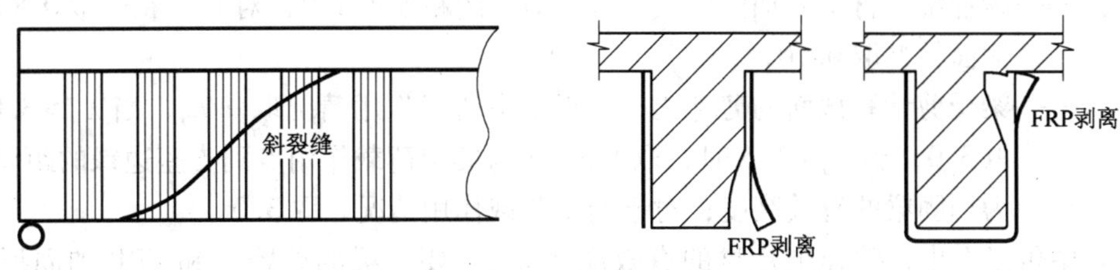

图 3.3.5　FRP 剥离破坏模式及相应得粘贴方式

3. 构件发生受弯破坏。该破坏模式主要发生在受剪承载力大于受弯承载力，构件破坏时剪切斜裂缝不明显，抗剪加固 FRP 完好，加固构件出现受拉钢筋屈服、混凝土压碎的破坏形式。

3.3.3 FRP 加固混凝土梁受剪承载力设计

FRP 加固混凝土构件的受剪承载力由三部分组成，分别为混凝土，钢筋和 FRP 提供的受剪承载力，国内外均采用下列公式计算 FRP 加固混凝土构件的受剪承载力：

$$V_u = V_c + V_s + V_f \tag{3.3.1}$$

式中，V_c 和 V_s 分别为钢筋混凝土梁中混凝土和钢筋（包括弯起钢筋和箍筋）对受剪承载力的贡献，按现行国家标准《混凝土结构设计规范》(GB 50010—2002) 的规定计算，本文不作详细讨论。V_f 为 FRP 对受剪承载力的贡献，其计算公式如下：

$$V_f = 2n_f\varepsilon_{f,e}E_f\frac{t_f w_f}{(s_f + w_f)}h_f(\sin\beta + \cos\beta) \tag{3.3.2}$$

式中 V_f ——FRP 提供的受剪承载力；

n_f ——梁每侧面 FRP 片材的粘贴层数；

s_f ——FRP 片材条带净间距；

t_f ——单层 FRP 片材厚度；

w_f ——FRP 片材条带宽度；

h_f ——FRP 片材的粘贴高度；

β ——FRP 纤维方向与梁轴线的夹角；

当采用 FRP 垂直于构件轴线粘贴，即 $\beta = 90°$ 时，

$$V_f = 2n_f\varepsilon_{f,e}E_f\frac{t_f w_f}{(s_f + w_f)}h_f \tag{3.3.3}$$

影响 FRP 有效应变的主要因素有 FRP 的加固方式、FRP 的弹性模量、FRP 加固量、混凝土强度以及加固梁的剪跨比等。

1. 我国 CECS 对 FRP 有效应变 $\varepsilon_{f,e}$ 计算的规定

我国《碳纤维片材加固混凝土结构技术规程》(CECS 146：2003) 中对碳纤维片材的有效应变 $\varepsilon_{f,e}$ 给出了计算方法：

$$\varepsilon_{f,e} = \frac{2}{3}\varphi(0.2 + 0.12\lambda_b)\varepsilon_{fu} \tag{3.3.4}$$

式中 φ ——碳纤维片材受剪加固形式系数，对封闭粘贴取 1.0，对 U 形粘贴取 0.85，对侧面粘贴取 0.70；

λ_b ——梁受剪计算截面的剪跨比，对于集中荷载作用情况取 a/h_0，当 $\lambda_b > 3.0$ 时，取 3.0，当 $\lambda_b < 1.5$ 时，取 1.5，a 为集中荷载作用点到支座边缘的距离，h_0 为加固梁的有效高度；对于均布荷载作用情况，取 3.0。

从式中可以看出，碳纤维片材的有效应变 $\varepsilon_{f,e}$ 主要与梁的剪跨比和 FRP 加固形式有关。由于 FRP 抗剪加固的离散性大，要求严格则不经济，要求宽松又存在安全隐患，因此在此引入国外相关的规定以供参考。

2. 美国 ACI 对 FRP 有效应变 $\varepsilon_{f,e}$ 的规定

ACI 440 依据 FRP 和混凝土的力学性能指标计算 FRP 有效应变 $\varepsilon_{f,e}$，其计算方法为：

对于封闭粘贴：

$$\varepsilon_{f,e} = 0.004 \leqslant 0.75\varepsilon_f \tag{3.3.5a}$$

对于 U 形粘贴或者侧面粘贴：

$$\varepsilon_{f,e} = \kappa_v \varepsilon_f \leqslant 0.004 \tag{3.3.5b}$$

式中　κ_v——FRP 折减系数，$\kappa_v = \dfrac{k_1 k_2 L_e}{11887\varepsilon_f} \leqslant 0.75$　　(3.3.6)

L_e——FRP 有效锚固长度，$L_e = \dfrac{416}{(nt_f E_f)^{0.58}}$　　(3.3.7)

k_1——混凝土强度影响系数，$k_1 = \left(\dfrac{f'_c}{27.6}\right)^{2/3}$　　(3.3.8)

k_2——FRP 加固形式系数，对于 U 形粘贴形式，$k_2 = \dfrac{h_f - L_e}{h_f}$　　(3.3.9a)

对于侧面粘贴方式，$k_2 = \dfrac{h_f - 2L_e}{h_f}$　　(3.3.9b)

从式中可见，美国 ACI 对于 FRP 有效应变的规定综合考虑了封闭粘贴和 U 形粘贴，侧面粘贴的情况，并考虑了有效锚固长度的影响，考虑比较全面。

通常，斜裂缝处 FRP 的锚固长度越长，剥离时 FRP 材料性能发挥效率越高。斜裂缝处 FRP 的粘贴长度不仅与 FRP 粘贴方式有关，而且与 FRP 在斜裂缝处的位置有关，图 3.3.6 显示了斜裂缝不同位置处 FRP 发挥效率与加固方式的关系。对于侧面粘贴，位于斜裂缝中部的 FRP 条带两侧锚固长度最大，FRP 性能发挥效率最高；对于 U 形粘贴，位于斜裂缝底部的 FRP 锚固长度最大，FRP 性能发挥效率最高；对于采用封闭加固方式的梁、柱，由于 FRP 具有足够的锚固强度，FRP 剥离破坏后的发挥效率与 FRP 锚固长度无关，仅与斜裂缝发展宽度有关。

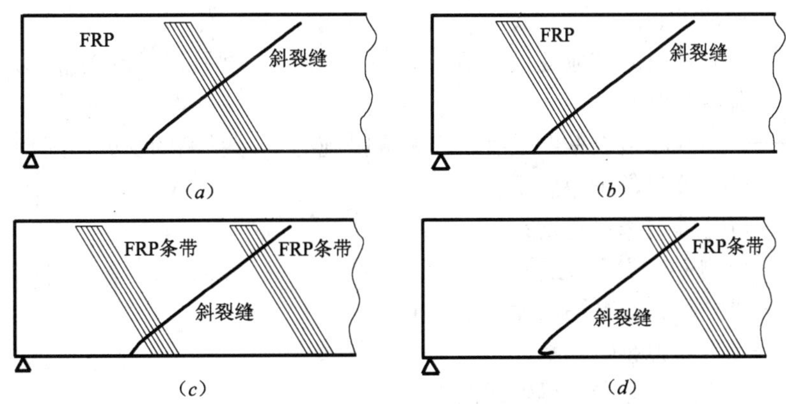

图 3.3.6　FRP 粘贴位置与发挥效率的关系

(*a*) 侧面粘贴 FRP 最有效位置；(*b*) U 形粘贴 FRP 最有效位置；
(*c*) 侧面粘贴 FRP 无效位置；(*d*) U 形粘贴 FRP 无效位置

3.《纤维增强复合材料建设工程应用技术规范》(报批稿) 关于 FRP 抗剪加固混凝土梁的计算方法

在 FRP 抗剪加固混凝土梁的试验研究基础上，结合 FRP 与混凝土之间面内剪切研究成果，我国《纤维增强复合材料建设工程应用技术规范》(报批稿）提出了以剥离破坏理论为基础的 FRP 加固混凝土梁受剪承载力计算方法。

1）封闭粘贴加固时，FRP 片材承担的剪力 $V_{b,f}$ 按公式（3.3.10）确定：

$$V_{b,f} = \psi_v \frac{2w_f t_f}{(s_f + w_f)} \sigma_{f,vd} h_f (\sin\alpha + \cos\alpha) \tag{3.3.10}$$

其中，

$$\sigma_{f,vd} = \min\{f_{fd}, E_f \varepsilon_{fe,v}\} \tag{3.3.11}$$

$$\varepsilon_{fe,v} = \frac{8}{\sqrt{\lambda_{Ef}} + 10} \varepsilon_{fd} \tag{3.3.12}$$

$$\lambda_{Ef} = \frac{2n_f w_f t_f}{b(s_f + w_f)} \cdot \frac{E_f}{f_t} \tag{3.3.13}$$

2）U 形及侧面粘贴加固时，FRP 片材承担的剪力 $V_{b,f}$ 按公式（3.3.14）确定：

$$V_{b,f} = K_f \tau_b w_f \frac{h_{fe}^2}{s_f + w_f} (\sin\alpha + \cos\alpha) \tag{3.3.14}$$

其中，

$$K_f = \phi \frac{\sin\alpha \sqrt{E_f t_f}}{\sin\alpha \sqrt{E_f t_f} + 0.3 h_{fe} f_t} \tag{3.3.15}$$

$$\tau_b = 1.2\beta_w f_t \tag{3.3.16}$$

$$\beta_w = \sqrt{\frac{2.25 - w_f/(s_f + w_f)}{1.25 + w_f/(s_f + w_f)}} \tag{3.3.17}$$

式中 $V_{b,f}$——加固梁达到受剪承载力极限状态时 FRP 片材承担的剪力设计值；

$\sigma_{f,vd}$——采用封闭包裹粘贴或有可靠锚固措施的 U 形粘贴受剪加固时 FRP 片材的有效拉应力设计值；

$\varepsilon_{fe,v}$——采用封闭包裹粘贴或有可靠锚固措施的 U 形粘贴抗剪加固时 FRP 片材的有效应变；

ε_{fd}——FRP 片材的拉应变设计值，取 FRP 材料抗拉强度设计值 f_{fd} 除以 FRP 片材的弹性模量；

λ_{Ef}——采用封闭包裹粘贴或有可靠锚固措施的 U 形粘贴的受剪加固特征值。

s_f——FRP 片材条带净间距；

w_f——FRP 片材条带宽度；

t_f——单侧 FRP 片材的厚度；

h_{fe}——FRP 片材的粘贴高度；

ψ_v——二次受力影响系数

α——FRP 纤维方向与梁轴线的夹角；

K_f——U 形及侧面粘贴受剪加固时受剪剥离系数；

ϕ——受剪加固形式系数，对于侧面粘贴加固 $\phi = 1.0$；对于 U 形粘贴加固 $\phi = 1.3$；

τ_b——FRP 片材与混凝土的粘结强度设计值；

E_f——FRP 材料的弹性模量；

f_t——混凝土抗拉强度设计值。

对于封闭包裹情况，当初始剪力 $V_i \leqslant 0.7f_t bh_0$ 时，可忽略二次受力的影响；当初始剪力 $V_i > 0.7f_t bh_0$ 时，FRP 片材的受剪承载力设计值 $V_{b,f}$应按下列公式（3.3.18）考虑二次受力影响的折减系数 ψ_v。

$$\psi_v = 1 - \frac{V_i - 0.7f_t bh_0}{V - 0.7f_t bh_0} \tag{3.3.18}$$

式中 V_i——加固前梁受剪计算截面承担的初始剪力。

对于 U 形和侧面粘贴加固情况，可忽略二次受力的影响。

当初始剪力设计值 V_i 大于未加固截面受剪承载力设计值的 50% 以上，且无法卸载时，不宜进行抗剪加固。当有工程经验或可靠依据进行加固时应进行专门设计。

3.3.4 FRP 加固混凝土柱受剪承载力设计

FRP 抗剪加固混凝土柱的受剪承载力计算与 FRP 抗剪加固混凝土梁受剪承载力计算类似，加固柱的受剪承载力为 FRP 原混凝土柱两部分之和。与混凝土梁受力状态不同，混凝土柱承受轴向压力，轴向压力的存在对于剪切变形和裂缝有影响，进而对 FRP 的发挥效率产生影响。《碳纤维片材加固混凝土结构技术规程》(CECS 146：2003）中规定，碳纤维片材的有效应变 $\varepsilon_{f,e}$与梁的剪跨比和 FRP 加固形式有关：

$$\varepsilon_{f,e} = \frac{2}{3}\varphi(0.2 - 0.3n + 0.12\lambda_c)\varepsilon_f \tag{3.3.19}$$

式中 n ——为柱的轴压比，取 N/f_cA；

N ——柱轴向压力设计值；

A ——柱截面面积；

λ_c——抗剪加固柱截面的剪跨比，对于框架柱取 H_n/h_0，当 $\lambda_c > 3.0$ 时，取 3.0，当 $\lambda_c < 1.0$ 时，取 1.0，H_n 为框架柱净高度，h_0 为框架柱的截面有效高度。

注：ACI440 中关于柱子抗剪加固的计算与梁抗剪加固计算相同，即不考虑柱子轴压的影响。

随着对 FRP 加固柱子受剪承载力研究的深入，根据最新试验研究，《纤维增强复合材料建设工程应用技术规范》(报批稿）建议采用如下计算方法：

$$V_c \leqslant V_{c,rc} + V_{c,f} \tag{3.3.20}$$

$$V_{c,f} = \frac{2n_{cf}w_{cf}t_{cf}}{(s_{cf} + w_{cf})}\sigma_{f,vd}h \tag{3.3.21}$$

$$\sigma_{f,vd} = \min\{f_{fd}, E_f\varepsilon_{fe,v}\} \tag{3.3.22}$$

$$\varepsilon_{fe,v} = \frac{8(1-n)}{\sqrt{\lambda_{Ef}} + 10}\varepsilon_{fd} \tag{3.3.23}$$

式中 V_c ——柱的剪力设计值；

$V_{c,rc}$——未加固钢筋混凝土柱的受剪承载力，按现行国家规范《混凝土结构设计规范》(GB 50010）的规定计算；

$V_{c,f}$ ——加固柱达到受剪承载力极限状态时 FRP 片材抗剪贡献设计值；

h ——柱截面高度；

n ——柱的轴压比，取 N/f_cA，N 为柱轴向压力设计值，A 为柱截面面积；

λ_c ——柱的剪跨比，对于框架柱可取 $H_n/2h_0$，当 $\lambda_c>3.0$ 时，取 3.0；当 $\lambda_c<1.0$ 时，取 1.0，H_n 为框架柱净高度。

注：各种加固方式中，封闭粘贴加固效果最好，而一般柱子都可以采用封闭粘贴方式加固，所以上述计算方法是基于 FRP 封闭粘贴得出的。

3.3.5 FRP 抗剪加固构造措施

粘贴 FRP 片材对混凝土结构进行抗剪加固的构造要求主要体现在两个方面：FRP 条带的间距和 FRP 的端部锚固。

3.3.5.1 FRP 条带间距

FRP 对梁、柱受剪承载力的提高主要体现在 FRP 提供了有效拉力限制了斜裂缝的开展。由于斜裂缝一般出现在剪力大而受剪承载力相对薄弱的区段，因此在加固设计时，应该让 FRP 有效约束可能出现的剪切斜裂缝，FRP 的最大间距不能大于斜裂缝沿构件轴向投影的长度。一般剪切斜裂缝为 45°，斜裂缝沿构件轴线方向的投影长度与构件截面高度相同，因此 FRP 间距不能大于加固构件剪力方向截面高度。

《碳纤维片材加固混凝土结构技术规程》(CECS 146：2003)、《纤维增强复合材料建设工程应用技术规范》(报批稿) 规定，当碳纤维片材采用条带布置时，其净间距不应大于现行国家标准《混凝土结构设计规范》(GB 50010—2002) 规定的最大箍筋间距的 0.7 倍；美国 ACI 440 委员会对此规定为 FRP 条带净间距不大于抗剪构件截面有效高度的 1/4。

3.3.5.2 FRP 端部锚固

FRP 端部增加有效的锚固措施可以提高 FRP 材料性能的发挥效率。目前实际工程中常用的锚固措施包括外加 FRP 压条锚固、金属锚固与嵌入式锚固等。

1. FRP 压条锚固

FRP 压条锚固即在抗剪加固 FRP 端部垂直粘贴 FRP 压条，《碳纤维片材加固混凝土结构技术规程》(CECS 146：2003)、《纤维增强复合材料建设工程应用技术规范》(报批稿) 中推荐的锚固方法为：对于 U 形粘贴，宜在上端粘贴纵向碳纤维片材压条；对侧面粘贴形式，宜在上、下端粘贴纵向碳纤维片材压条，如图 3.3.7 所示。该种锚固方式施工简单，效果显著，在实际工程中应用较多。

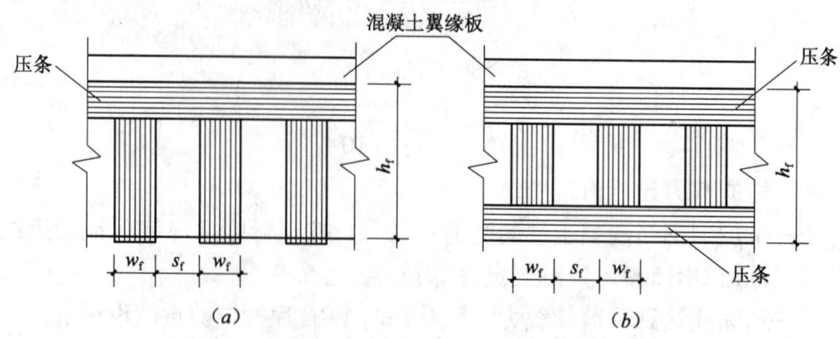

图 3.3.7 FRP 压条锚固布置示意图

(a) U 形粘贴；(b) 侧面粘贴

2. FRP 金属锚固

与粘钢加固类似，FRP 端部也可以采用金属锚固，即采用金属销钉或销钉与钢板结合将 FRP 端部锚固于混凝土。对于 FRP 粘贴层数较多或者端部锚固要求严格的工况，金属锚固方式一般能够满足要求。但是，金属锚固也存在一定的缺陷：金属锚固需要销钉植入混凝土构件中，对于配筋构件，会对内部混凝土或钢筋产生损伤；与厚度较薄的 FRP 相比，金属构件刚度较大，在锚固区容易产生应力集中，使得 FRP 在锚固段外附近区域强度降低；金属销钉会打断一部分 FRP 丝，对 FRP 造成损伤；金属锚固件本身的防腐问题等。

3. FRP 嵌入式锚固

嵌入式锚固是一种新型锚固方式，该方法不仅可以用于混凝土结构锚固，也可以用于砌体结构锚固。嵌入式锚固是将 FRP 端部附近的混凝土或砌体构件剔槽，在槽内灌入粘结树脂后用 FRP 筋材将 FRP 压入槽内，并用粘结树脂封闭。该锚固方法有以下优点：仅在构件表面剔槽，不会伤及内部结构；FRP 筋材较软，与金属锚固方式相比，FRP 端部因锚固产生的应力集中现象会缓解；该锚固方式不会损伤 FRP 片材；FRP 筋材不会锈蚀。由于碳纤维筋材价格较高，实际工程中可以采用玻璃纤维筋材。嵌入式锚固方式如图 3.3.8 所示，图 3.3.9 为嵌入式锚固施工步骤。

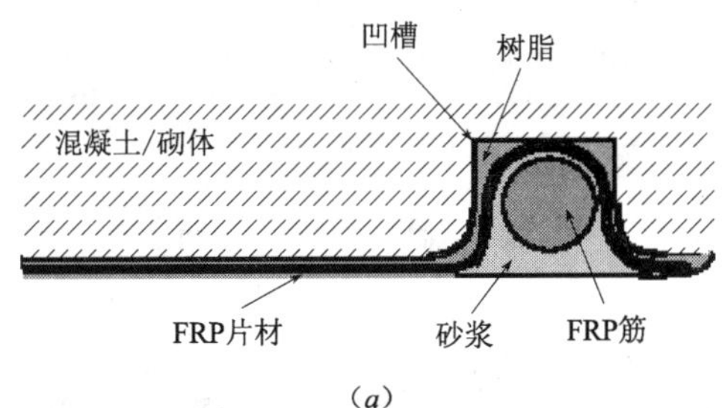

(*a*)

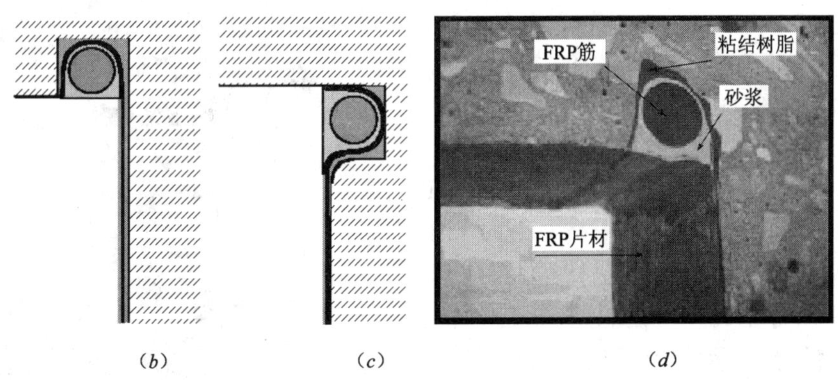

(*b*) (*c*) (*d*)

图 3.3.8 嵌入式锚固示意图

(*a*) U 形箍端部锚固于板底平面；(*b*) U 形箍锚固于转角后；
(*c*) U 形箍锚固于转角前；(*d*) 嵌入式锚固实例

图 3.3.9　嵌入式锚固施工图

（*a*）打磨加固梁表面；（*b*）粘贴碳纤维布 U 形箍；
（*c*）嵌入 FRP 锚固筋材；（*d*）用粘结胶封闭 FRP 筋

3.4　柱　加　固

采用 FRP 对钢筋混凝土柱进行加固，可以在以下几方面提高柱的受力性能：横向 FRP 约束提高柱的受压承载力、延性及受剪承载力；纵向 FRP 提高柱的受弯承载力，此时一般与横向 FRP 同时使用。混凝土在竖向荷载作用下，当侧向变形受到限制时，称其为约束混凝土；当约束材料为 FRP 时，称其为 FRP 约束混凝土。混凝土经 FRP 约束后，其强度和延性均可得到提高。横向 FRP 提高柱的受剪承载力已在 3.3 节中介绍，而 FRP 约束柱延性的提高将在 3.5 节中加以介绍，本节主要介绍 FRP 约束柱受压承载力的计算方法。

FRP 约束柱的施工方法除最为常用的粘贴纤维布的方法之外，还可采用预制 FRP 壳体、现场纤维丝束缠绕等工艺。图 3.4.1 为采用碳纤维布加固圆柱的工程实例照片。

图 3.4.1　碳纤维布加固圆柱实例照片

3.4.1 FRP 约束混凝土的应力-应变关系

FRP 约束柱与钢约束柱类似，在竖向荷载作用下，FRP 套箍有效地限制了混凝土的横向变形，使混凝土处于三向受压状态，与单轴受力相比，混凝土抗压强度及极限压应变均得以提高，从而提高了柱受压承载力及延性。

FRP 约束柱与螺旋钢箍柱相比，两者提供的都是被动约束，都是混凝土横向膨胀后才能产生约束应力，但实际上还存在着一定的差异。例如钢箍约束混凝土的约束应力在初期并不恒定，但当箍筋达到屈服强度后，约束应力恒定的假设是基本成立的。相比之下，由于 FRP 是线弹性材料，它产生的约束应力是持续增长的，直至纤维拉断，混凝土破坏。另外，钢箍仅对核心混凝土提供约束，而 FRP 约束整个混凝土截面，没有外部混凝土保护层剥落所引起的强度损失。

3.4.1.1 *应力-应变关系曲线*

近年来的研究表明，钢约束混凝土的应力-应变关系并不能直接用于 FRP 约束混凝土，其计算结果对于 FRP 约束混凝土可能是偏于不安全的。国内外学者根据各自的试验研究，提出了多种形式的 FRP 约束混凝土应力-应变关系的表达式，如日本的细谷学[65]提出第一阶段轴向应力与轴向应变呈指数关系上升，第二阶段根据约束的强弱而分别呈上升或下降的直线段；美国的 Samaan 和 Mirmiran[66]提出双直线加过度曲线模型；香港理工大学的 L. Lam 和 J. G. Teng[47]提出由近似直线的抛物线与直线光滑连接（图 3.4.2）等等。

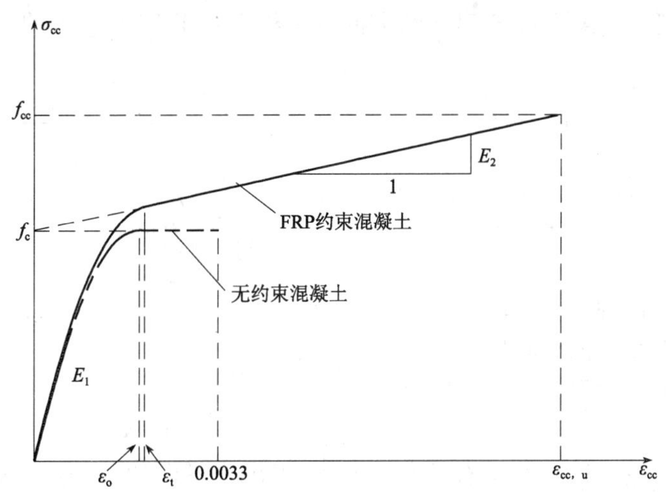

图 3.4.2 FRP 约束混凝土应力-应变曲线

上述几种应力-应变关系虽然表达形式不同，但有一个共同点，即当轴向应力超出原混凝土抗压强度后，应力-应变关系呈线性增长，包裹的纤维拉断时混凝土达到峰值应力。需要提出的是，不少学者在试验研究中发现，在加固量较少即弱约束的情况下，应力-应变关系曲线会在第二阶段出现斜率为负的下降段[47][65]，即纤维的断裂发生在混凝土峰值应力之后，此时虽然混凝土强度也有可能有一定程度的提高，但往往增幅不大，可以忽略约束的效果，混凝土强度仍按原混凝土强度考虑。一般通过定义一个反映纤维用量和它的力学指标及截面尺寸影响的界限约束刚度比来区分强约束、弱约束。

3.4.1.2　约束混凝土的强度模型

在柱的受压承载力的加固设计中，并不需要约束混凝土的应力-应变全过程曲线，仅需约束后混凝土的抗压强度值，可称为约束混凝土的强度模型。

Richart 等对受被动约束的混凝土圆柱体试件，提出的约束混凝土强度的经验公式见式（3.4.1），我国《混凝土结构设计规范》(GB 50010—2002）中螺旋钢箍柱的计算则由此公式而来[63]。

$$\sigma_3 = f_c + 4.1\sigma_1 \tag{3.4.1}$$

其中　σ_3 ——混凝土三轴抗压强度；

f_c ——混凝土单轴抗压强度；

σ_1 ——侧向压应力。

对于横向钢箍约束混凝土，比较有代表性的是 Mander 等所提出的强度模型[67]，可由下式表示：

$$f'_{cc}/f'_{c0} = -1.254 + 2.254\sqrt{(1 + 7.94f_l/f'_{c0})} - 2f_l/f'_{c0} \tag{3.4.2}$$

其中　f'_{cc}——约束混凝土的圆柱体抗压强度；

f'_{c0}——无约束混凝土的圆柱体抗压强度；

f_l ——侧向约束应力。

约束混凝土的抗压强度并不取决于受力过程而主要取决于最终的侧向约束应力的大小，因而大多数研究结果均对于 FRP 约束混凝土给出基于 Richart 等的公式（3.4.1）的表达形式：

$$\frac{f_{cc}}{f_c} = 1 + k_1\frac{f_l}{f_c} \tag{3.4.3}$$

由力平衡关系可以得出最大侧向约束应力 f_l 为：

$$f_l = \frac{2E_f\varepsilon_{ru}t_f}{d} \tag{3.4.4}$$

式中　E_f ——FRP 的弹性模量；

ε_{ru}——FRP 的环向极限拉应变；

t_f ——FRP 的总厚度；

d ——圆柱直径。

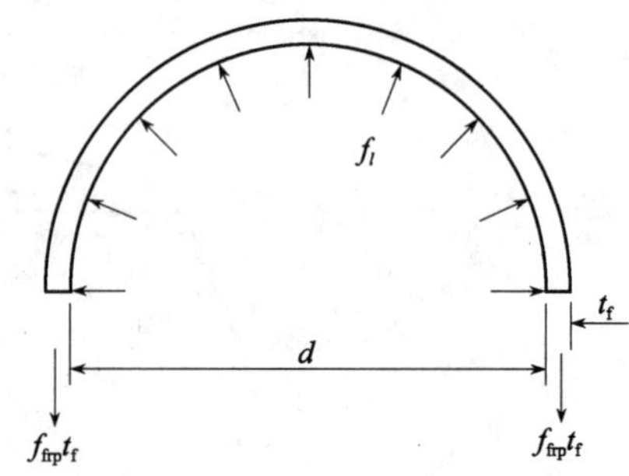

图 3.4.3　约束混凝土强度模型

不同的试验研究结果对约束有效性系数 k_1 提出了不同的数值或表达式，如 Samaan 等[66]、Miyauchi 等[70]、Saafi 等[71]、香港理工大学 L. Lam & J. G. Teng[47][68]、哈工大潘景龙等[69]。一般认为对 FRP 约束混凝土，k_1 小于常规三轴抗压强度试验的结果。有研究者认为 k_1 为常数，也有研究者认为 k_1 并非常数，给出了基于 f_l/f'_{c0} 或 f_l 的不同表达式。实际上，钢约束的最终侧向约束应力由箍筋的屈服强度确定，而对于 FRP 则不能给出恒定的最终侧向约束应力，因此，对比式（3.4.3）形式下的强度模型，并不能单纯地去对比系数 k_1 的取值，还要考虑 ε_{ru} 的取值差异。一些模型中，将 ε_{ru} 取为与 FRP 条形拉伸试验确定的极限拉应变 ε_{fu} 相同。但现有的圆形截面强约束混凝土试件的大量试验结果表明，试件破坏时的纤维环向拉断应变小于由标准拉伸试验获得的拉断应变，且离散性较大。文献

[68] 对实测 ε_{ru} 和 ε_{fu} 之比进行了统计分析，结果见表 3.4.1。

环向极限拉应变之比的统计结果[68]　　表 3.4.1

纤维种类	试件数量	ε_{fu}		$\varepsilon_{ru}/\varepsilon_{fu}$ (%)	
		平均值	标准差	平均值	标准差
CFRP	52	0.0148	0.0015	58.6	15.3
高模型 CFRP	8	0.0045	0.0027	78.8	16.8
AFRP	7	0.0223	0.0068	85.1	9.5
GFRP	9	0.0280	0.0136	62.4	36.4
总计	76	0.0160	0.0080	63.2	20.5

3.4.2 柱截面形状的影响

上述对于 FRP 约束混凝土应力-应变关系的研究，一般都是针对圆柱体试件的试验结果。许多试验研究都表明，FRP 套箍约束的正方形和矩形截面柱的轴向承载力的提高幅度较圆形截面小。因为圆形柱侧向约束应力是沿圆周均匀分布，而对于非圆形截面，侧向约束应力是不均匀的，仅有部分核心混凝土受到有效约束，且在截面角部将产生应力集中现象。一般来说破坏时纤维拉断的位置发生在截面周边曲率最大处，如矩形发生在角部，椭圆形发生在长轴指向的弧段上。

粘贴 FRP 片材进行施工时，要求对矩形柱四角进行倒角处理，避免尖锐角部对 FRP 抗拉强度的不利影响，而且有助于提高约束的有效性。但由于受混凝土保护层厚度的限制，倒角半径不可能太大，对于碳纤维，一般为 20mm。也有采用水泥砂浆将矩形柱圆弧化处理修复成椭圆形再粘贴 FRP 的做法，椭圆形柱约束的有效性介于圆柱与矩形柱之间。进行圆弧化处理时，理论上矢高越大、截面形状越接近圆形时 FRP 的约束效果越好，但考虑到用过厚的水泥砂浆层将导致施工不便，且截面尺寸增加过大，应此在实际施工时，圆弧的矢高不宜过大。

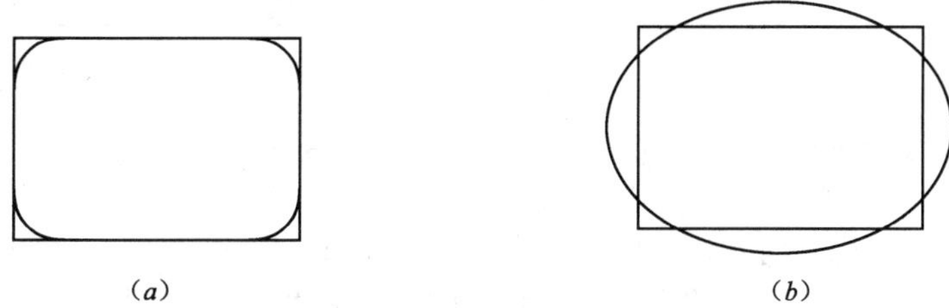

图 3.4.4　矩形截面的倒角处理和圆弧化处理

(*a*) 矩形倒角处理；(*b*) 矩形圆弧化成椭圆

计算约束混凝土的强度时，解决矩形截面非均匀约束的方法，通常是引入一个形状系数 k_s，对侧向约束应力进行折减：

$$f_l' = k_s f_l \tag{3.4.5}$$

式中，f_l 为同样厚度的 FRP 套箍对直径为 D 的等效圆柱提供的约束应力：

$$f_l = \frac{2f_{\mathrm{f,h}}t_{\mathrm{f}}}{D} \tag{3.4.6}$$

计算形状系数 k_s 有代表性的是有效约束面积模型，如图 3.4.5 所示，认为有效的约束范围是由四条初始角为 45°的抛物线与倒角圆弧所围成的面积。定义 k_s 为该有效约束面积 A_e 与混凝土面积的比值：

$$k_s = \frac{A_e}{A_c} = 1 - \frac{A_u}{A_c} = 1 - \frac{\frac{(b-2r_c)^2 + (h-2r_c)^2}{3}}{bh - (4-\pi)r_c^2 - A'_s} \tag{3.4.7}$$

式中 r_c——倒角半径；

A'_s——纵向钢筋截面面积。

由 FRP 的体积配置率 ρ_f 得到等效圆柱直径为：

$$D = \frac{2bh}{(b+h)} \tag{3.4.8}$$

香港的 J. G. Teng 等在上述模型基础上提出了改进的模型，认为抛物线初始角是沿柱截面对角线方向，约束应力计算时取直径为对角线长度的等效圆柱，如图 3.4.6 所示：

$$k_s = \frac{b}{h}\frac{A_e}{A_c} \tag{3.4.9}$$

$$D = \sqrt{b^2 + h^2} \tag{3.4.10}$$

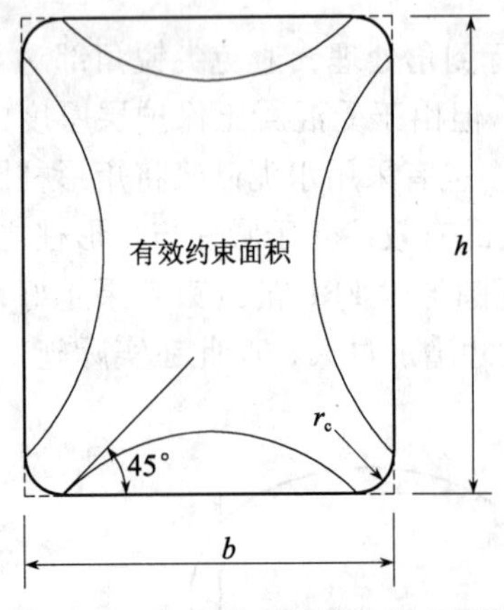

图 3.4.5 矩形截面的有效约束面积

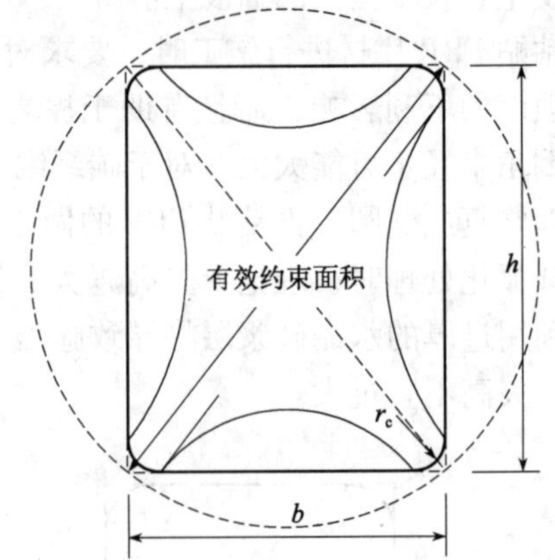

图 3.4.6 J. G. Teng 等的有效约束面积模型

不论具体计算公式如何变化，由于矩形截面约束的不均匀性，其有效约束应力小于圆形截面是一致公认的，相应对约束混凝土强度的提高幅度也较小。

3.4.3 FRP 约束柱的轴心抗压强度

3.4.3.1 现有设计方法汇总

在进行结构设计时，强度模型通常采用较试验研究结果更为保守的取值。为使加固前后设计可靠度保持一致，还应采用适当的材料分项系数。为保证 FRP 约束的有效性，应限制侧向约束力或约束刚度比的下限，即满足强约束。本节对国内外有关设计标准、指南中建议的 FRP 约束混凝土圆柱的轴心抗压强度计算方法进行了总结。

1. 美国 ACI-440 委员会指南[1]中，建议采用 Mander 等所提出的模型即式（3.4.2）计算，在计算侧向约束应力 f_l 时，取 $\varepsilon_{ru} = \varepsilon_{fe} = 0.004 \leqslant 0.75\varepsilon_{fu}$，并对轴压承载力乘以 0.95 的折减系数。并建议因提高幅度较小，不用 FRP 套箍来提高非圆截面构件的轴向承载力。

2. 欧洲 CEB-FIB 指南[2]中，建议采用 Spoelsra 等提出的模型按式（3.4.11）计算，同时也提出约束有效应变 ε_{fe} 小于标准拉伸试件的极限应变 ε_{fu}，但未给出具体的取值方法。

$$f_{cc} = f_c(0.2 + 3\sqrt{f_l/f_c}) \tag{3.4.11}$$

3. 英国混凝土协会指南[3]中，建议以 Lillistone 等提出的破坏模式，破坏准则基于约束刚度而非约束力，如式（3.4.12）所示：

$$f_{cc} = 0.67f_{cu}/\gamma_{mc} + 0.05(2nt_f/d)E_f \tag{3.4.12}$$

与式（3.4.3）比较，相当于 $k_1\varepsilon_{fe} = 0.05$。

4. 加拿大 ISIS 研究中心的设计手册[72]中，提出的计算公式与式（3.4.3）类似，其中 $k_1 = 2\alpha_{pc}\dfrac{\phi_{frp}}{\phi_c} = 2.5$，计算侧向约束应力 f_l 时，取 FRP 的极限抗拉强度。

3.4.3.2 基本设计公式

横向 FRP 约束后的轴心受压柱，一般表现为纤维环向拉断而导致柱最终丧失承载力。轴心抗压承载能力的计算，实际上归结为将原钢筋混凝土柱计算公式中的普通混凝土强度由约束后混凝土的抗压强度来代替，其基本设计公式可写为：

$$N \leqslant 0.9\varphi(f_{cc}A + f_y'A_s') \tag{3.4.13}$$

$$f_{cc} = f_c + k_1k_gk_sf_l \tag{3.4.14}$$

式中 f_{cc}——FRP 约束混凝土轴心抗压强度设计值；
f_c——无约束混凝土轴心抗压强度设计值；
φ——稳定系数；
k_1——约束有效性系数；
k_s——形状系数，$k_s = 1$ 时为圆形截面；
k_g——间隔系数，$k_g = 1$ 时为无间隔全包约束。

当纵向钢筋配筋率大于3%时，上式中 A 以（$A - A_s'$）代替。对矩形截面，截面的高宽比 h/b 应小于 1.5，h 不宜大于 600mm，当 h 大于 600mm 时，宜对矩形截面进行圆弧化处理。

大部分 FRP 约束混凝土轴心受压柱的研究均是基于圆形截面沿高度无间隔全包 FRP 约束，对采用条带间隔粘贴的研究很少。间隔约束的效果逊于全包约束，且往往归于弱约束，对约束混凝土强度的提高来说，一般不建议采用间隔粘贴。

当构件过于细长时，由于二阶效应（即在产生了层间位移和挠曲变形的结构构件中由轴向压力引起的附加内力）的存在，使得通过 FRP 约束来获得构件极限承载力提高这一加固方法的有效性及经济性降低，因此 FRP 约束加固不应用于过于细长的钢筋混凝土受压构件。哈尔滨工业大学对 $l/b = 4.5 \sim 17.5$ 的矩形截面经圆弧化处理后的 FRP 强约束混凝土柱进行了试验研究[69]，结果表明，随柱长细比的增大，加固效果逐步降低，长细比的影响远大于普通混凝土柱，FRP强约束混凝土柱轴心受压的稳定系数较同规格的普通钢筋混凝土柱要小，现行混凝土规范中 $l/d<12$ 的螺旋配筋柱可不考虑稳定系数影响的规定对FRP约束柱来说并不适合。其主要原因在于直杆的稳定很大程度上取决于材料的模量，尽管FRP强约束混凝土柱的强度有较大的提高，但其模量并不提高。《纤维增强复合材料建设工程应用技术规范》(报批稿）建议构件的长细比不应超过以下限值：

$$\frac{l_0}{h}\leqslant 12.5-330\varepsilon_{\mathrm{ru,k}} \tag{3.4.15}$$

式中 l_0 ——柱计算长度，按现行国家标准《混凝土结构设计规范》(GB 50010）的有关规定取值；

h ——截面尺寸：对圆形截面取直径；对矩形截面及圆弧化处理矩形截面，取其偏心方向的截面尺寸；

$\varepsilon_{\mathrm{ru,k}}$——由FRP约束混凝土标准圆柱试件确定的纤维布环向极限应变标准值；无试验条件时，对CFRP，取 $0.5f_{\mathrm{fk}}/E_{\mathrm{f}}$；对GFRP，取 $0.7f_{\mathrm{fk}}/E_{\mathrm{f}}$；

f_{fk} ——纤维布的抗拉强度标准值；

E_{f} ——纤维布的弹性模量。

3.4.3.3 设计建议

我国的《碳纤维片材加固混凝土结构技术规程》(CECS 146：2003）未给出加固柱轴压承载力计算的相应条款及规定，在《纤维增强复合材料建设工程应用技术规范》(报批稿）中增加了相应内容，该设计建议是在香港理工大学 L. Lam and J. G. Teng 应力-应变模型基础上提出的。

针对连续满包粘贴横向纤维布约束的混凝土圆柱，混凝土的约束状态由约束刚度参数 β_j 决定。约束刚度参数的定义如下：

$$\beta_j=\frac{E_{\mathrm{f}}t_{\mathrm{f}}}{f_{\mathrm{c,k}}R} \tag{3.4.16}$$

式中 E_{f} ——纤维布的弹性模量；

t_{f} ——纤维布的厚度；

$f_{\mathrm{c,k}}$——混凝土抗压强度标准值；

R ——几何参数，按表3.4.2取值。

当 $\beta_j>\beta_{j\mathrm{b}}$ 时，为强约束，反之为弱约束。用来区分强、弱约束状态的约束刚度参数界限值 $\beta_{j\mathrm{b}}$ 按表3.4.2取值。

R 及 $\beta_{j\mathrm{b}}$ 的取值 **表3.4.2**

	圆形截面	矩形截面	圆弧化处理矩形截面
R	r	$0.5\sqrt{b^2+h^2}$	$r=\frac{b+h}{\pi}$
$\beta_{j\mathrm{b}}$	6.5	$6.5/k_{\mathrm{s}\sigma}$	12.7

表中，r ——圆形截面半径；

b ——矩形截面或圆弧化处理矩形截面的宽度；

h ——矩形截面或圆弧化处理矩形截面的长度；

$k_{\mathrm{s}\sigma}$——应力截面形状系数。

1.《纤维增强复合材料建设工程应用技术规范》(报批稿）规定 FRP 约束混凝土的轴心抗压强度设计值按下列公式计算：

1）对于圆形截面：

$$f_{cc}=f_c+3.5\frac{E_f t_f}{R}\left(1-\frac{6.5}{\beta_j}\right)\varepsilon_{ru} \tag{3.4.17}$$

2）对于矩形截面：

$$f_{cc}=f_c+3.5\frac{E_f t_f}{R}\left(k_{s\sigma}-\frac{6.5}{\beta_j}\right)\varepsilon_{ru} \tag{3.4.18}$$

$$k_{s\sigma}=\left(\frac{r_c}{b}+1.5\frac{r_c}{h}+0.3\right)\left(\frac{b}{h}\right)^2 \tag{3.4.19}$$

3）对于圆弧化处理的矩形截面：

$$f_{cc}=f_c+3\frac{E_f t_f}{R}\left(1-\frac{12.7}{\beta_j}\right)\varepsilon_{ru} \tag{3.4.20}$$

$$\varepsilon_{ru}=\frac{\varepsilon_{ru,k}}{\gamma_f\gamma_e} \tag{3.4.21}$$

式中 ε_{ru}——FRP 约束混凝土纤维布的环向极限应变设计值；

γ_f——FRP 材料分项系数，取 1.4；

γ_e——FRP 材料环境影响系数；

r_c——矩形截面和圆弧化处理矩形截面的倒角半径。

2. FRP 约束混凝土的极限压应变设计值应按下列公式计算：

1）对于圆形截面：

$$\varepsilon_{cc,u}=0.0033+0.6\beta_j^{0.8}\varepsilon_{ru}^{1.45} \tag{3.4.22}$$

2）对于矩形截面：

$$\varepsilon_{cc,u}=0.0033+0.6k_{s\varepsilon}\beta_j^{0.8}\varepsilon_{ru}^{1.45} \tag{3.4.23}$$

$$k_{s\varepsilon}=\left(\frac{r_c}{b}+1.5\frac{r_c}{h}+0.3\right)\left(\frac{h}{b}\right)^{0.5} \tag{3.4.24}$$

3）对于圆弧化处理矩形截面：

$$\varepsilon_{cc,u}=0.0033+0.45\beta_j^{0.8}\varepsilon_{ru}^{1.45} \tag{3.4.25}$$

式中 $k_{s\varepsilon}$——应变截面形状系数。

在 FRP 约束加固受压构件的正截面承载力计算中，应计入附加偏心距 e_a。对于偏心受压构件，其值应取 20mm 和偏心方向截面尺寸的 1/30 两者中的较大值；对于轴心受压构件，其值应取 20mm 和考虑附加偏心距方向截面尺寸的 1/30 两者中的较大值。在考虑附加偏心距后，可将轴心受压构件视为偏心受压构件的特例，其正截面受压承载力计算与偏心受压构件正截面受压承载力计算相统一。

3.4.4 FRP 加固偏心受压柱

在实际应用中，绝大部分柱偏心受压，截面受到弯矩和轴力的组合作用。当采用纤维方向沿环向的 FRP 套箍约束偏心受压柱，忽略 FRP 套箍的纵向强度，其受力分析方法与普通钢筋混凝土偏压柱相似，不同之处在于，应考虑 FRP 约束对混凝土应力-应变关系的影响。

国内外均对受弯矩和轴力组合作用下 FRP 约束柱进行了系统的试验研究和理论分析，这些研究中所采用的约束混凝土应力-应变曲线，均基于 FRP 约束或钢约束的圆形截面试件的轴压试验结果。这种将由均匀约束混凝土得到的应力-应变曲线直接应用于偏心受压柱的做法，等同于假设在偏心受压柱中，约束应力分布是不均匀的，从中和轴处为零增大到受压区边缘（顶点）处的最大值。假设 FRP 与混凝土完全共同工作，忽略混凝土的抗拉强度，且假设平截面假定依然成立，即可通过截面应变和应力分布得到截面所承担的轴力 N 和弯矩 M。

设计时仍依据《混凝土结构设计规范》(GB 50010）正截面承载力基本假定，约束混凝土强度及极限压应变由上文中的相关公式确定，等效矩形应力图系数 α_1、β_1 的值随混凝土所受约束程度而变化，可在原取值基础上进行一定的简化处理。具体的计算公式详见《纤维增强复合材料建设工程应用技术规范》，这里不再详细列出。

此外，在大偏心受压柱的受拉面粘贴纵向 FRP，可以提高柱截面的受弯承载力。为保证加固的有效性，FRP 端部应有可靠的锚固。但由于柱的最大弯矩区往往位于柱的端部，此时 FRP 缺乏足够的锚固长度，因而限制了该加固方法的使用，除非 FRP 能可靠地锚固于邻近的构件上。但如果将该方法用于对柱纵筋突变截面进行加固，由于突变截面一般不在柱的端部，就有可能使 FRP 具有足够的锚固长度，从而使该方法得以有效应用。如果不考虑剥离破坏，按照梁受弯加固同样的原则，很容易推导出设计公式。与梁相同，粘贴在受拉面的 FRP 也有可能发生剥离破坏。不过柱纵向粘贴 FRP 通常与横向包裹 FRP 同时使用，横向 FRP 有助于抵抗纵向 FRP 的剥离破坏。但对于此方面的研究和应用，现有文献中还少有涉及。

3.5 抗震加固

地震是人类面临的最严重的自然灾害之一，强烈地震会对人类生命财产安全造成巨大的损失。最近四十年中发生的几次大地震，包括 1970 年秘鲁钦博特大地震、1971 年美国旧金山地震、1976 年中国唐山地震、1989 年洛马普里埃塔（Loma Prieta）地震、1994 年美国加州北岭地震、1995 年日本神户地震、1999 年土耳其地震、1999 年中国台湾地震以及 2008 年中国汶川地震，均造成了大量的建筑物倒塌或严重损伤。震后调查显示，相当数量的被损害建筑并非位于震中，而仅仅位于中等强度地震区，它们都是按照几十年前的旧规范建造的，普遍存在配筋不足、抗震构造设置不合理等问题，这说明按照旧规范建造的老建筑已经难以满足今天对结构抗震设防的要求，必须对它们进行抗震加固或改造。在地震多发的发达国家，如美国和日本，都已经开展了广泛的针对旧建筑的抗震加固改造工程。

我国是地震灾害多发的国家，约 2/3 的城市处于地震多发区，旧房加固和抗震加固的任务十分艰巨。占我国房屋建筑结构相当比重的砌体结构，有 50% 的砖混结构房屋建成于 60 年代，显然无法满足现在的抗震要求。我国已经认识到了抗震设防的重要性，并在各方面加大了对新旧建筑抗震设防及加固改造的投入。根据我国《建筑抗震设计规范》(GB 50011—2001)，抗震设防的目标是在三个水准烈度时分别做到“小震不坏，中震可修，大震不倒”，抗震加固也应该按照以上原则进行。

3.5.1 FRP 抗震加固设计的基本概念及特点

作为一种新型建筑材料，FRP 在抗震加固中的应用得到了越来越深入的研究。在过去的二十年中，采用外部粘贴 FRP 对混凝土结构及砌体结构进行抗震加固的技术，在世界范围内被广泛使用。FRP 材料通常具有非常高的极限抗拉强度和极限延伸率，这既提高了加固后结构的承载力，也提高了结构的变形能力。在强烈地震力的作用下，FRP 加固后的结构在较大变形时仍能保持一定的承载力和结构的完整性，在往复荷载作用下，结构具有良好的耗能能力，从而有效地提高了结构的抗震性能。此外，FRP 材料具有极高的强度-重量比、优秀的耐腐蚀性以及简单便捷的操作性能。大量的试验和工程应用表明，通过合理的设计，FRP 加固结构在强烈地震作用中有足够的延性发展，可以避免结构的整体坍塌，因此 FRP 是一种良好的抗震加固材料，FRP 加固技术对结构实现三个抗震目标十分有利。

外包 FRP 加固和外包钢加固类似，属于被动体系，只有在地震作用下才会发挥作用。使用 FRP 材料进行抗震加固时，外包 FRP 加固不会影响构件的刚度，因此不会改变结构的动力特性，这一点对桥梁的抗震更为有利。

FRP 抗震加固主要采用纤维布和板材，其中碳纤维布使用量最大。主要加固方法是以纤维方向与构件轴线方向垂直的形式包裹 FRP 片材约束混凝土，以增强构件的延性，改善抗震性能。此外，还有连续纤维缠绕法和预制壳法两种加固施工方法。连续纤维缠绕法的原理与普通的湿粘法类似，只是将纤维布或条带用连续纤维丝束代替，通过计算机控制的专用机械自动缠绕在柱表面。预制壳法是指在现场施工前，先将纤维布或丝束浸润树脂，在一定的控制条件下制成 FRP 壳。FRP 壳截面通常是半圆环或者半个矩形框，然后在现场对接，也可预制成开口圆环或者连续的卷状，在现场张开套于柱上。

结构抗震加固具有性能要求高、加固条件复杂多变的特点，经过近二十年的努力，人们已经找到一些对现有结构进行抗震加固的有效方法，其中一些技术已经较为成熟并成功的应用于实际工程领域，除了 FRP 加固以外，还有钢套筒加固、预应力加固、阻尼减震加固、基础隔震加固等。表 3.5.1 为 FRP 抗震加固技术与其他几种抗震加固方法的综合比较。

各种抗震加固技术比较 **表 3.5.1**

	FRP 加固	钢套筒加固	横向预应力加固	阻尼器减震	基础隔震	钢板支撑加固
工法概要	使用配套树脂将碳纤维布粘贴于混凝土表面，并进行必要的锚固	在混凝土构件外包钢套筒，并在钢套筒与构件表面的缝隙中灌注水泥浆，多用于柱	将预应力钢丝缠绕在结构柱表面，并对预应力钢丝进行张拉并锚固	在结构的某些部位，如节点、连接处等装设阻尼器	在建筑物基础与上部结构之间设置由隔震器、阻尼器等组成的隔震层	用不同造型的钢板条对结构框架进行斜撑、V 型、X 型支撑

续表

	FRP 加固	钢套筒加固	横向预应力加固	阻尼器减震	基础隔震	钢板支撑加固
对结构抗震承载力的影响	基本不增加结构自重及截面尺寸，较大程度地提高结构的抗震承载力	被动加固体系，在地震发生时对核心区混凝土产生侧向约束作用，提高抗震承载力	主动加固体系，在正常工作阶段对核心区混凝土产生显著的约束作用，提高了承载力	在正常使用条件下不改变结构的承载力	隔离建筑基础与上部结构，减少输入到上部结构的地震能量，具有很高的竖向承载力	钢支撑通过焊接或螺栓固定在原有结构上，从而改变荷载分布，提供额外的承载力
对结构刚度的影响	基本不影响结构的刚度，尤其有利于桥梁的抗震加固	较大地增加了结构柱的侧向刚度	主动约束效应明显，有效改善搭接区混凝土与钢筋的粘结性能，有效地提高结构柱的延性	小震作用下，阻尼器处于弹性状态，不影响结构的刚度；强震作用下，阻尼器进入非弹性状态，产生较大的阻尼，减小主体结构的动力反应	通过调频滤波，增大建筑物的水平自振周期，一般可使结构的水平地震加速度反应降低 60%左右	有中心支撑、偏心支撑等形式，提高了结构的刚度
施工性能	施工便捷，不需大型机具，现场裁剪，手工作业，可沿曲面贴敷，对周围环境影响小	存在湿作业，施工较为复杂，对环境影响较大	预应力钢丝缠绕、张拉、锚固工艺要求较高，施工复杂	施工便捷，工期短，对周围环境影响小	在结构施工时同步设置，施工方便，工期短，对环境无影响	提前切割成型，施工方便，造价低
后期维护	耐久耐腐	外包钢易腐蚀，需要进行特殊处理并定期维护	预应力钢丝存在腐蚀问题	滞回性能稳定，长期可靠，不受环境与温度影响	耐久性较好，但一旦损坏，维修及更换比较困难	钢板易锈蚀，需定期维护

3.5.2 柱的抗震加固

柱作为钢筋混凝土结构中主要承担水平荷载和竖向荷载的构件，尤其易在地震中遭到破坏。大量的研究表明，在框架结构柱或桥墩可能产生塑性铰的部位设计足够的横向约束，将有效地提高核心混凝土的抗压强度和极限压应变，从而显著改善钢筋混凝土柱的延性。FRP 抗震加固钢筋混凝土柱，多是用纤维布缠绕柱体，使混凝土处于三向受力状态。由于 FRP 材料具有极高的抗拉强度，同时可以与混凝土产生较好的粘结，使得核心混凝土很好地受到 FRP 的约束，不但在使用阶段改善了其弹性性质，而且在破坏时产生很大的塑性变形，整个构件呈现出弹性工作塑性破坏的特征。FRP 通常只在环向约束混凝土，因而加固后钢筋混凝土柱的刚度不会有太大的变化，不会影响结构体系整体的力学性能。

3.5.2.1 试验研究

近年来，FRP 抗震加固在欧美和日本等国取得了显著的进步，各科研机构及高等院校都进行了大量抗震加固性能与效果方面的研究。研究 FRP 约束混凝土柱的抗震性能，主要是研究其在模拟地震荷载作用下的强度、刚度和延性等力学性能指标的变化规律。大量的试验结果和理论分析表明 FRP 抗震加固钢筋混凝土柱是一种很有效的方法。

在地震发生时，柱同时承受竖向荷载和往复水平荷载，抗剪强度、抗弯强度或者延性的不足都有可能引起柱的破坏。Seible 等人于 1997 年进行了一系列 CFRP 加固柱的试验。研究者以三批 0.45：1 制作的桥梁柱为试验对象，分别研究柱可能出现的典型的三种破坏模式，即弯曲破坏、剪切破坏和钢筋搭接头破坏。

弯曲破坏通常发生于柱根部一个较小的区域，破坏特征一般为混凝土保护层剥离、箍筋拉断和纵向钢筋屈曲。试验中通过在柱顶施加水平往复循环荷载，得到的未加固柱和 CFRP 加固柱的横向荷载-位移滞回曲线如图 3.5.1 所示。CFRP 加固后，滞回曲线包覆的面积明显增大，表明外贴 CFRP 材料极大地提高了柱的抗震吸能能力，明显地提高了柱的延性，对柱的抗震加固非常有利。试验结果表明：采用 FRP 材料对钢筋混凝土柱进行抗震加固时，FRP 提供的横向约束可以防止混凝土保护层剥离，抑制纵向钢筋的屈曲，从而改善柱的延性并使柱能承受更大塑性的变形。

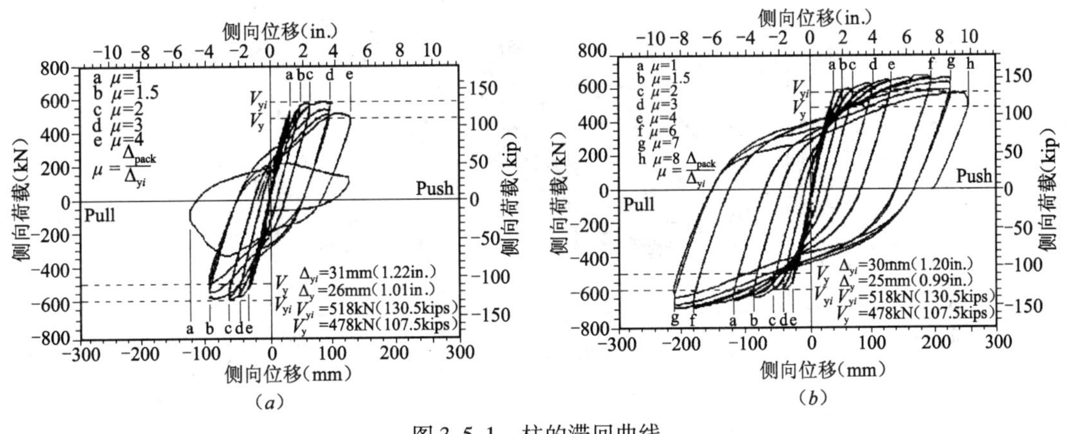

图 3.5.1　柱的滞回曲线

（a）未加固柱的滞回曲线；（b）CFRP 加固柱的滞回曲线

剪切破坏发生时，混凝土首先出现斜裂缝，然后横向钢筋拉断或张开，纵向钢筋随之屈曲，导致柱脆性破坏。通过双曲率弯曲柱试验，得到的滞回曲线如图 3.5.2。通过这些曲线可以看到 CFRP 材料加固后柱的延性至少是未加固柱的 3 倍。滞回曲线轮廓饱满，呈纺锤形，吸能性能好且没有刚度退化现象，反映出 FRP 约束混凝土具有很好的抗震性能。这个试验结果表明：通过适当的外贴 CFRP 加固柱，可以有效地防止柱的剪切破坏，在很大程度上提高了柱的延性。

对于纵筋有搭接的塑性铰区加固的柱，FRP 约束可以提供紧箍力以避免搭接接头的破坏，使柱能承受较大的塑性变形。图 3.5.3 是 Seible 等人在相关试验中得到的 CFRP 加固后柱的滞回曲线。从该曲线以及相关的试验结果可以得知，CFRP 加固是防止钢筋搭接头破坏的一种比较有效的方法。

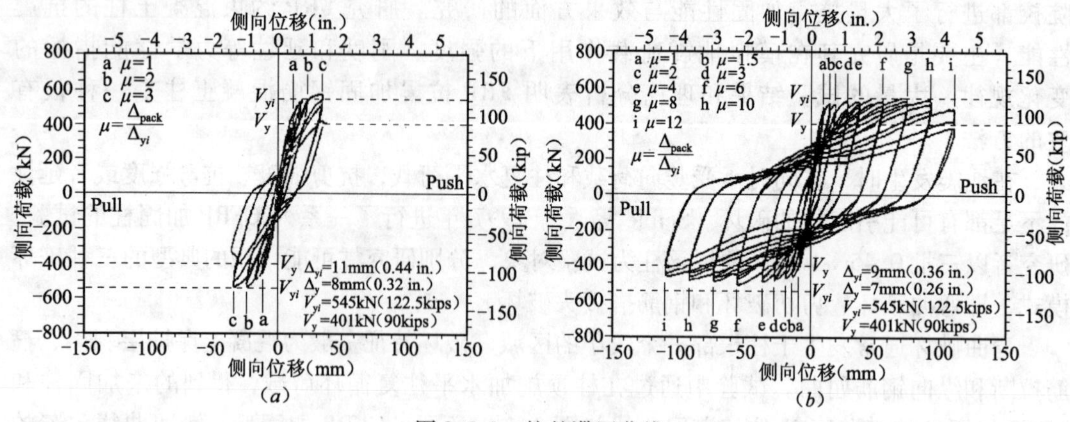

图 3.5.2 柱的滞回曲线

(*a*) 未加固柱的滞回曲线；(*b*) CFRP 加固柱的滞回曲线

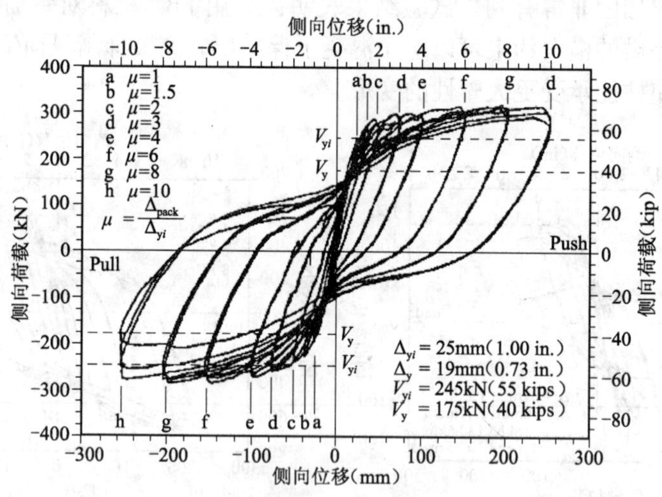

图 3.5.3 CFRP 加固柱的滞回曲线

这些试验的结果都表明 FRP 加固后的柱在往复荷载作用下均表现出良好的抗震性能。由于 FRP 的约束作用使构件一方面避免了钢筋搭接部位的接头破坏，另一方面提高了构件的延性和抗剪能力，使得构件的破坏形式由脆性剪切破坏转变为具有延性的弯曲破坏。此外，Nanni 等人的试验结果发现，圆形截面的构件加固对强度和延性的提高要优于方形截面构件，缠绕 FRP 的构件要优于预制 FRP 管的构件。Mohamed 等对 FRP 布材约束方形混凝土柱的抗震性能进行了试验研究，结果显示外包 FRP 可明显增强混凝土的粘结强度及承载力，减少柱端危险区域混凝土的撕裂与粘结破坏，从而增强结构柱的抗震性能。Saiidi 等在振动台上进行过喇叭形桥墩的抗震试验，其中有两个试件分别采用玻璃纤维和碳纤维加固，试验结果表明，FRP 加固提高了构件的位移延性和抗剪承载力，而且玻璃纤维和碳纤维两种 FRP 材料的加固效果基本一致。

3.5.2.2 设计建议

粘贴 FRP 片材对钢筋混凝土柱进行抗震加固时，宜在柱端箍筋加密区采用沿柱轴向连续封闭粘贴的方法，FRP 片材的纤维方向应与柱轴线垂直。这种加固形式可以显著改善柱的塑性变形能力，增加延性，是 FRP 抗震加固钢筋混凝土柱最有效的方法。

FRP 约束效果与柱的截面形状有关。当为圆形截面柱时，约束效果最好，不仅可以显著提高变形能力，还可以提高混凝土的抗压强度。当为矩形截面时，随着截面尺寸的增大和截面长宽比的增大，约束效果降低，因此在无其他约束措施的情况下，被加固柱的截面尺寸不宜大于 600mm，截面长宽比也不宜大于 1.5，角度倒角半径应不小于 20mm，并对截面宜采用圆弧化处理方法。

对于矩形框架柱，柱抗震加固后仍应满足《混凝土结构设计规范》(GB 50010—2002）规定的轴压比限值要求。柱端箍筋加密区总折算体积配箍率应满足以下要求：

$$\rho_{ve} \geqslant \lambda_v \frac{f_c}{f_{yv}} \tag{3.5.1}$$

其中，

$$\rho_{ve} = \rho_{sv,v} + \frac{2t_f u \cdot w_f}{A_c(w_f + s_f)} \cdot \frac{E_f \varepsilon_{f,e}}{f_{yv}} \tag{3.5.2}$$

式中 ρ_{ve} ——考虑柱原有箍筋和加固 FRP 片材的总折算体积配箍率；

$\rho_{sv,v}$——按柱原有箍筋范围以内的核心截面计算的体积配箍率；

λ_v ——最小配箍特征值，按《混凝土结构设计规范》(GB 50010—2002）表 11.4.17 根据箍筋形式和柱轴压比大小取值；对于圆形截面和于圆弧化处理的矩形截面，可按螺旋箍考虑；

t_f ——FRP 片材的总厚度（mm）；

u ——柱截面周长；

w_f ——封闭 FRP 条带宽度；

s_f ——FRP 条带净间距；

A_c ——柱截面面积；

$\varepsilon_{f,e}$ ——连续封闭粘贴 FRP 片材对钢筋混凝土柱抗震加固时 FRP 片材有效应变值，按表 3.5.2 取值。当柱的轴压力设计值下的轴压比大于 0.5 时，表 3.5.2 中的值宜乘以 0.8；

f_{yv} ——箍筋抗拉强度设计值。

抗震加固时 FRP 片材的有效应变 **表 3.5.2**

截面形状	矩形截面	圆柱
高强型 CFRP	0.005	0.006
GFRP 和 AFRP	0.007	0.008

FRP 的折算配箍率是根据 FRP 约束混凝土抗震加固混凝土柱的试验研究，按极限变形时 FRP 的实测应变统计结果，并考虑一定的安全储备得到的。对于非箍筋加密区，其总折算配箍率也应符合现行国家标准的有关要求，且当采用 FRP 条带时，条带净间距不应大于现行国标标准规定的箍筋最大间距的 0.7 倍。

对于矩形截面柱，利用 FRP 约束混凝土对柱进行抗震加固，仅考虑对柱延性的改善，不能考虑混凝土强度的提高。而对圆形截面和圆弧化处理的矩形截面柱，则可同时考虑对混凝土强度的提高，从而可进一步提高柱的抗压承载力。因此，对于圆形截面和圆弧化处理的矩形截面柱，并沿柱整个高度连续封闭粘贴 FRP 片材形成 FRP 约束混凝土加固时，轴压比可按下式计算：

$$n=\frac{N}{f_{cc}A_{c}} \tag{3.5.3}$$

式中 N——地震作用组合时柱轴向压力设计值；

f_{cc}——FRP 约束混凝土抗压强度设计值，按《高性能纤维复合材料应用技术规范》4.4.5 条的规定计算；

A_c——柱截面面积；对于圆弧化处理的矩形截面，仍按原矩形截面尺寸计算。

3.5.3 梁柱节点的抗震加固

相对于构件的动力性能试验，使用 FRP 布对梁柱节点进行抗震加固的研究比较少见。美国犹他州大学的 Pantelidis 等（2000）进行过两个边节点的滞回性能试验，其中一个节点用 FRP 进行了加固，另一个节点未进行加固，目的是考察 FRP 加固对节点延性和抗剪承载力的影响。在荷载试验中，柱被施加轴向荷载以模拟重力荷载，梁的自由端被施加往复循环荷载。

试验结果表明，FRP 加固后节点的强度、延性及转动能力都得到很大提高，其中，FRP 加固节点的抗剪承载力要比未加固节点的承载力高 45% 左右。图 3.5.4 是试验的梁端荷载-位移滞回曲线。加固构件的最大偏移值达到了 7%，是未加固构件的两倍，显然，FRP 加固后节点的变形能力得到了较大的提高。

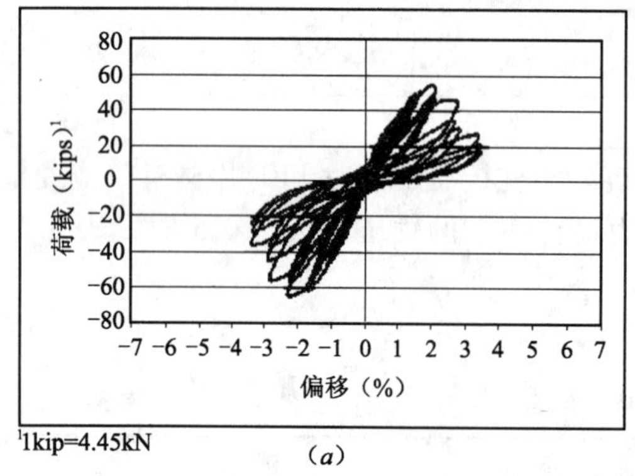

（a）

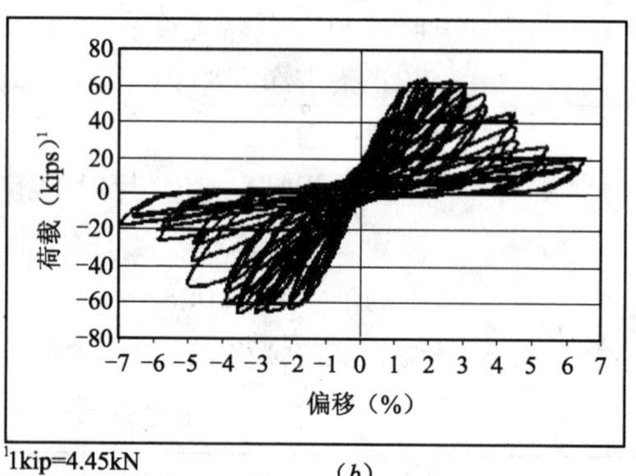

（b）

图 3.5.4 梁端荷载-位移滞回曲线

（a）未加固构件的滞回曲线；（b）加固构件的滞回曲线

Womack 等进行过模拟实际桥梁情况的梁柱节点足尺模型试验，其中 FRP 加固构件分别采用了 45°方向加固、30°方向加固、只在柱上加固以及 0°和 45°方向同时加固等不同的粘贴方式。试验结果表明未加固试件节点区的梁柱构件都发生了较为严重的破坏，只在柱上加固的试件较早发生破坏的原因是由于柱中的纵向钢筋在和梁接头部位发生了粘结滑移。30°和 45°方向加固方式均比 0°方向加固更有效，节点延性系数提高了大约 0.5 倍。

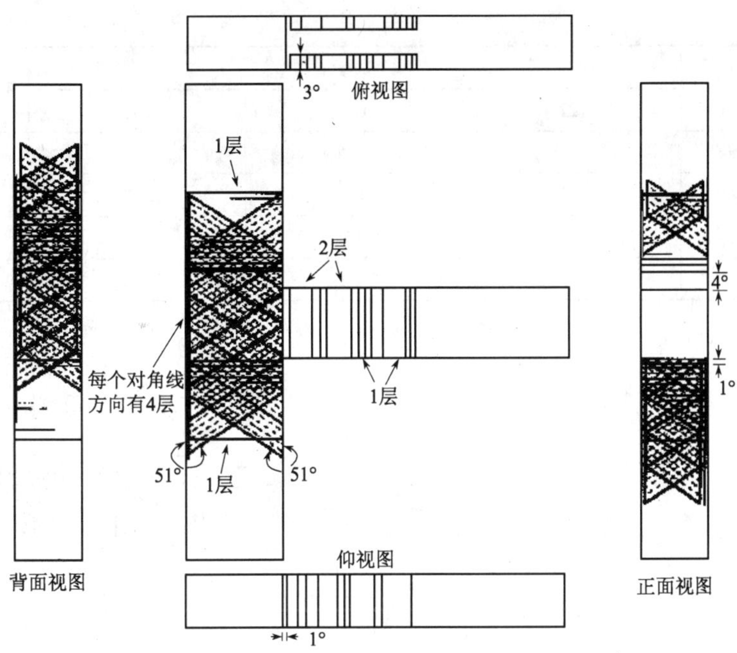

图 3.5.5　FRP 加固节点示意图（Pantelidis et al. 2000）

总的来说，尽管不同的试验采用的节点加固方式并不完全相同，但其加固效果主要来源于两个方面：一是纤维对节点核心区混凝土的直接约束作用，应保证 FRP 充分发挥作用，其关键在于纤维的锚固和施工质量；二是与节点相连的梁端头加固纤维能分担部分梁端弯矩，从而减小了通过纵筋传入节点核心区的剪力，延缓了纵筋在节点区的粘结滑移，间接提高节点的承载能力，FRP 的锚固同样是达到这一效果的关键所在。

3.5.4　剪力墙的抗震加固

FRP 除了用来加固梁柱构件外，还可以很方便地用来加固剪力墙以提高剪力墙的抗震性能。但是目前为止，这方面的研究仍比较少见。

加拿大 Carleton 大学等科研机构对 FRP 抗震加固钢筋混凝土剪力墙进行过初步的研究。试验结果表明：采用 FRP 加固可以有效地恢复被破坏试件的初始弹性模量，并提高它的屈服荷载和极限荷载。对于未破坏的构件，FRP 可以有效地限制其裂缝的产生和扩展，从而保证了剪力墙作为抗震墙功能的有效发挥；同时，构件开裂前刚度、开裂后割线刚度及开裂荷载、屈服荷载和极限荷载都有所提高。表 3.5.3 是试验的部分数据。

FRP 抗震加固剪力墙试验结果　　　　**表 3.5.3**

试验编号	1号	2号	3号	4号
构件尺寸（m）	2.0×1.5×0.1	2.0×1.5×0.1	2.0×1.5×0.1	2.0×1.5×0.1
构件制作	未加固	加固前进行往复荷载试验直至压区混凝土发生受压破坏，然后采用 CFRP 加固	剪力墙构件的两面分别垂直地贴一层 CFRP 布	剪力墙构件的两面分别水平地贴一层 CFRP 布，并且再分别垂直地贴两层 CFRP 布

续表

试验编号	1号	2号	3号	4号
屈服荷载（kN）	122	158	153	210
屈服位移（mm）	3.7	5.4	1.6	2.4
极限荷载（kN）	178	320	258	413
极限位移（mm）	18	40	24	25
延性值	4.9	7.4	15.0	10.4

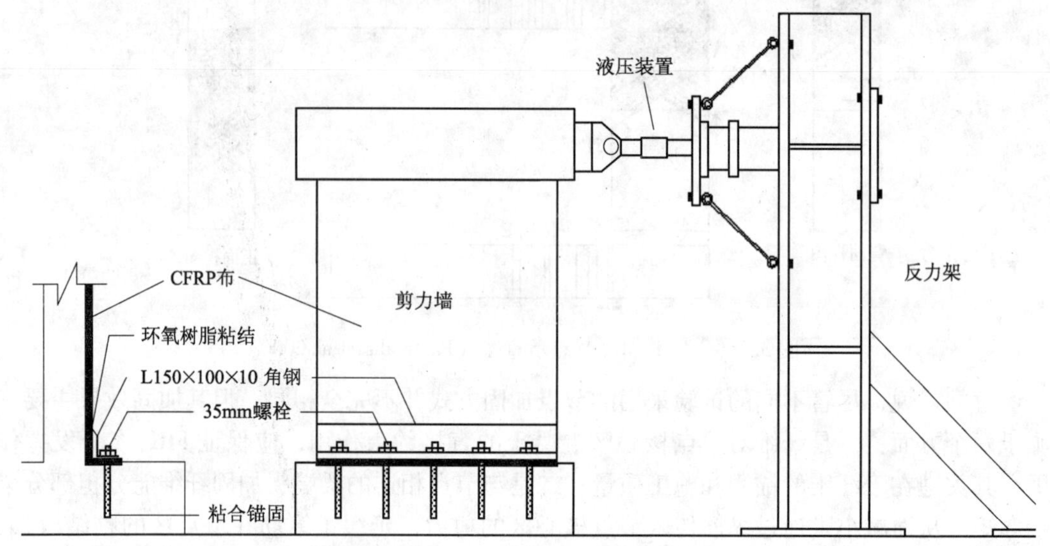

图 3.5.6　试验装置及剪力墙底部 CFRP 布锚固构造

试验得到剪力墙的荷载-位移曲线如图 3.5.7 所示。显然，FRP 加固钢筋混凝土剪力墙是一种可行的方法，外贴 FRP 材料使钢筋混凝土剪力墙的承载力和延性都得到了较大的提高。此外，这些试验也表明 FRP 布和钢筋混凝土墙体的锚固在加固过程中起了至关重要的作用，不充分的锚固将使荷载无法顺利地传递，并导致结构过早的失效破坏（比如 FRP 布剥离）。

3.5.5　小结

FRP 加固是最有效的抗震加固技术之一，它具有良好的加固性能和简单便捷的施工工艺，是目前最受欢迎的抗震加固技术。碳纤维的耐腐蚀性和对绝大多数化学物质的抵抗力使得 CFRP 材料具有相当长的使用寿命，比传统的建筑材料（如钢筋）具有更好的长期经济效应。

到目前为止，国内外研究者对 FRP 约束混凝土结构和构件的抗震性能已进行了大量的试验研究，但相关的理论研究尚不充分。尽管如此，各国已经编制了各类 FRP 相关的规范、规程或指南，以指导 FRP 在抗震工程中的应用，并检验 FRP 抗震理论的可靠性。总的来说，对 FRP 抗震加固柱的研究最为深入，已经有了相对完整的理论体系，尽管不乏有争议之处，但异中求同是整体趋势。FRP 抗震加固梁的研究主要集中在加固构造措施

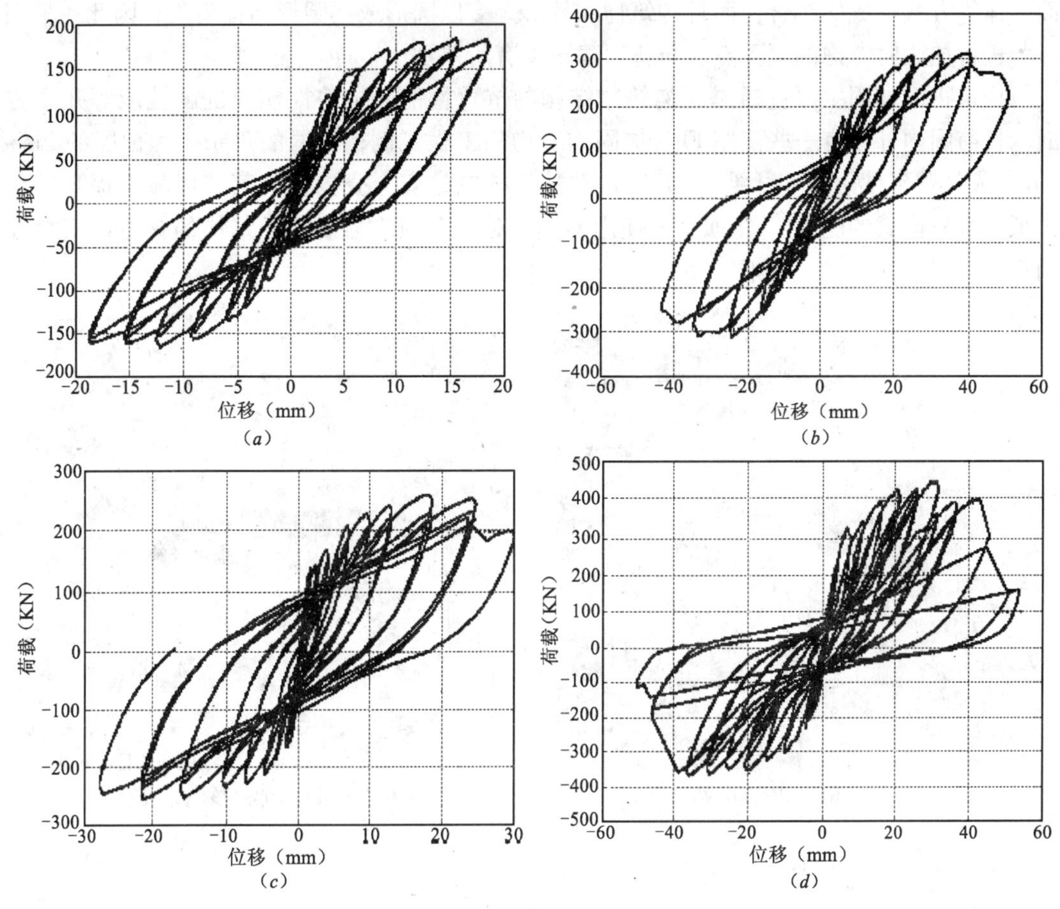

图 3.5.7　试件的荷载-位移曲线（Lombard et al，2000）
（a）1 号；（b）2 号；（c）3 号；（d）4 号

上，尤其以锚固最为重要，无论在试验研究还是在工程应用中，锚固问题都是最大的重点。FRP 抗震加固节点和剪力墙的性能还有待进一步的研究。目前有限的研究成果已经在一定程度上表明 FRP 对梁柱节点及剪力墙有较好的抗震加固作用，很有必要开展更广泛深入的试验和分析来证明这一点。此外，考虑到试验研究和实际工程的差异性，以及工程条件的复杂性，在 FRP 抗震加固技术的工程应用中可能会出现更多有待解决的问题。

3.6　构筑物加固

构筑物一般是指人们不直接在其内进行生产和生活活动的建筑，如烟囱、水塔、蓄水池、核电站安全壳、管道和各种筒仓等。构筑物与一般建筑物的区别主要表现在两个方面：一是使用用途的差异，这决定了两者在设计原则上的差别，两者不同的使用功能侧重点使构筑物在进行加固时与前文中介绍的一般建筑物略有不同；另一方面，构筑物在结构形式上与一般建筑物存在较大的差异，构筑物通常可以看作单个大型结构构件或者几个大型结构构件的组合，而不是以大量的常规梁、板、柱和剪力墙等结构构件通过点、线、面、体等方式形成的组合，而且构筑物在外形上多以圆形或类圆形结构为主，因此在采用FRP进行加固时考虑的侧重点也与普通建筑物有所差别。

构筑物的加固主要包括提高构筑物结构的抗弯性能、抗剪性能和抗震性能等几个方面。目前国内外已有一些使用FRP加固构筑物的工程实例，法国的Touret和德国的Liersch等人就曾经使用玻璃纤维（GFRP）粘贴于核电站安全壳内壁的某些区域来提高安全壳抵抗事故荷载的能力[77]。加拿大使用GFRP对一个预应力混凝土结构的核电站安全壳的环梁进行了加固[78]，如图3.6.1～图3.6.4所示。

图3.6.1　GFRP加固核电站安全壳

图3.6.2　GFRP加固核电站安全壳

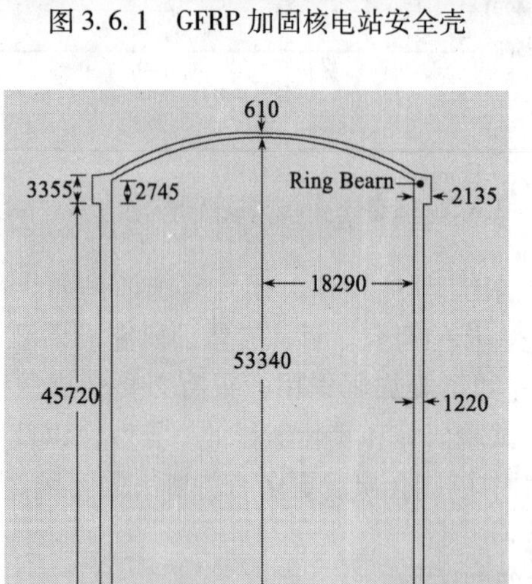

图3.6.3　核电站安全壳剖面图

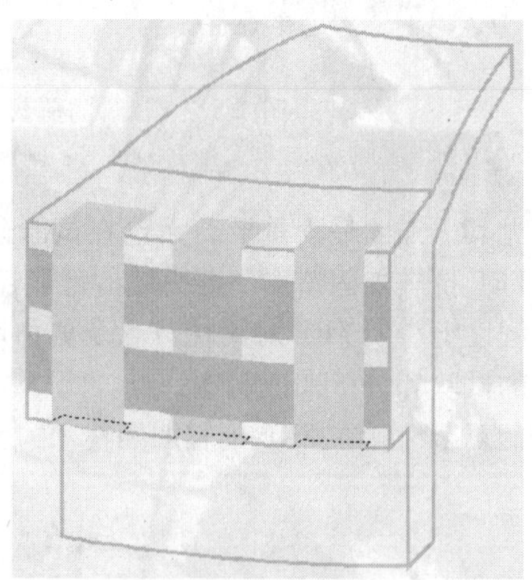

图3.6.4　核电站安全壳加固示意图

在国内，中冶集团建筑研究总院进行过FRP加固1：10预应力钢筋混凝土核电厂安全壳模型的大型试验。该模型为一个筒体和半球形壳体相结合的薄壁结构，结构上开设有设备孔洞，并设有扶壁柱2个。模型外表面粘贴CFRP进行加固，主要沿筒壁环向及纵向粘贴。图3.6.5、图3.6.6为该模型的加固效果图，试验的详细情况见本书3.6.2节及3.9.4节。

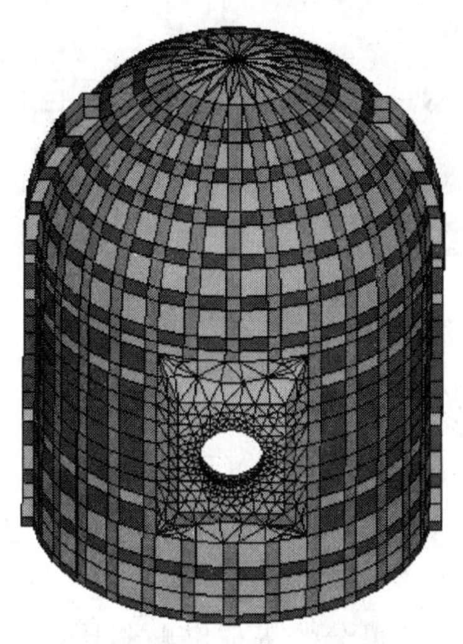

图 3.6.5　FRP 加固核电站安全壳模型试验示意图

图 3.6.6　FRP 加固核电站安全壳模型

本节主要介绍外形为圆筒形的构筑物采用 FRP 加固的设计及应用。根据圆筒形壳体的结构形式和受力方式，可分为以下两种类型：

1. 无内压圆筒形结构，以承受自重、水平荷载、地震荷载和温度场荷载为主的圆筒形结构，如烟囱；

2. 有内压圆筒形结构，除承受自重、水平荷载、地震荷载和温度场荷载外，还需要承受内部压力（水压、油压、气压、固体散料压力等）的圆筒形结构，如储物仓、水塔、核电站安全壳以及各种输送管道等。

下文分别介绍上述两种类型的构筑物采用 FRP 加固的设计方法。

3.6.1　无内压圆筒形结构

本节主要以烟囱为代表介绍无内压圆筒形结构的 FRP 加固设计方法，烟囱的截面设计按照《烟囱设计规范》(GB 50051—2002）的相关规定执行，加固时可按照《烟囱设计规范》中的计算设计要求对烟囱的加固形式和加固量进行计算。

1. 单筒式钢筋混凝土烟囱的水平截面状态如图 3.6.7 所示（图中符号含义同《烟囱设计规范》)。根据《烟囱设计规范》第 7.1 条的一般规定，应进行下述几项计算或验算：

1）附加弯矩计算。

（1）计算筒壁水平截面承载能力极限状态的附加弯矩。当在地震区时，尚应计算地震作用下的附加弯矩。

（2）计算正常使用极限状态下的附加弯矩。此时不应考虑地震作用。

2）水平截面承载能力极限状态计算。地震区的烟囱应分别按照无地震作用和有地震作用两种情况进行计算。

3）正常使用极限状态的应力计算。应分别计算水平截面和垂直截面的混凝土和钢筋的应力。

4）正常使用极限状态的裂缝宽度计算。

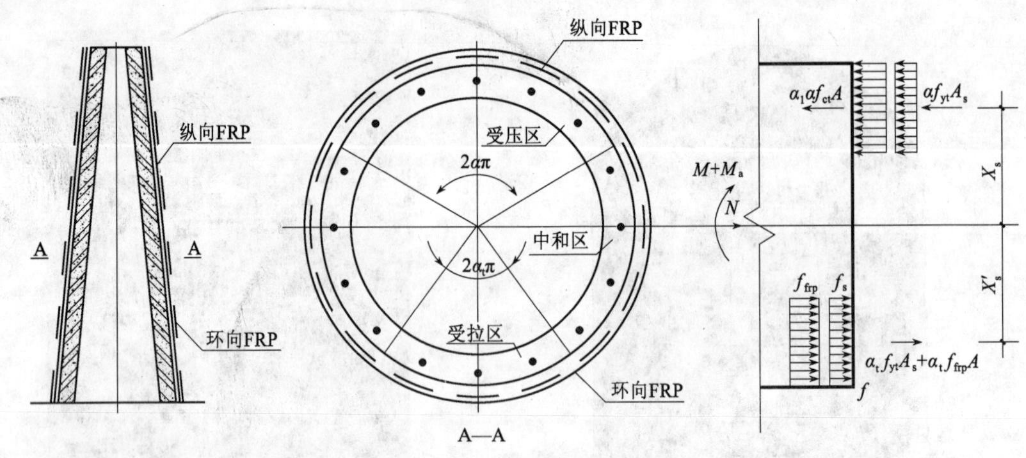

图 3.6.7　单筒式钢筋混凝土烟囱示意图

在对烟囱进行 FRP 加固时，根据加固需要，FRP 可分为纵向粘贴和环向粘贴，分别提供纵向拉力和环向约束力。工程师可按照《烟囱设计规范》的承载力要求，在原有钢筋拉力的基础上增加 FRP 的拉力，重新求解需要的 FRP 加固量。

2. FRP 加固同样适用于砖烟囱，根据《烟囱设计规范》第 6.1 条的一般规定，应进行下述几项计算或验算：

1）水平截面承载力极限状态计算和荷载偏心距验算。

（1）在永久荷载（自重荷载）和风荷载设计值作用下进行承载力极限状态计算。

（2）地震区的砖烟囱应符合《烟囱设计规范》第 5.5.2 条规定。

（3）在自重荷载和风荷载标准值作用下验算水平截面荷载偏心距。

2）在温度作用下，按正常使用极限荷载，进行环箍或环筋计算。

上述具体的计算方法和公式可参阅《烟囱设计规范》相关的章节。除了承载力应满足相关规范的要求，FRP 加固烟囱还应注意室外耐久性防护和日照、烟囱内部高温气体等引起温度变形问题。

图 3.6.8 为某烟囱加固施工图。使用 FRP 加固烟囱时，环向 FRP 应粘贴位于纵向 FRP 之外，可对纵向 FRP 起到锚固作用，有效防止纵向 FRP 受弯剥离，如图 3.6.9 所示。除此以外，还可以使用螺旋式粘贴或双螺旋式粘贴的方法。

图 3.6.8　烟囱 FRP 加固施工图

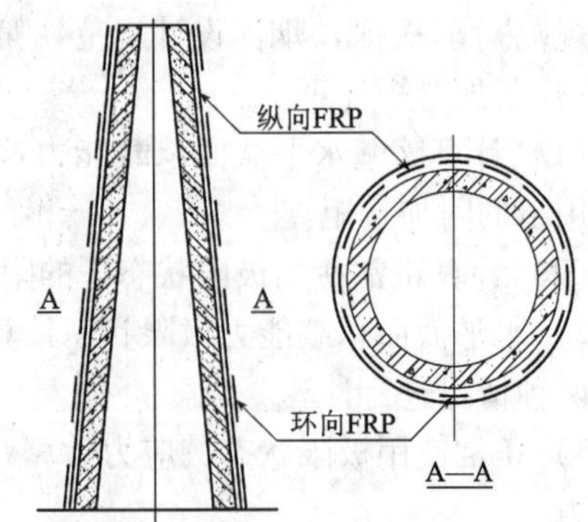

图 3.6.9　烟囱 FRP 加固截面示意图

3.6.2 有内压圆筒形结构

有内压圆筒形结构需承受自重、水平荷载、地震荷载、温度场荷载以及内部压力荷载（水压、油压、气压、固体散料压力等）的综合作用，可参考《高耸结构设计规范》中关于结构抗弯、抗剪和抗震的相关计算方法来确定 FRP 的加固方式和加固量。

在对承压结构进行加固处理时，应尽量先进行卸压，然后进行 FRP 加固。在内压 P 作用下的圆筒截面如图 3.6.10 所示，根据力的平衡关系可进行计算求解，此处不再赘述。

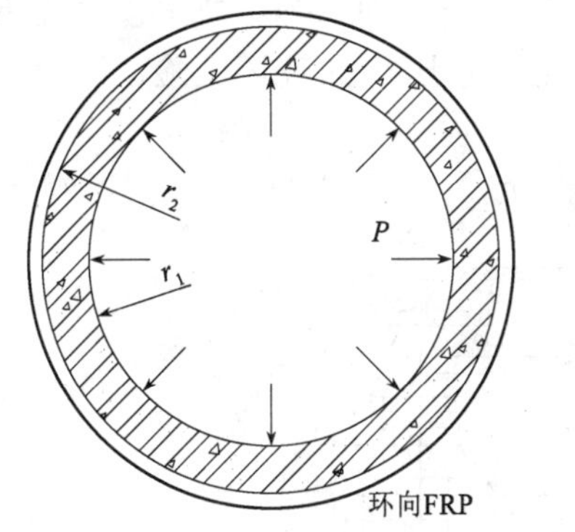

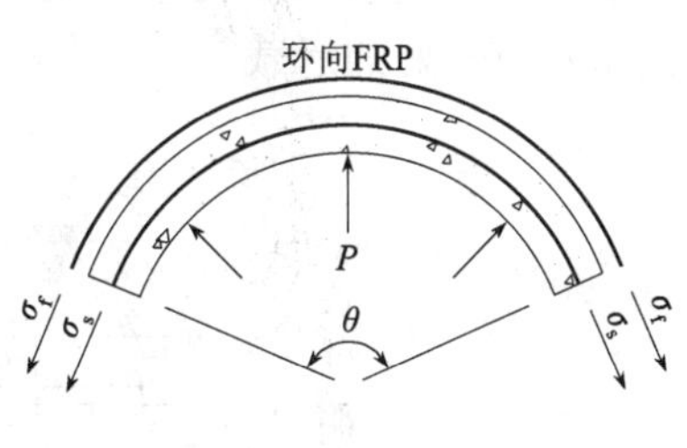

图 3.6.10　有内压圆筒形结构水平截面

FRP 加固圆筒形结构的设计计算中应注意结构是否存在孔洞。由于圆筒形结构的圆点对称特性，在理想的状态下（均匀变形），环向粘贴的 FRP 与混凝土之间没有剪切应力的存在，FRP 与混凝土间也不存在相对滑移，这符合 FRP 加固钢筋混凝土结构计算中的重要基本假定：FRP 与混凝土间可靠粘结，无相对滑移。但是在实际工程中，由于预留孔、设备孔等孔洞的存在及其他因素，部分环向粘贴的 FRP 无法形成理想的闭合环形，在 FRP 粘贴的端部将出现剪切应力集中，当剪切应力达到一定水平时，将出现剥离和滑移现象。为了避免剥离和滑移的产生，设计和施工过程中应尽量避开孔洞，使环向粘贴 FRP 形成理想的闭合环，或者对 FRP 端部采取可靠的锚固措施。同理，对于结构表面的凹角也应采取有效的处理措施，避免剥离或者滑移现象的出现。

在实际的加固设计过程中，特别是非标准形状或比较复杂的结构形式的加固，为了更加精确地了解复杂结构或者在复杂受力状态下结构各部位的 FRP 应力水平，可使用有限元软件进行建模计算分析，详见本书第三章 3.9 节例 1，图 3.6.11 是该

图 3.6.11　安全壳模型 FRP 加固图

例中的安全壳模型（有内压圆筒形与半球形相连接的壳体结构）加固图。

该安全壳模型内径4.00m，筒壁高度3.5m，筒壁厚0.11m，筒壁设有直径0.7m的设备闸门孔，半球形穹顶壁厚0.10m，模型总高度5.60m，基础底板厚0.66m，直径4.6m。沿筒身环向设有2个扶壁柱。

安全壳模型的预应力系统采用国产1860MPa级无粘结预应力钢绞线。安全壳模型在FRP加固前进行了承受内压（水压）的破坏试验，部分预应力钢筋断裂失效，局部钢筋屈服。

针对安全壳模型的破损情况，采用CFRP对结构进行加固以弥补由于预应力钢筋断裂和钢筋屈服所造成的结构损伤，图3.6.12、图3.6.13分别为FRP加固安全壳模型的立面图和剖面图。加固后，重新对结构进行承受内压（水压）的破坏试验，试验结果表明加固后的结构模型具有较好的承载能力。

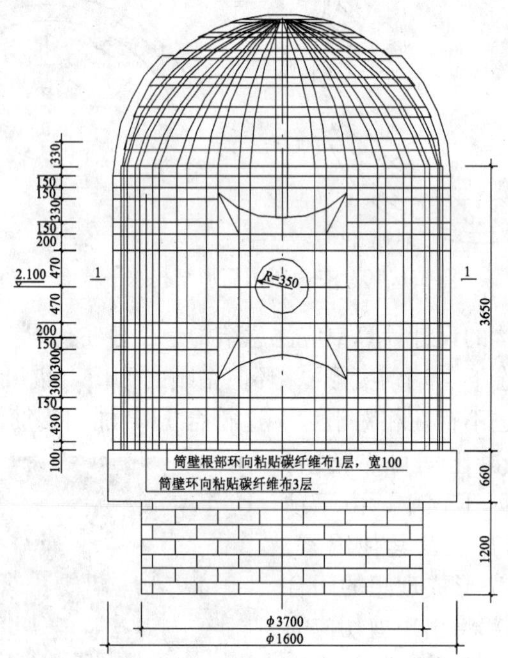

图3.6.12　安全壳模型FRP加固立面图

在安全壳模型的加固中，对扶壁柱采用了如图3.6.14所示的粘贴方式，凹角没有采取平滑处理，试验中造成如图3.6.15所示的剥离破坏。图3.6.16为筒体某截面的环向变形图，从图中可以看出，由于环形粘贴的FRP没有形成理想闭合环，环向约束作用降低，导致极限状态下扶壁柱变形明显增大，如图中0°和180°方位破坏前瞬间结构环向变形。

针对扶壁柱的凹角处易出现剥离破坏的情况，建议在凹角处采用钢板固定，或者采取增加混凝土平滑过渡的方法，提高FRP的环向约束作用，防止或延缓FRP剥离破坏的发生。

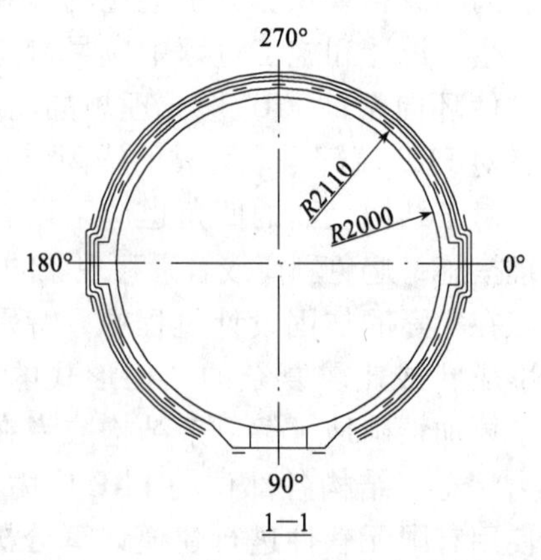

图3.6.13　安全壳模型FRP加固剖面图

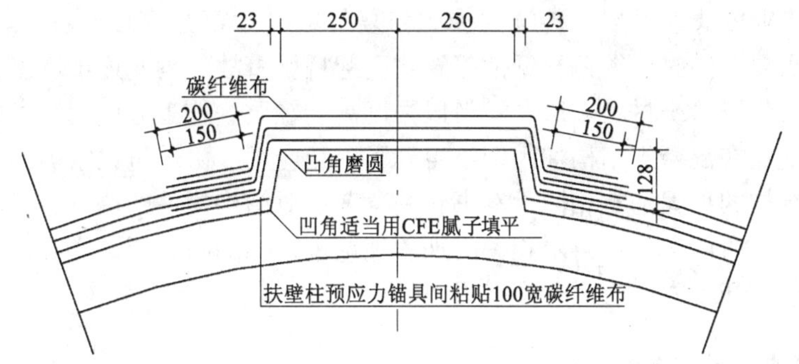

图 3.6.14　扶壁柱 FRP 粘贴示意图（单位：mm）

图 3.6.15　扶壁柱 FRP 剥离破坏

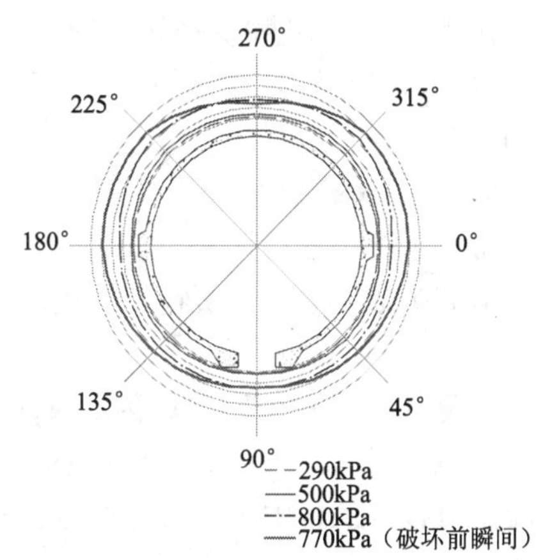

图 3.6.16　截面环向变形图

3.7　桥 梁 加 固

随着我国国民经济的飞速发展，目前已有的桥梁大部分处于超负荷运行状态，以北京为例，2004 年就有 300 多座桥梁处于危险状态，需要加固改造[79]。在公路、铁路中，大部分桥梁在长期使用过程中损伤、病害不断累积，造成承载力不足、使用功能不满足要求以及耐久性不足等问题，对国家经济建设造成了很大的伤害。此外，地震等自然灾害也会对桥梁造成严重损害，造成严重财产损失，并威胁到人民的生命安全。近年来发生的美国加州北岭地震、日本阪神地震、中国台湾地震均造成了桥梁的大量损坏。

图 3.7.1　日本阪神地震中高架桥的破坏

随着桥梁事业的飞速发展，传统的加固修复材料（主要是钢板）已无法完全满足桥梁加固工程的需要，同时传统钢材锈蚀等缺陷引起桥梁事故的案例逐步增多，人们愈发需要使用新型材料代替传统材料。FRP 材料以强度高、轻质、施工方便、抗腐蚀、耐疲劳和可设计性强等优点在混凝土结构加固中已得到了广泛应用。由于桥梁结构的加固方式与普通混凝土建筑结构的加固基本相同，本书相关章节已对结构构件的抗弯、抗剪及抗震加固等有详细的论述，所以本节不再对相关的加固理论进行详细的介绍，主要以工程实例展示的形式介绍目前 FRP 在桥梁工程中的应用情况。

3.7.1 在旧桥加固中的应用

作为一种新型建筑材料，FRP 在旧桥加固方面已得到了越来越广泛的应用，其中主要包括对受弯受剪构件（如桥身，主要包括梁体及桥板）的加固、对受压构件（如墩柱）的加固等。

3.7.1.1 桥身的加固

桥身主要包括梁体和桥板，其加固设计和施工方法与普通钢筋混凝土梁板构件相类似，但应考虑桥梁设计所特有的规范要求，应满足桥梁工程对于动荷载、耐久性等各方面的要求。

桥身加固的一个重要原因是交通荷载的增加而导致的承载力不足。图 3.7.2 为瑞士莱茵河上的 Oberriet-Meiningen 桥的加固照片，该桥因交通荷载增加而需要加固横向钢筋混凝土桥板。工程中用混凝土叠合加固接板，用 CFRP 板加固桥板的受拉区（图 3.7.3、图 3.7.4）。

图 3.7.2 Oberriet-Meiningen 桥

桥梁构件的体积通常较大，其承受的荷载也通常较大，一般不使用纤维布进行加固，国外仅针对混凝土劣化、裂缝等局部的耐久性缺陷少量地使用碳纤维布进行修复，通常是使用 CFRP 板进行桥身的承载力加固和抗震加固。

我国国内也有大量使用 FRP 加固钢筋混凝土桥梁的工程实例，如京沈高速某立交桥因桥面层厚度增加，荷载增大，原设计配筋不足而使用碳纤维布对桥板及箱梁底进行抗弯加固。

除了用于加固钢筋混凝土桥梁，FRP 也可用于加固木结构桥梁。1998 年在瑞士 Aare 河上的 Murgenthal 木结构桁架桥（图 3.7.7）加固工程中采用了 CFRP 片材，该桥建于 1863 年，其桁架结构的部分受拉弦杆因受昆虫蛀噬导致承载力下降，加固方法是在需要加固的受拉面采用环氧树脂粘贴 50mm 宽的 CFRP 片材，如图 3.7.8 所示。

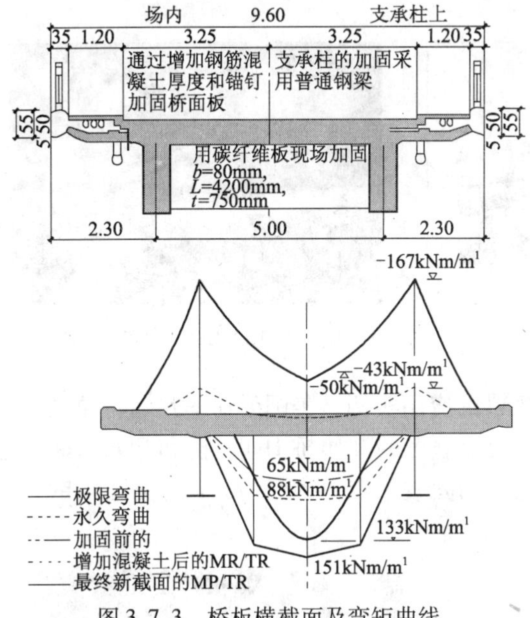

图 3.7.3　桥板横截面及弯矩曲线

图 3.7.4　CFRP 板加固

图 3.7.5　京沈高速立交桥

图 3.7.6　碳纤维布加固后的外观

图 3.7.7　Murgenthal 桥

图 3.7.8　CFRP 加固木桥效果图

日本的某历史木桥因年久失修而面临损毁的危险，为了保护该具有文物价值的古桥，工程师使用碳纤维板粘贴与碳纤维布缠绕粘贴的方法，实现了原有木材和修补木材的一体化，在不改变结构外观的情况下成功加固修复了该桥梁。

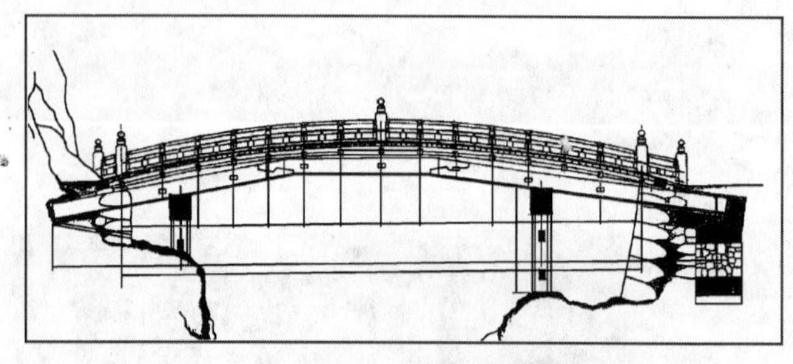

图 3.7.9　历史古桥示意图

图 3.7.10　CFRP 加固木桥

世界各地也有一些碳纤维板加固钢结构桥梁的应用实例，美国爱荷华州、特拉华州均有钢结构桥梁粘贴 CFRP 进行了加固，英国历史上著名的金属桥 Hythe 桥和 Slattocks 桥也采用了粘贴 CFRP 板进行加固，均取得了满意的加固效果[80]，图 3.7.11 为美国某钢结构公路桥梁粘贴碳纤维板加固的工程实例[81]。

图 3.7.11　粘贴碳纤维板加固钢结构公路桥

3.7.1.2　墩柱的加固

桥梁墩柱的加固主要是指抗震加固。桥梁的墩柱作为主要承担水平荷载和竖向荷载的构件，在地震中易遭到破坏，从近年来多次大地震造成的桥柱损坏情况来看，桥柱抗震能力的不足主要有以下几点原因：

1. 纵向钢筋锚固长度不足，导致纵向钢筋抽出，造成桥柱破坏。

2. 纵向钢筋搭接长度不够而产生搭接破坏，或同一截面内主筋搭接率过高而形成脆弱面导致破坏。

3. 桥柱抗剪承载力不足或产生塑性铰后抗剪承载力衰减，造成剪切破坏。

4. 桥柱混凝土环向约束不足，因延性不足而造成破坏。

本书 3.5 节已专门阐述了 FRP 抗震加固普通结构柱的相关原理及设计方法，FRP 抗震加固桥梁墩柱的方法与之类似，通常是采用碳纤维布缠绕粘贴的方法进行加固，使混凝土处于三向受力状态。FRP 通常只在环向约束混凝土，因而加固后桥梁墩柱的刚度不会有太大的变化。

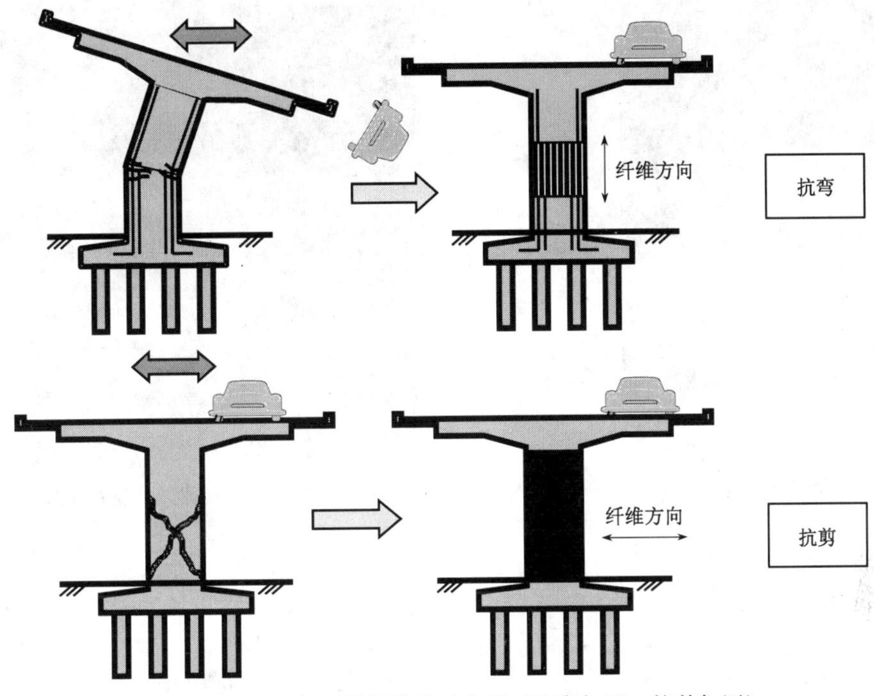

图 3.7.12　FRP 加固桥梁墩柱示意图（抗弯加固、抗剪加固）

图 3.7.13 为日本某高架桥柱抗震加固的示意图，该桥柱高约 60m，采用缠绕粘贴碳纤维布的方法对桥柱的抗震性能进行了加固。尽管加固面积比较大，但由于碳纤维布具有轻质高强的特点，加固后桥柱的自重增加不多，也没有改变结构的整体力学性能。

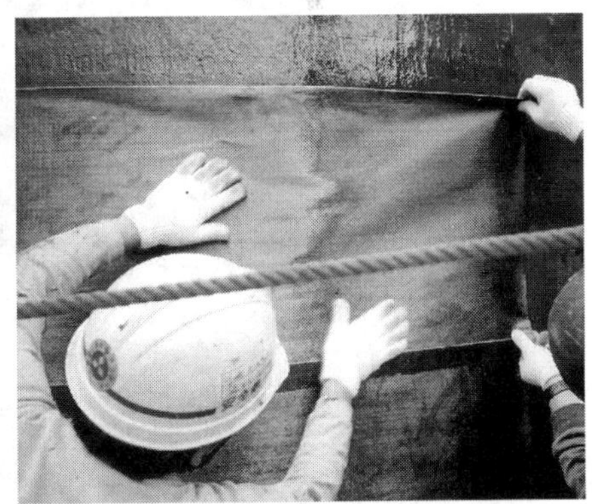

图 3.7.13　FRP 抗震加固高架桥柱

图 3.7.14 是某 Y 形钢筋混凝土桥墩的加固效果图。由于纤维布比较柔软，且可以方便地裁剪成任何形状，可以快捷、高效地应用于这类异型桥墩的结构加固中，这相比于传统的粘钢加固法和增大截面法，具有很大的优势。

图 3.7.15 是某公路桥梁、柱整体加固效果图。该桥梁高度较小，施工空间受到较大的限制，无法使用重型机械，普通的加固方法难以施行。采用粘贴碳纤维布加固不需要重型机械，可手工作业，对场地条件要求低，很适合此类施工空间狭小的桥梁的加固。

图 3.7.14　FRP 加固 Y 形桥柱

图 3.7.15　桥梁、柱整体加固

3.7.1.3　其他加固方法

除了普通的外贴 FRP 加固方法，其他一些新型的 FRP 加固方法也开始应用于桥梁的加固上。如外贴预应力 FRP 片材加固、预应力 FRP 索加固结构、FRP 网格加固（详见 6.1 节）、FRP 嵌入式加固（详见 6.2 节）、FRP 机械锚固快速加固法（详见 6.3 节）等。

图 3.7.16　预应力 FRP 索加固梁试验

图 3.7.17　FRP 网格加固桥板

图 3.7.18　FRP 板机械锚固快速加固桥梁面板及梁

3.7.2 在新建桥梁中的应用

相对于传统的建筑材料，FRP 材料具有高强、轻质、耐腐蚀、可设计性强、低磁感应性、热膨胀系数小等突出的优点，除用于桥梁加固以外，在新建桥梁中也有很大的应用空间，尽管本节的主题是 FRP 在桥梁加固中的应用，但本节也对 FRP 在新建桥梁方面的应用情况作一些简单的介绍。

3.7.2.1 FRP-混凝土组合结构及全 FRP 结构

随着 FRP 生产技术和产品形式的迅速发展，FRP 结构在桥梁工程中得到迅速发展。英国、瑞士、丹麦、日本、美国及中国等国家，均成功建造了一系列全 FRP 结构的人行天桥。同时，FRP 结构也被应用于承受较大反复动载的公路桥梁中。1982 年，我国在北京密云建成了一座跨径为 20.7m 的 GFRP 蜂窝箱梁公路桥。1994 年，英国建造的 Bond Mill 桥采用 GFRP 拉挤型材组合而成，是一座可通过 40t 卡车的活动桥。1996 年，美国 Kansas 州 Russell 架起了第一座采用 FRP 桥面板的公路桥。此后不到十年的时间里，采用 FRP 桥面板的中小型桥梁在美国已有数十座。FRP 桥面板还被用于替换老化的混凝土桥面板。

图 3.7.19 FRP 桥面板施工

图 3.7.20 全 FRP 人行桥

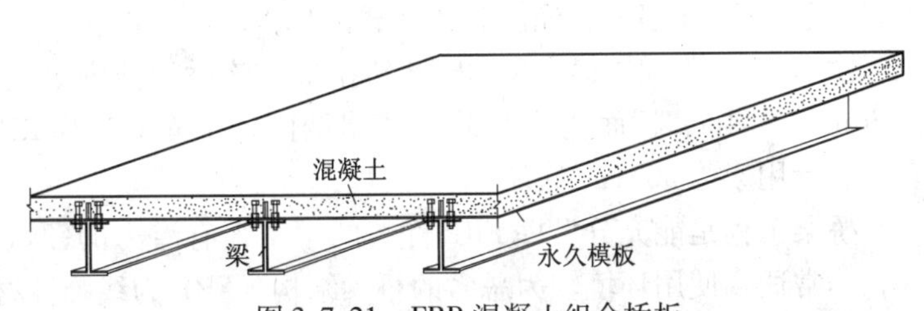

图 3.7.21 FRP-混凝土组合桥板

图 3.7.22 是美国迈阿密河上的一座公路桥，2000 年维修的时候更换了全新的 FRP-钢组合桥板，将蜂窝状 GFRP 桥面板（图 3.7.23）架设在钢梁（图 3.7.24）上，钢梁和 GFRP 板的对应位置都有预留孔（图 3.7.25），对位之后灌注混凝土，形成锚栓，固定钢梁与 GFRP 板共同工作。

图 3.7.22　FRP-钢组合桥板

图 3.7.23　蜂窝状 GFRP 板

图 3.7.24　钢梁

图 3.7.25　混凝土锚栓预留孔

3.7.2.2　FRP 筋、FRP 索构件

20 世纪 70 年代初，德国首先开始研究采用 FRP 筋替代传统的高强钢丝修建预应力桥。1986 年，世界上第一座采用 GFRP 筋的预应力混凝土公路桥——Ulenberg Strass 桥建成，荷载等级为 60/30 级重交通荷载，全桥共使用了 4 吨 GFRP。欧洲的英国、瑞士、荷兰、丹麦等国相继建造了一些采用 FRP 预应力筋或索的桥梁。20 世纪 80 年代，美国 Cornell 大学成功进行了预应力 FRP 束的试验，开发了相应的连接锚固技术，并在多项桥梁工程中应用。加拿大第一座 FRP 预应力公路大桥于 1994 年建成，由采用 CFRP 预应力绞线的大梁组成。加拿大还将 FRP 预应力筋应用于 Taylor、Crowchild 和 Foffre 三座新建大桥上，均于 1997 年建成，经静载和动载试验，效果非常理想。

图 3.7.26 为我国第一座 CFRP 斜拉桥，该桥为独塔双索面钢筋混凝土斜拉桥，跨径为 30m + 18.4m，桥面宽度为 5m，索塔两侧各布置 4 对 CFRP 筋拉索，拉索外包 HDPE 护套，总计用索为 3061m 左右。

桥梁工程是能充分发挥 FRP 优势的一个很有潜力的领域，FRP 具有的良好的耐腐蚀性，非常适合使用环境较为恶劣的桥梁结构。FRP 为线弹性材料，在发生较大变形后还能恢复原状，对于承受较大动载和冲击荷载的结构较为有利，这也使 FRP 特别适用于桥梁结构。目前，FRP材料已较广泛地使用于桥梁加固工程，并取得了良好的效果，但在新建桥梁中的应用仍处于起步阶段，随着材料技术的发展和设计方法的更新，FRP将在桥梁工程领域得到更为广泛地应用。

图3.7.26　江苏大学西山人行天桥CFRP拉索预应力斜拉桥

3.8　开洞加固

许多建筑在施工或使用过程中，由于使用功能的改变，需要对结构的某些部位进行开洞，而结构在设计的时候并没有预留孔洞，因此在开洞之前或之后需要对孔洞局部进行加固处理。根据实际情况和需要，孔洞加固的方式主要有改变力的传递途径和局部强度加固等方法，改变力的传递途径可通过增设钢梁、新浇混凝土次梁等方法实现，局部强度加固可以通过粘贴FRP片材、粘贴钢板等方法实现。

开洞加固主要分为平面外受力的楼板孔洞加固和平面内外均受力的剪力墙孔洞加固。开洞前应确保结构具有足够的刚度，当孔洞尺寸较大，开洞后对结构的整体承载力、刚度或力的传递途径产生较大影响时，应对结构进行整体考虑和加固。本节介绍的采用FRP进行孔洞加固，结构应满足承载力和刚度要求，不改变结构力的传递途径，主要针对孔洞局部强度加固。

开洞加固的理论依据主要见《混凝土结构设计规范》(GB 50010—2002)、《碳纤维片材加固混凝土结构技术规程》(CECS 146：2003)以及《混凝土结构构造手册》[82]（第三版）。

3.8.1　楼板开洞

本节所指的楼板开洞均针对现浇钢筋混凝土双向配筋楼板，对于现浇钢筋混凝土单向配筋楼板及预制楼板，特别是单向预制混凝土楼板的开洞，由于涉及改变传力路径，应慎重考虑并由工程师作另外的计算分析确定加固方式。

1.《混凝土结构构造手册》中关于楼板开孔洞时的配筋有如下规定：

1）当板上圆形孔洞直径d及矩形孔洞宽度b（b为垂直于板跨度方向的孔洞宽度）

不大于300mm时，可将受力钢筋绕过洞边，不需切断并可不设孔洞的附加钢筋；

2）当300mm < d（或 b）≤1000mm时，并在孔洞周边无集中荷载时，应在洞边每侧配置附加钢筋，其面积应不小于孔洞宽度内被切断的受力钢筋的一半，且根据板面荷载大小选用不小于2ϕ8～2ϕ12。对单向板受力方向的附加钢筋应伸至支座内，另一方向的附加钢筋应伸过洞边 l_a（l_a 为纵向受拉钢筋的锚固长度，按照《混凝土结构设计规范》9.3.1条计算）；对于双向板两方向的附加钢筋应伸至支座内。当圆形孔洞时尚应在孔洞边配置不小于2ϕ8～2ϕ12的环形附加钢筋及ϕ6@200～300的放射形钢筋。圆形及矩形孔洞附加钢筋布置分别见图3.8.1（*a*），（*c*）。

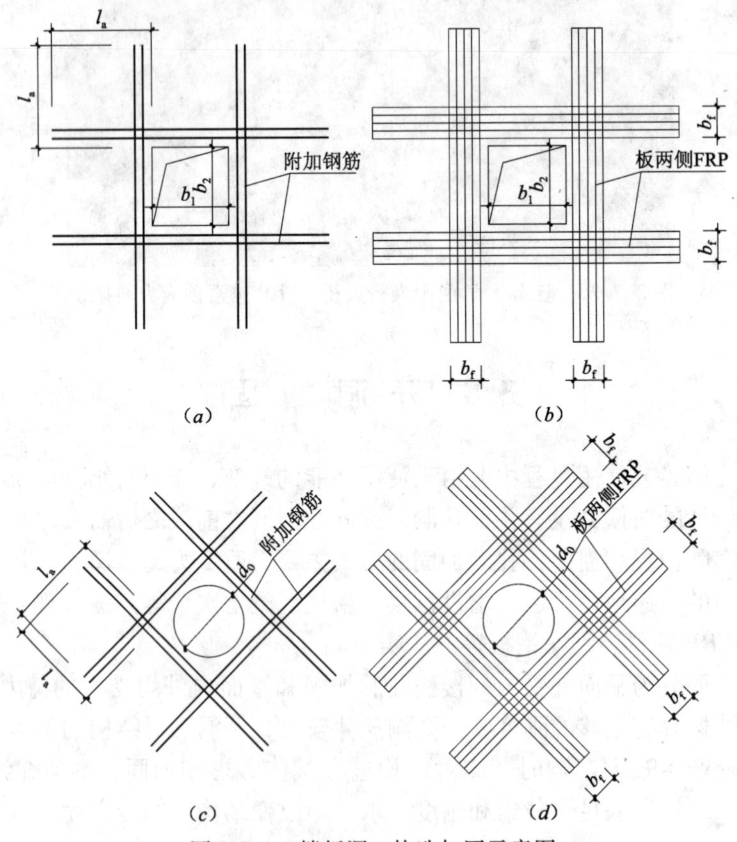

图3.8.1　楼板洞口构造加固示意图

（*a*）楼板预留矩形孔洞构造附加钢筋；（*b*）楼板新开孔洞的FRP加固示意图

（*c*）楼板预留圆形洞口构造附加钢筋；（*d*）楼板新开孔洞的FRP加固示意图

2. 当楼板新开孔洞时，孔洞的配筋可能无法满足上述构造要求，因而有必要进行相应的构造加固，工程师应根据构造要求，依照相关计算方法和工程经验确定加固量。

1）当楼板新开孔洞为上述第1种情况时，可根据新开孔洞截断的钢筋数量及楼板的应力水平决定是否需要进行孔洞加固。如果需要使用FRP进行加固，工程师可根据经验采用FRP替代截断的钢筋并计算加固量，考虑到FRP的延性相对钢筋较小等因素，建议在进行代换计算时应保证足够的安全度，FRP伸出洞口的长度应符合《碳纤维片材加固混凝土结构技术规程》(CECS 146：2003）4.3.8和4.3.9条的相关规定，当受结构现场条件限制无法延伸足够长度时应采用可靠的锚固措施。

2）当楼板新开孔洞为上述第 2 种情况时，应对新开孔洞进行加固。工程师可根据经验采用 FRP 替代构造附加钢筋以计算加固量，考虑到 FRP 的延性相对钢筋较小等因素，建议在进行代换计算时应保证足够的安全度，加固时应在楼板上下均粘贴 FRP，粘贴方向与构造附加钢筋方向一致，伸出洞口的长度应符合《碳纤维片材加固混凝土结构技术规程》(CECS 146：2003) 4.3.8 和 4.3.9 条的相关规定，当受结构现场条件限制无法延伸足够长度时应采用可靠的锚固措施。矩形及圆形孔洞的加固示意分别如图 3.8.1 (*b*)，(*d*) 所示。图 3.8.2、图 3.8.3 为日本天守阁的楼板矩形孔洞加固图，图 3.8.4 为某楼板圆形洞口加固图。

图 3.8.2　楼板矩形洞口加固施工图

图 3.8.3　楼板矩形洞口加固效果图

3）当新开孔洞较大或者楼面荷载水平较高时，楼板开洞后的整体承载力、刚度和传力路径将发生变化，孔洞角部将产生较大的应力集中，此时仅采用在孔洞附近进行附加钢筋替代的加固处理可能无法满足结构要求，应对此进行特别加强处理。通常是在上述第 2 种方法的基础上，在洞口角部 45°粘贴 FRP，工程师可根据相关的计算方法和经验进行确定加固量，或者采用有限元方法对孔洞周边应力分布情况进行计算后有针对性的确定加固量。图 3.8.5 为该种情况下 FRP 加固的一种粘贴方法，图中斜向 FRP 是针对洞口角度应力集中的主要措施，图中 FRP 伸出洞口的长度均应符合《碳纤维片材加固混凝土结构技术规程》(CECS 146：2003) 4.3.8 和 4.3.9 条的相关规定，当受结构现场条件限制无法延伸足够长度时应采用可靠的锚固措施。

图 3.8.4　楼板圆形洞口构造加固图

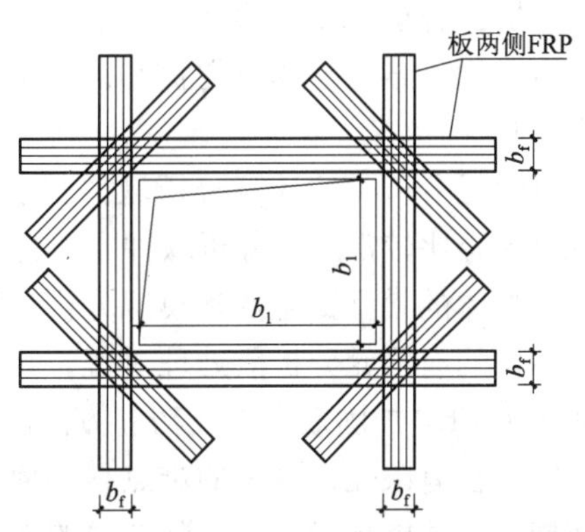

图 3.8.5　楼板新开孔洞的 FRP 加固示意图

3.8.2 剪力墙开洞

剪力墙结构分平面外受力和平面内受力两种情况，在剪力墙上新开孔洞相对于在楼板上新开孔洞计算更为复杂，建议工程师采用有限元方法进行计算后根据结构的情况有针对性的进行加固处理。根据洞口的大小以及对结构形式的影响程度，剪力墙开洞后的结构大致可以分为以下几种情况：

1. 孔洞较小且不改变结构形式。当新开孔洞较小时，对剪力墙的传力路径和结构形式基本没有改变，可根据楼板开洞的第2种情况对洞口进行构造加固处理。FRP应粘贴在剪力墙的两侧，对称粘贴，必要时可增加45°斜向FRP。

2. 孔洞较大，结构形式发生改变。当新开孔洞较大时，开洞后剪力墙孔洞以上或者以下部分形成连梁形式，应按照剪力墙洞口连梁进行计算处理，根据《混凝土结构设计规范》(GB 50010—2002）第10.5.7条规定计算其正截面受弯承载力和斜截面受剪承载力。通常情况下，开洞后形成的洞口连梁没有受拉钢筋，或者原剪力墙钢筋位置不合适且钢筋截面面积不足，同时没有配置箍筋，因此新开洞口形成的连梁的受弯承载力和受剪承载力无法满足结构要求，且构造上存在很大缺陷，必须进行加固。在孔洞较大的情况下，还应考虑削弱后的剪力墙整体抗剪承载力是否满足要求。

3.9 粘贴FRP片材加固有限元计算分析

对一些结构形式复杂或者受力状态复杂的结构，如壳体、筒仓、大坝、隧道、洞口等进行FRP加固时，简化计算方法无法保证精度和安全性，而各种数值解法，特别是有限元方法，是解决该类问题的有效方法。

当前有限元计算软件可选择的单元和材料模型种类很多，其丰富程度保证了使用者可以根据需要进行有目的的选择和使用，在此基础上，使用者通过调整相关参数来满足在可接受的计算时间内达到满意的计算精度的要求。

使用有限元方法模拟计算钢筋混凝土结构体系已有很多成熟的方法，本文对钢筋混凝土结构体系本身的有限元计算机理和方法不做详述，只介绍FRP加固结构体系的有限元计算分析，分析FRP加固前后结构各部分材料应力和应变的变化，结构的变形和极限承载能力变化，结构破坏时的状态，二次受力对结构的影响，以及确定FRP加固结构的安全度。

有限元分析类的计算分析软件很多，包括ANSYS系列，SAP系列，ADINA，MARC，ABAQUS等比较常用的分析软件，考虑到实际情况，下文采用最常用的ANSYS有限元软件，以具体的模型试验及其模拟分析过程为例进行说明，其中主要介绍FRP加固钢筋混凝土结构的有限元分析前处理过程，特别是在FRP加固钢筋混凝土结构体系建模过程中如何实现FRP加固效果的技巧和方法。

FRP在有限元计算中的难点是如何处理好FRP与混凝土基材之间的关系，采用合适的连接方式才能正确模拟实际的力的平衡关系和变形协调关系。图3.9.1所示为某T形梁底部粘贴FRP（图中深色部分）的有限元模型图。

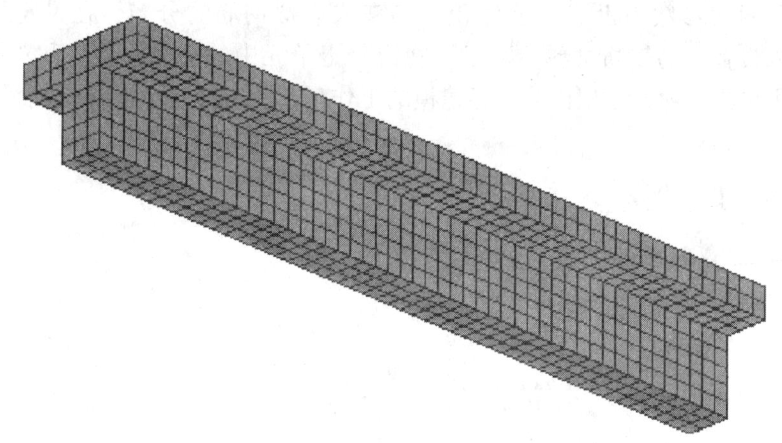

图 3.9.1　T 形梁底部粘贴 FRP 的有限元模型

3.9.1　基本假定

有限元分析计算软件是对实体状态的一种模拟，软件提供的单元性能决定了对实体模型准确模拟的可能性。本文介绍的对象是 FRP 加固的钢筋混凝土结构，模拟计算除了遵循钢筋混凝土结构的相关基本假定外，在分析前就应确定是否考虑混凝土与 FRP 之间的滑移、剥离，如不考虑，则引申出一个重要的基本假定：混凝土与 FRP 之间不发生滑移、剥离，各种材料共同工作。如果需要对 FRP 与混凝土间滑移、剥离现象进行详细的有限元分析，可以参考有关 FRP 与混凝土界面性能的相关研究资料，在 FRP 与混凝土间加入接触单元来模拟 FRP 与混凝土界面的状态，详见下文实例介绍（例 3）。

3.9.2　模型建立

有限元模型的建立是有限元计算的重要过程，一个成功模型的建立是后续过程顺利、有效进行的基本保证。几何模型的建立是前处理过程中最花费时间的部分，也是最容易出错的关键性步骤。FRP 加固钢筋混凝土结构体系建模主要分为以下三个部分：

3.9.2.1　混凝土

混凝土单元的划分是整个模型建立的第一步，它是整个模型运算的载体，钢筋和 FRP 单元都要依附于混凝土单元。ANSYS 系列有限元软件的单元库中有专门对应混凝土的实体单元——Solid65 单元，混凝土多采用 8 节点 Solid65 实体单元模拟，读者也可以根据需要采用其他的实体单元，本文主要以 Solid65 单元为主进行介绍，图 3.9.2 所示为 Solid65 单元几何参数，具体说明可参照 ANSYS 软件的帮助文件或者相关的 ANSYS 软件介绍，在此不再赘述。

3.9.2.2　钢筋

钢筋混凝土结构中钢筋的模拟一般通过两种方法来实现：一种方法是使用 Link8 杆单元来模拟钢筋，单元几何参数如图 3.9.3 所示，钢筋与混凝土之间采用位移协调模型，钢筋与混凝土单元共用节点，这种方法直观、有效，忠实地反映结构的原有状况，但是在处理大型结构时会带来繁琐的重复工作；另一种方法采用弥散型钢筋模型，通过在混凝土材料实参数中设置钢筋体积配筋率来模拟钢筋的分布，在设定好钢筋材料属性后，输入设置好的钢筋材料参数以及在混凝土单元中的方向、角度和对应的体积配筋率，该方法与前一种方法相比减少了建模的工作量，同时提高了混凝土单元划分可选择的自由度。

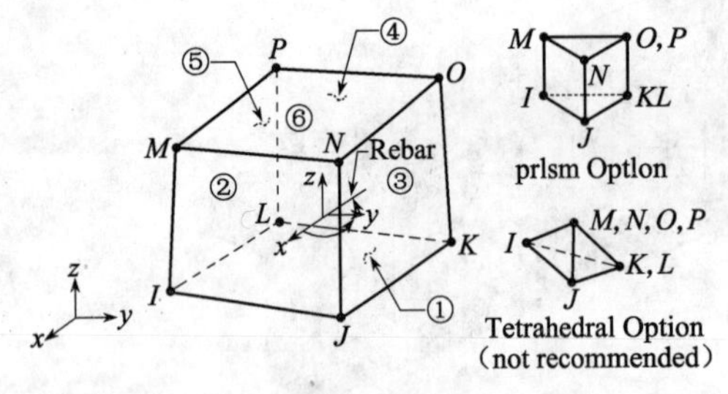

图 3.9.2　Solid65 单元几何参数

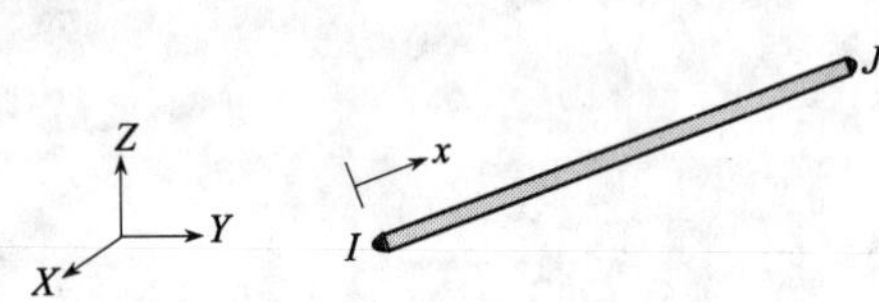

图 3.9.3　Link8 单元几何参数

3.9.2.3　FRP

加固用的 FRP 片材一般厚度很小，而壳（膜）单元平面内具有强度，但没有平面外的弯曲强度，这种特性与 FRP 片材很接近，所以在有限元分析中通常使用壳（膜）单元模拟 FRP 材料，如 Shell63 膜单元，图 3.9.4 所示为 Shell63 单元几何参数，具体说明可参照 ANSYS 软件的帮助文件或者相关的 ANSYS 软件介绍，此处不再赘述。

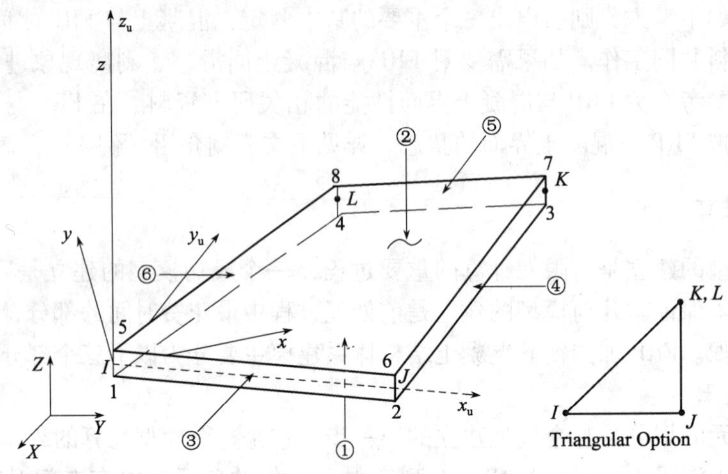

图 3.9.4　Shell63 单元几何参数

在有限元建模过程中，原钢筋混凝土结构仍然是主体，与 FRP 相关部分设置的合理性决定了 FRP 加固钢筋混凝土结构体系有限元计算的准确性，FRP 加固后的结构建模过程中应注意以下几点：

1. 无论是否考虑 FRP-混凝土间的界面破坏，为了保证混凝土、钢筋和 FRP 单元间的有效联系以及计算的精确性，在单元划分过程中要确保不同材料单元网格划分一致来达到共同作用的有效模拟。如果不需要模拟界面破坏，可通过共用节点来实现，如果需要考虑界面破坏，则可以在 FRP 与混凝土间建立界面单元进行模拟。

2. FRP 加固钢筋混凝土结构体系有限元模型的主体仍然是混凝土单元，混凝土单元的划分及混凝土单元属性的设定对整个分析过程所需时间和分析精度影响重大，应适时调整以达到最佳的效果。

3. 当模型建立和单元划分完毕后，特别是采用从下到上的方式建模时，建议模型建立后打开单元的坐标系，检查一下模型各个单元的坐标系是否一致，特别是 FRP 单元，如不一致则应调整为一致。

4. FRP 片材为各向异性材料，应注意 FRP 片材的单元方向是否与实际情况一致。

3.9.3 参数设置

3.9.3.1 混凝土与钢筋

混凝土材料参数的设置是影响 ANSYS 有限元计算分析准确性的重要因素。混凝土材料参数和钢筋参数的设置遵循钢筋混凝土结构有限元计算分析中的设定，读者可以参考相关的介绍和文献，在此不做详述。

3.9.3.2 FRP

FRP 材料是各向异性的线弹性材料，可从材料模型库中选择相应的材料模型，输入相关的参数。注意当采用不同单元来模拟 FRP 材料时，需要设置的参数并不完全一样，如采用 Shell63 单元时需要对单元的厚度进行设定。

3.9.4 实例介绍

本节介绍 3 个实例，其中例 1 主要介绍建模中的一些技巧和注意事项，例 2 主要介绍相关参数的设置，例 3 主要介绍考虑剥离破坏情况下的相关参数的设置。

3.9.4.1 例 1：FRP 加固 1∶10 预应力钢筋混凝土核电厂安全壳模型

该模型为一个筒体和半球形壳体相结合的薄壁结构，结构上开设有设备孔洞，并设有扶壁柱 2 个。模型外表面粘贴 CFRP 进行加固，主要沿筒壁环向及纵向粘贴。

考虑 FRP 单元与混凝土单元间的连接，可以在混凝土实体模型建立后根据 FRP 对应粘贴的位置对实体模型进行分割，然后通过已经建立好的混凝土实体模型来实现 FRP 模型的建立。图 3.9.5 为根据安全壳模型建立的混凝土实体模型，并对模型使用 ANSYS 中的 Model 工具进行了分割和单元划分（Solid65）。以下主要介绍如何利用已经建立好的钢筋混凝土模型来实现 FRP 模型的建立。

首先，定义 FRP 的单元类型并确定材料力学参数。考虑到模型表面为曲面，选择 Shell63 单元。由于 FRP 材料的力学性能的各向异性，环向粘贴与纵向粘贴的 FRP 在一个统一的整体坐标系下各个主受力方向力学性能不一样，因此需要根据实际需要情况建立 FRP 材料模型来如实反映单元主受力情况；同时由于 FRP 材料的特殊性，除主受力方向外其他受力方向的强度贡献可以忽略。（注意：为了确保计算过程的收敛，在参数设置中可将其他受力方向参数设为主受力方向参数数值的一个较小百分比，而不要直接设为 0。）

其次，定义 FRP 材料实参数。在此选择 Shell63 单元，在实参数定义中定义 FRP 单元的厚度。

然后，找到与 FRP 相连的混凝土单元，利用 Meshing 工具选取 FRP 混凝土单元的连接面，出现类似图 3.9.6 对话框。在对话框中设定 FRP 的材料参数，材料实参数，单元类型和单元坐标系，单击 OK 后该个面就被提取出来并已经设定为 FRP 实体。注意，此时该面（Area）还不是计算单元，仅仅是一个实体，接下来还要对该实体进行单元划分。直接利用 Meshtool 工具将上述方法提取的面（Area）进行单元划分，划分的时候应与混凝土单元划分以及相关参数的设定保持一致。

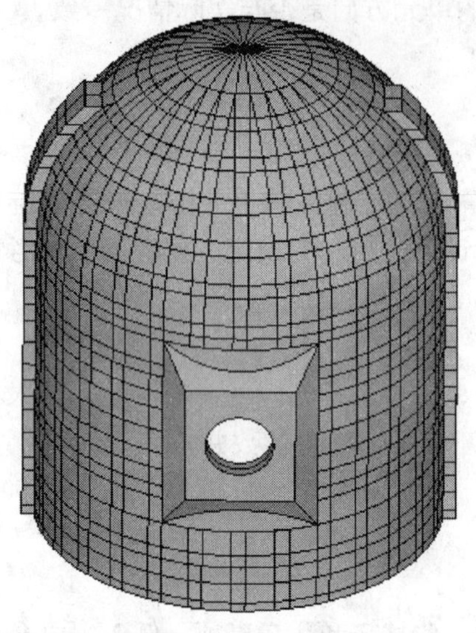

图 3.9.5　混凝土实体模型

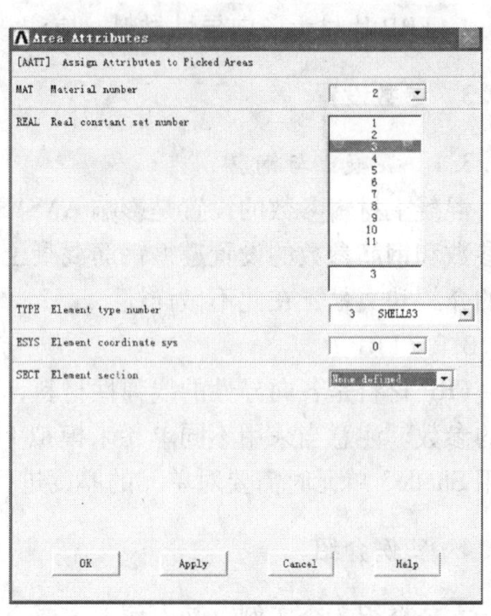

图 3.9.6　面实体提取

经过上述过程，与混凝土单元相连接的 FRP 就提取并划分完成，通过相同的方法我们可以将混凝土模型表面粘贴的 FRP 单元全部提取并划分。如果某些混凝土表面粘贴的 FRP 不止一层且各层 FRP 纤维方向不同，则需要在该表面利用该个面（Area）上的线（Line）建立新的面（Area），并重复上述的步骤进行提取和划分单元。图 3.9.7 是环向与纵向粘贴 FRP 的效果图，其中两个方向的交叉部分只显示了上层的 FRP 单元。

对比有限元计算与试验结果，有限元计算直接或者间接反映了模型中混凝土、非预应力筋、预应力筋和 CFRP 在模型受内压作用下的结构表现，模拟计算反映了单元变形和内力情况。

3.9.4.2　例 2：FRP 约束混凝土柱[83]

图 3.9.8 为某混凝土柱尺寸及配筋图，为了减少工作量和节省运算时间，根据对称原则选取 1/4 柱截面和 1/2 柱高度进行建模，如图 3.9.9 所示，根据实际施工情况在混凝土柱角部进行了圆弧化模拟。

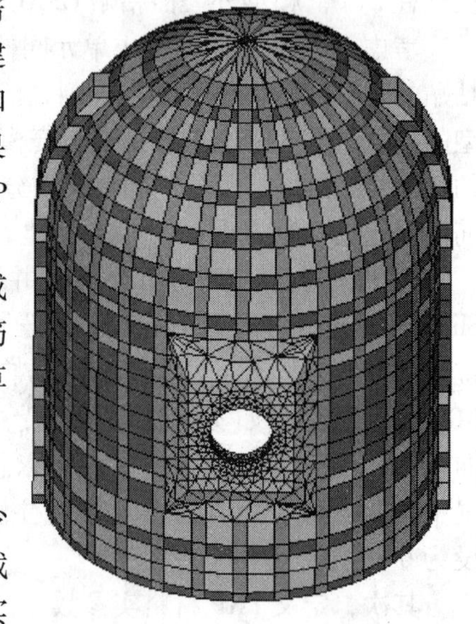

图 3.9.7　模型效果图

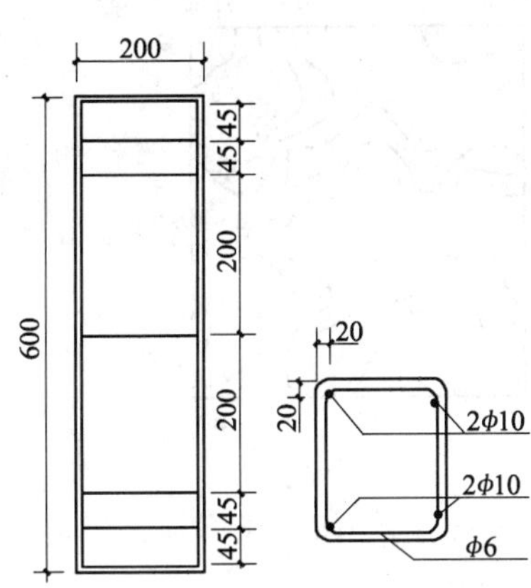

图 3.9.8 混凝土柱尺寸及配筋

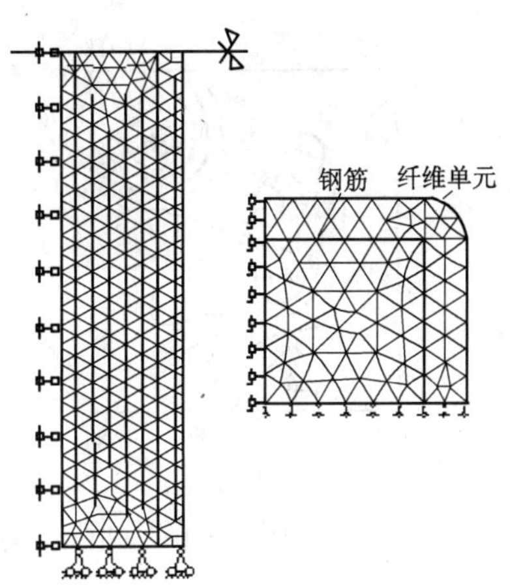

图 3.9.9 FRP 约束混凝土柱结构有限元模型

混凝土采用 Solid65 空间混凝土单元，该单元可以综合考虑包括塑性和徐变引起的材料非线性、大位移引起的几何非线性、混凝土开裂和压碎引起的非线性等多种混凝土材料特性。混凝土的强度准则采用 William-Warnker 5 参数模型。无约束混凝土的单轴受压应力-应变关系采用过镇海的建议[43]，并取轴心抗压强度（即峰值应力）$f_c=22$MPa，初始弹性模量 $E_c=30$GPa，泊松比 0.2，上升段 $\alpha=0.2$，下降段 $\alpha=0.8$，峰值应变 $\varepsilon_0=0.002$。

钢筋单元采用 Link8 杆单元，其应力-应变关系取理想弹塑性，弹性模量 $E_s=210$GPa，屈服强度 $f_y=290$MPa。

外包 FRP 单元采用 Shell41 膜单元，该单元只承受抗拉作用，没有抗弯、抗压能力，符合 FRP 在约束混凝土中的受力状况。纤维材料设为各项异性，在垂直纤维方向不考虑抗拉强度（实际计算中取纤维方向强度的 $1/10^6$）。设定 FRP 材料为理想弹性材料，且若纤维应力超过其抗拉强度，则认为纤维断裂，计算终止。

单元划分时假设所有单元的节点位移协调。柱两端假设为固定端，自由度被完全约束，以等位移方式施加荷载。计算中若出现以下两种情况之一，则认为达到破坏极限状态，计算终止：(1) FRP 纤维达到极限抗拉强度而拉断，计算终止；(2) 在计算过程中，当迭代超过 25 次不收敛，则将加载步长折半，如重复折半超过 1000 次仍不收敛，则认为已产生很大的塑性变形而达到破坏极限状态，计算结束。在分析中，所有算例均因纤维达到抗拉强度而计算终止。图 3.9.10 是有限元计算后输出的应力云图。

对比有限元计算和试验结果，在轴向压应变不是很大时计算结果与试验结果吻合较好；而在轴向应变很大时，由于目前对大应变测量技术还不是十分成熟，测量误差较大，而且应变片在大应变时发生脱落或纤维布局部发生破坏也会影响测量结果，试验实测纤维应变波动较大，有限元计算结果和试验结果的吻合相对较差。

3.9.4.3 例 3：U 形 FRP 箍加固钢筋混凝土梁[84]

本例对 FRP 与混凝土的界面性能进行了模拟分析，图 3.9.11 是钢筋混凝土梁尺寸及加载示意图，图 3.9.12 为 U 形 FRP 箍加固钢筋混凝土梁模型图及单元划分。

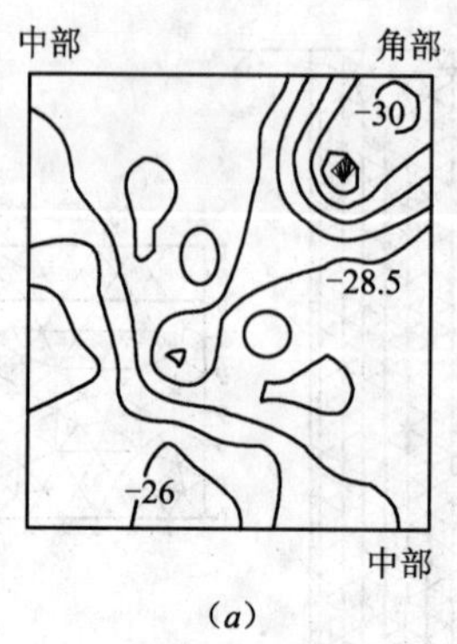

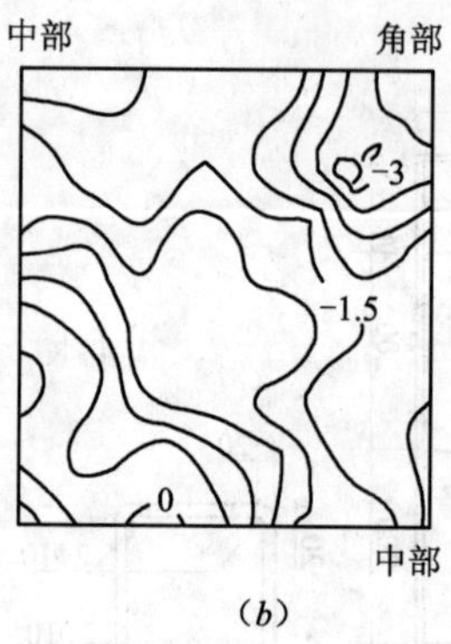

图 3.9.10 FRP 约束混凝土柱有限元计算应力输出图

(a) 竖向应力分布；(b) 侧向应力分布

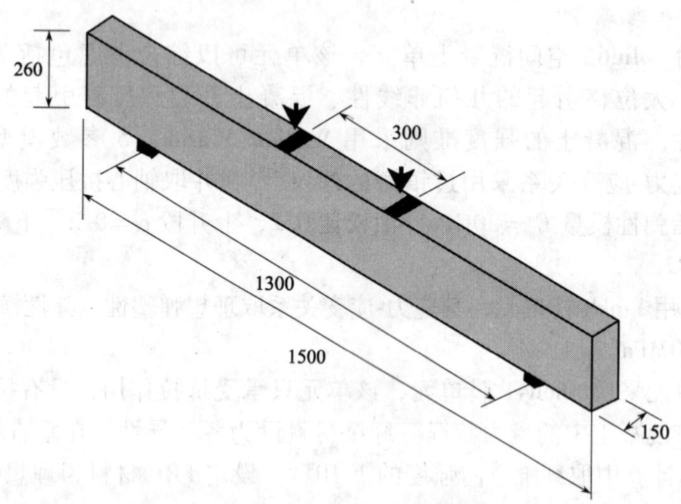

图 3.9.11 钢筋混凝土梁尺寸及加载示意图

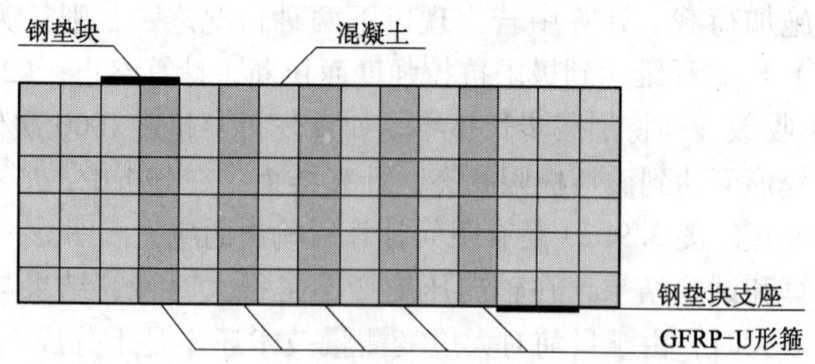

图 3.9.12 U 形 FRP 箍加固钢筋混凝土梁模型图及单元划分

混凝土使用 Solid65 三维实体单元模型；钢筋采用 Link8 杆单元；混凝土与钢筋之间采用位移协调式模型，钢筋单元与混凝土单元共节点；FRP 布采用 Shell63 壳单元，并将其抗弯刚度设为 0，退化成膜单元使用；FRP 与混凝土界面单元采用 Combin39 非线性弹簧单元，单元几何参数如图 3. 9. 13 所示，具体说明可参照 ANSYS 软件的帮助文件或者相关的 ANSYS 软件介绍，在此不再赘述。

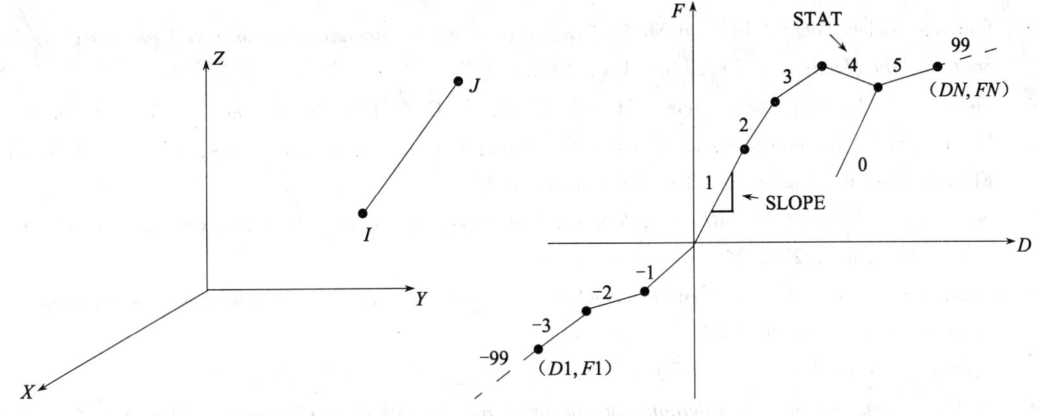

图 3. 9. 13　Combin39 单元几何参数

混凝土可看作连续均匀材料，单轴受压应力-应变曲线采用过镇海的建议[43]，以 Von-Mises 作为屈服准则，开裂准则采用 Rankine 最大拉应力准则，并采用弥散式裂缝模型。钢筋按理想弹塑性材料考虑，FRP 按弹性材料考虑。梁的最终破坏由 FRP 剥离控制，FRP 剥离后计算便不再收敛，计算结束。

FRP 与混凝土界面单元采用下列粘结-滑移本构关系：

$$\tau = \tau_{\max}\sqrt{\frac{\delta}{\delta_{\max}}}$$

其中，$\tau_{\max}$为粘结强度；$\delta_{\max}$为相应$\tau_{\max}$时最大滑移位移。由于采用弥散裂缝模型会导致应力应变均匀化，而粘结应力是 FRP 布应变的导数，因此有限元分析得到的粘结应力会小于实际粘结应力。简化假定 FRP 布相对于混凝土发生的相对滑移主要是沿梁的高度方向，在其他两个方向将混凝土上的节点和纤维布上的节点的位移耦合。

对比有限元计算结果与试验数据，对于非加固梁，数值分析得到的荷载-挠度曲线的走势与试验结果基本吻合，最大承载力误差在 5% 以内，但由于销栓作用没有有效的模拟计算，发生破坏时模拟计算的挠度要比实际试验小得多；对于 FRP 加固梁，荷载-挠度曲线的计算结果与试验结果吻合得相当好，最大承载力的计算误差不超过 10%，最终模拟界面的粘结弹簧单元剥离失效，表示 U 形 FRP 箍剥离破坏，这与试验结果相符。

通过上述实例的介绍可以看出，有限元方法是模拟分析计算 FRP 加固钢筋混凝土结构体系的有效方法，该方法应用灵活，计算准确，大大提高了计算效率。

参考文献

[1] ACI 440. 2R-02, "*Guide for the Design and Construction of Externally Bonded FRP Systems for Strengthening Concrete Structures*", American Concrete Institute (ACI) Committee 440, technical committee document 440. 2R-02, Michigan, USA, 2002.

[2] FIB No. 14, "*Externally Bonded FRP Reinforcement for RC Structures*", The International Federation for Structural Concrete (FIB), technical report prepared by Task Group 9.3, Bulletin No. 14, Lausanne, Switzerland, 2001.

[3] Concrete Society Technical Report No. 55 "*Design Guidance for Strengthening Concrete Structures Using Fibre Composite Materials*", Berkshire, UK, 2000.

[4] Meier, U., Deuring, M., Meier, H. and Schwegler, G. "*CFRP bonded sheets*", Fiber-Reinforced-Plastic (FRP) Reinforcement for Concrete Structures: Properties and Applications, edited by A. Nanni, Elsevier Science, Amsterdam, The Netherlands, 1993.

[5] Smith S. T., Teng J. G., "*FRP-strengthened RC structures, I: review of debonding strength models*", Engineering Structures. 2002. 24 (4). 385-395.

[6] Smith S. T., Teng J. G., "*FRP-strengthened RC structures, II: assessment of debonding strength models*", Engineering structures. 2002. 24 (4). 397-417.

[7] 陆新征，FRP-混凝土界面行为研究，[博士学位论文]，北京，清华大学，2004.

[8] JSCE, "*Recommendations for Upgrading of Concrete Structures with Use of Continuous Fiber Sheets*", Japan Society of Civil Engineers (JSCE), Concrete Engineering Series 41 (English version), Tokyo, Japan, 2001.

[9] 中国工程建设标准化协会标准．碳纤维片材加固混凝土结构技术规程（CECS 146：2003）中国计划出版社

[10] 中华人民共和国国家标准．混凝土结构设计规范（GB 50010—2002）.

[11] 中华人民共和国国家标准．建筑抗震设计规范（GB 50011—2001）.

[12] Teng, J. G., Chen, J. F., Smith, S. T. and Lam, L. "*FRP-Strengthened RC Structures*", John Wiley & Sons, UK, 2002.

[13] 滕智明等，钢筋混凝土基本构件（第二版），清华大学出版社，1988.

[14] 陈小兵，颜子涵，岳清瑞，牟宏远，碳纤维材料加固钢筋混凝土梁的试验研究，工业建筑，No. 11，1998.

[15] Saadatmanesh, H. and Malek, A. M. "*Design guidelines for flexural strengthening of RC beams with FRP plates*", Journal of Composites for Construction, ASCE, Vol. 2, No. 4, 1998.

[16] Malek, A. M., Saadatmanesh, H. and Ehsani, M. R. "*Prediction of failure load of R/C beams strengthened with FRP plate due to stress concentration at the plate end*", ACI Structural Journal, Vol. 95, No. 1, 1998.

[17] Täljsten, B. "*Concrete beams strengthened for bending using CFRP-sheets*", Proceedings of the Eighth International Conference on Advanced Composites for Concrete Repair, edited by M. C. Forde, Engineering Technics Press, Edinburgh, UK, 1999.

[18] Brena S. F., Bramblett R. M., Wood S. L., Kreger M. E., "*Increasing flexural capacity of reinforced concrete beams using carbon fiber-reinforced polymer composite*", ACI Structural Journal. 2003. 100 (1). 36-46.

[19] Rahimi, H. and Hutchinson A. "*Concrete beams strengthened with externally bonded FRP plates*", Journal of Composites for Construction, ASCE, Vol. 5, No. 1, 2001.

[20] Teng J. G., Smith S. T., Yao J., Chen J. F., "*Intermediate crack-induced debonding in RC beams and slabs*", Construction and Building Materials. 2003. 17 (6-7). 447-462.

[21] 方团卿．碳纤维布在混凝土梁受弯加固中U形箍抗剥离性能的研究，[硕士学位论文]，北京，清华大学，2002.

[22] Hollaway, L. C. and Leeming, M. B. (1999) "*Review of materials and techniques for plate bonding*", Strengthening of *Reinforced Concrete Structures Using Externally-Bonded FRP Composites in Structural and Civil Engineering*, edited by L. C. Hollaway and M. B. Leeming, Woodhead Publishing, Cambridge, UK.

[23] R. G. Wight, M. F. Green and M-A. Erki. "*Prestressed FRP sheets for Post-strengthening Reinforced Concrete Beams*", Journal of Composites for Construction, 2001. 5 (4).

[24] 李世宏，孙永新．采用预应力碳纤维布加固的必要性及国内外研究现状，05 全国 FRP 与结构加固学术会议论文精选《FRP 与结构补强》，陕西科学技术出版社，2005.

[25] 飞渭，江世永等．预应力碳纤维布加固混凝土受弯构件试验研究，第二届全国土木纤维增强复合材料（FRP）应用技术交流会论文集，昆明，2002.

[26] 叶列平，庄江波，沙吾列提等．预应力碳纤维布加固钢筋混凝土 T 形梁的试验研究，工业建筑，2004，370（34），94 ~ 101.

[27] BJORN TALJSTEN, "Strengthening of concrete prisms using the plate-bonding technique", International Journal of Fracture 82：253-266, 1996.

[28] J. G. Teng, J. F. Chen and. S. T. Smith, "Debonding Failures in FRP-Strengthened RC Beams：Failure Modes, Existing Research and Future Challenge", Proceedings of Workshop on Composites in Construction：A Reality, Capri, Italy, 20-21 July 2001.

[29] Zhishen WU and Hedong NIU, "Shear Transfer Along FRP-Concrete Interface In Flexural Members", J. Materials, Conc. Strct., Pavements, JSCE, No. 662/V-49, 231-245, 2000 November.

[30] 吴智深等．"碳纤维布与混凝土的界面剥离破坏能"，《使用碳纤维对既存混凝土结构物的抗震加固方法的确立》，p13-14。(根据日文翻译)

[31] J. F. Chen, J. G. Teng, "ANCHORAGE STRENGTH MODELS FOR FRP AND STEEL PLATES BONDED TO CONCRETE", JOURNAL OF STRUCTURAL ENGINEERING/JULY 2001, 784-791.

[32] 杨勇新．"碳纤维布与混凝土的粘结性能及其加固混凝土受弯构件的破坏机理研究"，[天津大学研究生毕业论文]

[33] 佐藤靖彦等．"炭素纤维シ-トにより补强したRCはりのせん断性状"，コンクリ-ト工学年次论文报告集，Vol. 18，No. 2，1996 p1469-1474.

[34] 赵树红．"CFRP 布加固混凝土柱抗剪和抗震性能的试验研究"，[清华大学硕士论文] 1999. 12.

[35] Ghazi J. AI-Sulaimani, Alfarabi Sharif, Istem A. Basunbul, Mohhamed H. Baluch, and Bader N. Ghaleb, "Shear Repair for Reinforced Concrete by Fiberglass Plate Bonding", ACI Structural Journal Vol. 91 N0. 01, 1994, pp. 458-464.

[36] M. J. Chajes, T. F. Januszka, D. R. Mertz, T. A. Thomson and W. W. Finch, "Shear strength of reinforced concrete beams using external applied composite fabrics", ACI structural journal, Vol. 92, No3, 1995, pp295-303.

[37] T. C Triantafillou, "Shear strengthing of reinforced concrete beams using epoxy bonded FRP composites", ACI structural journal Vol. 95 No. 02, 1998, pp107-115.

[38] T. C. Triantafillou and C. P. Antonopoulos, "Design of concrete flexural members strengthened in shear with FRP", Journal of composite for construction, ASCE, Vol. 4, No. 4, 2000, pp. 198-215.

[39] 叶列平，崔卫，岳清瑞，胡孔国．"碳纤维布加固混凝土构件正截面受弯承载力分析"，《建筑结构》2001. 3 P3-5.

[40] 叶列平，方团卿，杨勇新，岳清瑞．"CFRP 布在混凝土梁受弯加固中抗剥离性能的试验研究"，《建筑结构》已收录．

[41] 吴刚，安琳，吕志涛．"碳纤维布用于钢筋混凝土梁抗弯加固的试验研究与分析"，《中国纤维增强

塑料（FRP）混凝土结构学术交流会（首届学术会议论文集）》，P151-156，2000. 6.
[42] 欧阳煜，钱在兹，黄奕辉．"玻璃纤维片材加固混凝土梁的抗弯性能研究".
[43] 过镇海．《钢筋混凝土原理》，清华大学出版社，1999 年 3 月第一版.
[44] 福泽公夫等．"碳素纤维シ-トとコンクリ-トの界面剥离破坏ェネルギ-"，《碳素纤维シ-トによる既存コンクリ-ト构造物の耐震补强法的确立》，平成 10 年 3 月，P13-14.
[45] 吴智深．"FRP 复合材料在基础工程设施的增强和加固方面的现状与发展"，《中国纤维增强塑料（FRP）混凝土结构学术交流会（首届学术会议论文集）》，p13.
[46] 岳尾弘洋等．"在 CFRP 粘结工法中碳纤维布的粘结性能"，《混凝土工学年次论文报告集》Vol. 19，No. 2. 1997 P1559-1604（根据日文资料翻译）.
[47] S. T. Smith，J. G. Teng，"Interfacial stress in plated beams"，Engineering Structure 23（2001）857-871.
[48] Yuan，H.，and Wu，Z.（1999）."Interfacial fracture theory in structures strengthened with composite of continuous fiber." Proc.，Symp. of China and Japan：Sci. and Technol. of 21stCentury，Tokyo，Sept.，142-155.
[49] Taljsten B. "Structure of beams by plate bongding". J Mater Civil Eng，ASCE 1997，9（4）：206-12.
[50] Roberts TM，Haji-Kazemi H.，"Theoretical study of the behaviour of reinforced concrete beams strengthened by externally bonded steel plates"，Proc Instn Civil Engrs 1989；87（part 2）：39-55.
[51] Malek AM，Saadatmanesh H，Ehsani MR，"Prediction of failure load of R/C beams strenthend with FRP-plate due to stress concentration at the plate end"，ACIStruct J1998；95（1）：142-52.
[52] 吴刚，安琳，吕志涛．"碳纤维布用于钢筋混凝土梁抗剪加固的试验研究与分析"，《中国纤维增强塑料（FRP）混凝土结构学术交流会（首届学术会议论文集）》，P151-156，2000. 6.
[53] Maeda，T.，Asano，Y.，Sato，Y.，Ueda，T.，and Kakuta，Y.（1997）."A study on bond mechanism of carbon fiber sheet." Non-Metallic（FRP）Reinforcement for Concrete struct.，Proc.，3rd Int. symp.，Japan concrete institute，Sapporo，1，279-285.
[54] 赵海东等．"碳纤维片材与混凝土基层粘结性能研究"，《中国纤维增强塑料（FRP）混凝土结构学术交流会（首届学术会议论文集）》，p247.
[55] 赵彤，谢剑，戴自强．"碳纤维布提高杭锦混凝土梁受剪承载力试验研究"，《建筑结构》，2000. 7，p21-25.
[56] Ahmed Khalifa，Antonio Nanni，"Improving shear capacity of existing RC T-section beams using CFRP composites"，Cement & concretes 22（2000）165-174.
[57] Tom Norris，Hamid Saadaatmanesh and Mohammad R. Ehsani，"shear and flexural strengthening of R/C beam s with carbon fiber sheets"，JOURNAL OF STRUCTURAL ENGINEERING/JULY 1997，p903-911.
[58] Alex Li，Jules Assih，and Yves Delmas，" shear strengthening of RC beams with externally bonded CFRP sheets"，JOURNAL OF STRUCTURAL ENGINEERING/APRIL 2001 p374-380.
[59] B. B. Adhikary and Mutsuyoshi，"enhancement of shear strength for reinforced concrete beams using externally bonded fiber-reinforced polymer sheet"，repair，rehabilitation，and maintenance of concrete structures，p587-604.
[60] 顾履泰．"混凝土结构用纤维增强聚合物在国外的开发和应用"，《建筑技术》，Vol. 32 No. 5，P310-313.
[61] Taljsten，B.（1997）."Defining anchor lengths of steel and CFRP plates bonded to concrete." Int. J. Adhesion and Adhesives，17（4），319-327.
[62] Chajes，M. J.，Finch，W. W. Jr.，Januszka，T. F.，and Thonson，T. A. Jr.（1996）."bond and force transfer of composite material plates bonded to concrete." ACIStruct. J.，93（2），295-303.

[63] 混凝土结构设计规范. GB 50010—2002. 中国建筑工业出版社，2002 年 3 月第一版.
[64] Khalifa, A., T. Alkhrdaji, A. Nanni, and S. Lansburg, "Anchorage of Surface Mounted FRP Reinforcement," Concrete International: Design and Construction, Vol. 21, No. 10, Oct. 1999, pp. 49-54.
[65] 细谷学等. 碳素纤维シートで横约束したコンクリート柱の应力度—ひずみ关系の定式化，土木学会论文集 592/V-39，1998（5）：37-52.
[66] Samaan, M., Mirmiran, A. and Shahawy, M., "Model of concrete confined by fiber composite", *Journal of Structural Engineering*, *ASCE*, 1998, Vol. 124, No. 9, pp. 1025-1031.
[67] Mander, J. B., Priestley, M. J. N. and Park, R., "Theoretical stress-strain model for confined concrete", *Journal of Structural Engineering*, *ASCE*, 1988, Vol. 114, No. 8, pp. 1804-1826.
[68] L. Lam and J. G. Teng (2003) "Design-oriented stress-strain model for FRP-confined concrete", *Construction and Building Materials* 17, 471-489
[69] 潘景龙等. "钢筋混凝土轴压短柱包裹纤维材料后的承载性能研究"，哈尔滨建筑大学学报，Vol. 35，No. 3，2002 年 6 月.
[70] Miyauchi, K., Inoue, S., Kuroda, T., and Kobayashi, A., "Strengthening effects of concrete columns with carbon fiber sheet", *Transactions of The Japan Concrete Institute*, 1999, Vol. 21, pp. 143-150.
[71] Saafi, M., Toutanji, H. A. and Li, Z., "Behavior of concrete columns confined with fiber reinforced polymer tubes", *ACI Materials Journal*, 1999, Vol. 96, No. 4, pp. 500-509.
[72] ISIS Canada *Strengthening Reinforced Concrete Structures with Externally-Bonded Fiber Reinforced Polymers*, Design Manual No. 4, The Canadian Network of Centers of Excellence on Intelligent Sensing for Innovative Structures, ISIS Canada Corporation, Winnipeg, Manitoba, Canada., 2001.
[73] Simon Foo, Nove Naumoski, Murat Saatcioglu, Seismic Hazard, Building Codes and Mitigation Options for Canadian Buildings, 2001.
[74] Nanni, A., and Norris, M. S. FRP Jacketed Concrete under Flexure and Combined Flexure Compression J. Construction and Building Materials, 1995, 9 (5): 273-281.
[75] Saiidi, M. S., Sanders, D. H., Gordaninejad, F., Martinovic, F. M., and Mcelhaney, B. A. Seismic Retrofit of Non-Prismatic RC Bridge Columns with Fibrous Composite A. Proc. Of 12WCEEC. Paper No. 0143, Auckland, New Zealand, Jan., 2000.
[76] 彭亚萍、王铁成、刘增夕、黄博升. FRP 抗震加固混凝土梁柱节点的受剪承载力分析，地震工程与工程振动，2006，26（1）：116～121.
[77] Touret J. P., Liersch G., Danisch R. The EPR (European Pressurized Water Reactor) containment -concept, testing of leakage behaviour, FRP liner. http://203.212.10.180:8080/was40/search? channelid = 49079. 国际核情报系统数据库. ISSN 1435-3199.
[78] Kenneth W, Neale. FRPs for Structural Rehabilitation in Canada. 第二届全国土木工程用纤维增强复合材料（FRP）应用技术学术交流会论文集. 2002. 7：3～11.
[79] 杨勇新、岳清锐. 纤维增强复合材料加固修复桥梁新技术介绍，桥梁病害整治论坛，2004.
[80] Shaat, A., Schnerch, D., Fam A. and Rizkalla, S. Retrofit of Steel Structures Using Fiber Reinforced Polymers (FRP): State-of-the-Art. TRB 2004 Annual Meeting CD-ROM. 2004.
[81] Phares, B. M., Wipf, T. J., Klaiber, F. W., Abu-Hawash, A., Lee, Y. S. Strengthening of Steel Girder Bridges Using FRP. Proceedings of the 2003 Mid-Continent Transportation Research Symposium, Ames, Iowa, August. 2003.
[82]《混凝土结构构造手册》(第三版)，中国有色工程设计研究总院主编，中国建筑工业出版社，2003.

[83] 陆新征，冯鹏，叶列平．“FRP布约束混凝土方柱轴心受压性能的有限元分析”，土木工程学报，2003，46~51.

[84] 张子潇，叶列平，陆新征．“U形FRP加固钢筋混凝土梁受剪剥离性能的有限元分析”，工程力学，22（4）：155-162，2005.

[85] 过镇海．钢筋混凝土原理．清华大学出版社，1999.

第四章

粘贴 FRP 片材加固施工及工程质量控制

Installation of FRP System and Quality Control

相对于传统的混凝土结构加固施工工艺，粘贴 FRP 片材加固在技术上有很大的优势——更快捷、更方便、更有效。粘贴 FRP 片材加固施工由若干施工工序组成，选用不同的 FRP 片材或是不同的加固方式，在施工工艺上也不尽相同。粘贴 FRP 片材加固施工工艺对于施工有很高的要求，每道施工工序都必须按照相关规定严格执行，并应当由熟悉该技术的专业施工队伍承担。规范、优质的施工可以保证 FRP 片材优异性能的充分发挥，完全达到设计人员对加固构件的设计意图；不规范的施工则无法满足设计人员的设计要求，更加不能保证加固后混凝土结构的安全性。而且在本质上存在差别的施工，在施工结束后很难通过肉眼直观的区分出来。所以，对于 FRP 片材加固施工每一步的工程质量控制尤为重要。本章对粘贴 FRP 片材加固混凝土结构施工组织设计、施工工艺以及质量控制等进行详细的介绍，以供施工单位及监理参考。

4.1 施工总则

在进行粘贴 FRP 片材加固混凝土结构施工之前，施工管理人员应根据工程师提出的设计要求和施工现场的实际情况，制定详尽的施工组织设计，它是对施工工序及保证施工质量措施的详细说明。

4.1.1 施工可行性

为保证施工的可行性，在施工组织设计中应包括以下几项内容：

1. 根据可能的施工工期制定合理的施工进度计划

施工管理人员根据现场的实际情况，包括人员、设施、施工材料的配备情况以及施工作业难度的大小，拟定可能的施工工期。再根据所拟定的施工工期制定出合理的施工进度计划。考虑到 FRP 材料的温度特性，应当把施工阶段的现场气温对施工工期的影响进行充分的考虑。

2. 根据现场实际情况确定准确的施工区域

进场施工前，施工组织管理人员要仔细考察施工现场，根据设计人员提供的施工图纸，并根据施工现场的实际情况确定出准确的施工区域，便于施工人员明确施工部位，提高施工的效率。

3. 符合质量要求的施工材料准备

根据设计人员提出的要求，选择符合质量的施工材料。当由施工单位提供施工材料时，在准备施工材料的同时，还要准备好材料的质量合格证以及相应的检验报告；当由供应商提供材料时，除检查质量合格证和检验报告外，还应检查所提供的材料是否与设计人员要求的一致。

4. 使用有能力和经验的施工人员

针对不同工程的情况，管理人员要充分考虑到施工时可能会出现的问题，并指导施工人员如何处理和解决问题。应根据施工现场的实际情况，选择有能力和经验的施工人员，划分他们的工作，保证工程的有效进行。

4.1.2 施工安全性

为保证施工进行的安全性，在施工组织设计中应包括以下几项内容：

1. 保证施工人员的安全措施

施工人员安全措施一般包括佩戴安全帽、防尘口罩、防护眼镜、手套和工作服等劳动保护措施。有高空作业的，还应当佩戴安全带。对于需要搭设脚手架或是其他辅助设施的工程，要确保脚手架或其他设施的安全可靠性。由于 FRP 片材的配套树脂是化学品，在操作时还应佩戴塑胶手套。在操作机械工具时，必须严格按照操作规程执行。

2. 保证第三者的安全措施

施工时应尽量保证现场的良好通风；混凝土表面处理时会产生大量灰尘，应尽量避免在施工现场有其他工种的施工；在配制和使用配套树脂时，要避免没有佩戴防护工具的人员在场；高空作业时，要避免杂物从高空落下。

3. 共用设施防护的措施

在施工材料运输过程中，要避免与共用设施的碰撞；在施工现场存在无法移动的共用设施时，要根据具体情况做出相应的维护措施；在施工过程中，要尽量避免破坏已有的共用设施，当无法避免的时候，要尽可能减少破坏的范围，在施工完成后，对破坏的设施进行恢复；碳纤维本身具有导电性，应防止裁剪时留下的细丝或粉末落到现场用电设备中造成短路。

4. 建立意外事故快速反应的体系

指派专人负责现场安全管理及共用设施的维护，一旦发生事故，现场管理人员快速做出反应，处理事故，并立即向项目管理人员汇报情况，及时做出处理，避免造成更大的损失。

5. 施工垃圾的处理措施

在每天施工结束后，应及时清理垃圾并运送到施工现场的指定地点。

4.1.3 施工工序

制定施工工序应当建立在设计人员所提出的性能要求的基础上，同时还应考虑施工现场的环境条件、工期以及其他一些可能出现的限制条件。此外，还应该提出在进行每个施工工序的步骤中如何进行质量控制。粘贴 FRP 片材加固施工工序主要包括：

1. 施工前的准备

考察施工现场，确定施工区域；确定施工设施和材料的准备情况；确定现场管理人员和施工人员的配备情况及分工。

2. 混凝土结构的表面处理

应针对结构表面的实际情况制定处理方案。在结构基层存在较大缺损的情况下，要先对结构基层进行修复，然后再对结构表面进行处理。

3. 涂刷树脂及粘贴 FRP 片材

粘贴纤维布依次采用底层树脂、找平材料和浸渍树脂三种配套树脂，粘贴碳纤维板通常仅采用碳板胶粘剂。粘贴纤维布及板材的施工工序详见 4.3 节。

4. 施工完成后的处理

检查 FRP 片材粘贴的质量，对局部出现的问题进行修复，并按要求进行表面防护。

5. 原有设施的恢复

如粘贴 FRP 片材造成原有设施破坏时，在施工完成后需根据情况对原有设施进行恢复。

4.2 施工准备

4.2.1 施工现场条件

在进行 FRP 片材施工之前，首先应对施工现场进行勘查，了解施工时的现场条件，包括现场的环境温度、环境湿度、选择现场存放材料的地点等。施工现场的温度、相对湿度以及构件表面的潮湿度是影响粘贴 FRP 片材施工质量的几个主要因素，粘贴 FRP 片材应在满足一定的条件下才可以进行施工。

施工现场的环境温度以 5 ~ 35℃ 为宜，温度太高或是太低都会对 FRP 片材加固施工及施工后的性能有一定的影响。温度较高时，底层树脂、找平材料及粘结树脂固化时间很短，影响树脂对纤维的浸润；温度较低时，固化时间很长，固化后树脂脆性很大，降低了树脂的粘结强度。

在夏季较炎热的气候条件下，应尽量选择在早晚温度相对较低的时间段进行施工，或者选用在高温环境中使用的树脂；在冬季较寒冷的气候条件下，现场应采取一些升温的辅助措施，以达到规定的施工温度要求，或者选用在低温环境中使用的树脂。应经常对施工部位的结构表面进行温度测量，如不能达到规定的温度，要采取相应的措施或停止施工。

施工现场的相对湿度一般不得大于 70%，尤其是混凝土结构表面要保持干燥。如果环境的相对湿度较大，会降低树脂的粘结强度，影响粘贴质量，粘贴后很容易出现空鼓或剥离现象。因此，在现场环境相对湿度较大的情况下，尤其是雨雪天气又露天作业的时候，应采取相应措施或停止施工。

4.2.2 材料的选择及存放

4.2.2.1 材料的选用

施工时应根据设计要求选用相应的材料。目前在工程中经常用到的碳纤维布有30型（单位面积重300克，厚度一般为0.167mm）和20型（单位面积重200克，厚度一般为0.111mm）。在一些特殊的工程中，还有选用高弹性模量的碳纤维布（弹性模量一般在4×10^5 MPa以上）。

粘贴纤维布的树脂一般分为底层树脂、找平材料和粘结树脂三种。一些厂家的树脂还分为常温型和低温型。常温型树脂的温度适用范围一般为5～35℃之间；低温型树脂的温度适用范围根据生产厂家提供的性能指标，一般在5～－30℃之间。施工单位应根据施工现场的环境温度选用合适的树脂，以保证粘贴FRP片材的质量。

4.2.2.2 材料的现场存放

1. FRP片材的存放

FRP片材在施工现场存放时，应避免一些有害因素对它造成损坏，如太阳光的直射、环境中存在对FRP片材有害的化学物质等。因此，FRP片材尽量避免露天放置，否则必须采取添加覆盖物等防护措施。若在封闭的施工现场，应尽量选择干燥整洁的环境存放材料，避免材料表面附着灰尘，沾染油渍或是水渍，保证FRP片材在使用时表面是整洁的并且没有受到损坏。

2. 树脂的现场存放

配套树脂材料的性能受环境温度的影响很大，应尽量选择温度适中的存放地点。树脂材料对人体的皮肤有一定的刺激性，存放时应注意与人群保持一定的距离。已打开包装的树脂在不继续使用时，应及时封闭好。此外还要注意避免灰尘、油渍或一些化学物质等混入树脂，造成性能的降低。

4.2.3 施工工具及设备

粘贴FRP片材施工经常要用到的工具有如下几种：打磨混凝土构件表面用的角磨机；清除混凝土表面灰尘的吹风机或吸尘器；混合树脂用的搅拌机械；涂刷树脂用的滚筒刷；粘贴FRP片材用的特制的滚子（罗拉）；以及人员防护所使用的手套、眼镜、防尘口罩和服装等。现场有防尘等特殊要求时，应配备除尘设备；施工现场温度不满足施工要求时，要配备增温设备。

1. 角磨机

角磨机是处理混凝土结构表面时最常用的工具。根据混凝土表面情况的不同，配合使用不同的角磨片，可以达到更理想的效果。

常见的角磨片有片状和碗状的两种（图4.2.1）。片状的角磨片一般用于处理混凝土表面十分不平整的情况，比如坚硬的突起或是残留的钢筋。碗状角磨片一般用于处理混凝土表面较为平整的情况，或是仅残留一些硬度很低的附着物，使用碗状角磨片可以提高处理混凝土结构面的速度，提高工作效率。如发现角磨片在使用一段时间后，端部的金刚石已经磨掉，应及时更换新的角磨片。

角磨机还可配备吸尘装置（图4.2.2），以满足一些特殊工程的防尘要求，但价格较为昂贵。

图 4. 2. 1　角磨片

图 4. 2. 2　带吸尘器的角磨机

2. 搅拌杆或搅拌机器

在树脂配制尤其是配制大量树脂的时候，必须使用机械搅拌，可以保证两种组分的树脂充分混合。一般将特制的搅拌杆（图 4. 2. 3）连接在冲击钻上使用，搅拌杆的尺寸大小最好与混合时的容器相配合。也可以使用搅拌机器，能够更好的达到树脂两种组分的混合效果，减少树脂内部的气泡。

搅拌杆或搅拌机器在使用完毕后要及时进行清理，可以用酒精或是丙酮擦拭，尽量去掉表面粘附的树脂。

3. 滚子（罗拉）

滚子（罗拉-英文 roller，图 4. 2. 4）是粘贴 FRP 片材时的重要工具。滚子尺寸的大小、把手的长短可根据操作人员的使用习惯自由制作，但要注意滚子表面的螺纹不能太锋利，螺距不宜过大也不宜过小，一般在 2mm 左右比较合适。螺距过大会影响树脂对纤维的浸润，过小会造成对纤维的损害。

滚子在使用后要及时进行清理，可以用酒精或是丙酮擦拭，尽量去掉粘附在表面的树脂。

图 4. 2. 3　搅拌杆

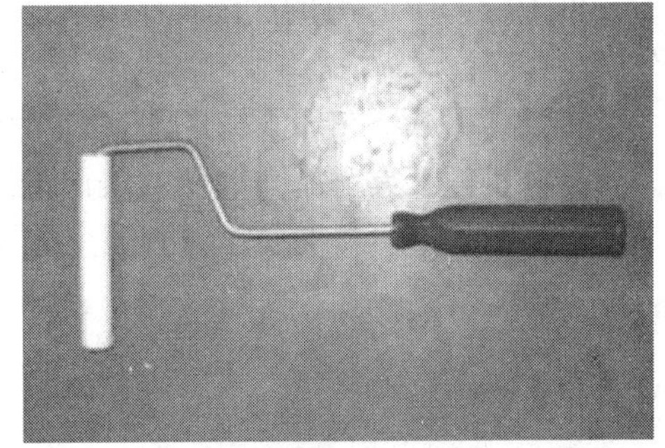

图 4. 2. 4　滚子（罗拉，roller）

4. 3　基本施工技术

4. 3. 1　基层处理

混凝土构件的基层处理是粘贴 FRP 片材最重要的一个步骤。基层处理不好，很容易造成粘贴的FRP片材剥离或是形成空鼓，因此基层处理必须严格按照相关规定进行施工。基层处理包括对加固构件原有混凝土的修复处理和加固部位混凝土表面的处理。

混凝土结构通常会不同程度的存在一些缺陷，且混凝土结构表面因后续的装修一般会附着抹灰层等。加固前必须先将附着的砂浆层等妨碍施工的杂质剔除，露出混凝土结构层，然后检查是否存在钢筋外露、混凝土开裂等缺陷，并在加固施工前对出现缺陷的混凝土结构先进行修复。

4.3.1.1 混凝土结构缺陷修复

原有混凝土结构存在钢筋外露情况时，如钢筋已经发生锈蚀，必须首先进行除锈，具体方法为：首先剔凿混凝土，彻底露出已锈蚀的钢筋，用钢丝刷除去钢筋表面的氧化皮至露出原有的金属色，然后在钢筋表面涂刷阻锈剂，最后用高强修补砂浆恢复原有混凝土的结构尺寸。如钢筋锈蚀较为严重，或发生其他损坏现象，应及时通知设计人员采取相应措施。

如混凝土结构出现开裂现象，应先对裂缝进行处理。对宽度大于0.3mm的裂缝，一般采用压力灌浆的方法：先对出现裂缝的混凝土表面进行清理，露出整条裂缝，用吹风机等除尘设备将裂缝内部的杂物清理干净；用封缝胶封闭裂缝，同时每间隔20～30cm预留出一个灌浆口，在灌浆口处安装灌浆器底座；底座安装要紧密，防止灌浆时树脂从不紧密的缝隙中流出；待封缝胶固化后，拧上灌浆器，开始灌浆；待灌浆树脂初凝后卸下灌浆机具。对宽度不大于0.3mm的裂缝，一般可以采用封闭裂缝和压力灌浆两种方法，其中受力裂缝当宽度大于0.05mm时通常采用裂缝灌浆的方法；由于混凝土收缩等原因产生的收缩裂缝，通常采用封闭裂缝的方法，即用封闭胶涂刷于裂缝表面，将裂缝封闭。

混凝土结构其他的缺陷还有疏松、蜂窝、麻面，以及原来浇筑混凝土施工时留下的杂质等。在进行FRP片材粘贴前，必须先将加固构件表面有缺陷的劣化混凝土清除，露出坚实的混凝土结构层。如混凝土表面缺损不大，可用高强、快干的修复材料将混凝土表面修复平整；如混凝土缺损较为严重，最好采用高强度的灌浆材料进行支模灌浆，待达到强度后，再进行FRP片材的加固工序。

4.3.1.2 混凝土结构表面处理

根据设计图纸，在加固构件的表面弹线，确定加固部位。

用角磨机等工具对加固部位的表面进行打磨处理（图4.3.2），清除表面的剥落、疏松、蜂窝、腐蚀等劣化混凝土，直至完全露出混凝土结构新面。

图4.3.1 灌缝

图4.3.2 混凝土表面打磨

加固部位的混凝土表面应尽量打磨平整，局部表面高差不超过1mm。加固构件本身若存在较大的高差（1cm以上），应在拐点处尽量打磨出坡度，尽可能打磨圆滑。需要转角粘贴纤维布时，应对转角处导角处理并打磨成圆弧状，圆弧半径应满足相应设计要求。

混凝土打磨处理后，用吹风机等除尘设备将加固构件表面清理干净，并保持干燥。

混凝土的打磨处理会产生很大的粉尘，操作的工人应配备好防尘用具；对加固环境有特殊要求的，应采取相应的除尘措施；施工现场的仪器设备应用覆盖物密封好，以防止粉尘的侵入。

4.3.2 粘贴纤维布的施工

粘贴碳纤维布的施工流程如图4.3.3所示。

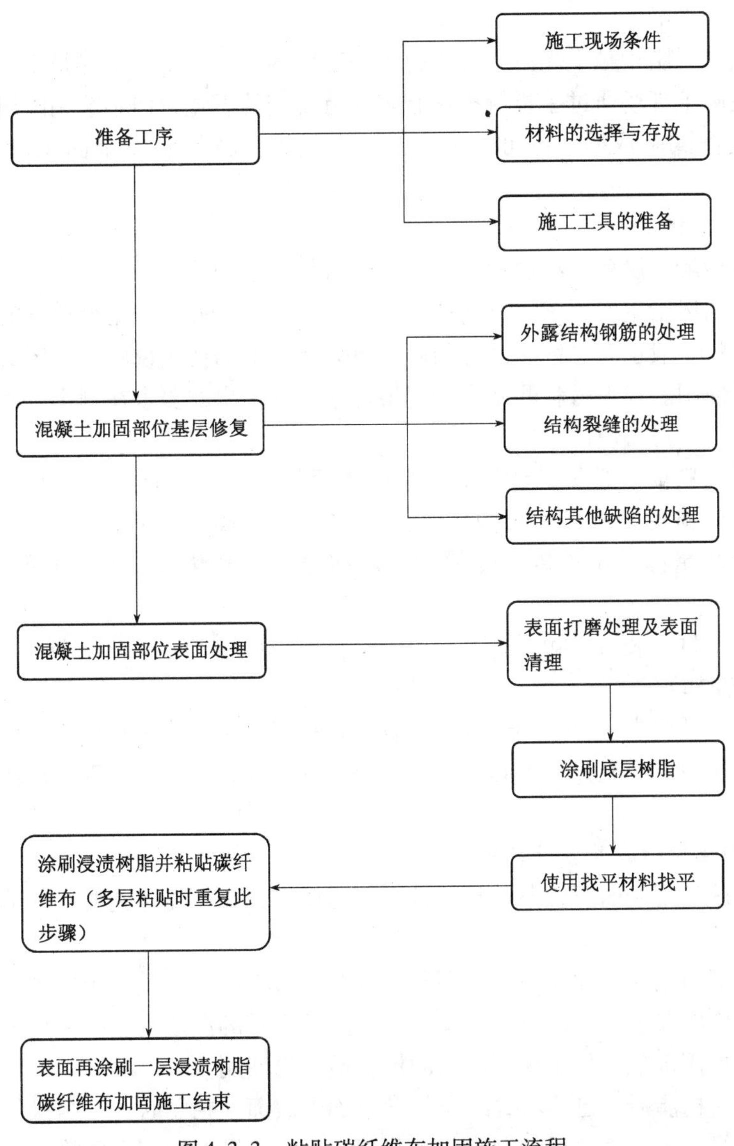

图4.3.3　粘贴碳纤维布加固施工流程

4.3.2.1 涂刷底层树脂

配制底层树脂前应先仔细阅读树脂的使用说明，选择环境温度和湿度适宜的配制场所。底层树脂一般有主剂与固化剂两种组分，按一定的比例将两种组分在容器中混合，用搅拌工具混合，直至颜色均匀。树脂的混合比例以及两种组分混合所需的搅拌时间应按照生产商提供的说明严格执行。在树脂混合搅拌后应根据生产商提出的要求在规定时间内使用，超出使用时间的树脂不得再使用。

涂刷底层树脂前，必须确认混凝土表面没有粉尘、水渍或是其他对树脂渗透有影响的杂质。用滚筒刷将配制好的底层树脂均匀地涂刷于加固部位的混凝土表面。应选择刷毛短质量好的滚筒刷，以避免在涂刷树脂时刷毛留在树脂表面，降低树脂的粘结力。涂刷完底层树脂后应检查是否存在局部因树脂过多而凝聚的现象，如存在凝聚现象应尽快处理，以保证树脂表面的平滑。

一般在底层树脂指触干燥后，可进行下一工序的施工。指触干燥是指树脂刚达到凝胶的状态，即在施工现场通过手指触摸树脂表面有凝胶的感觉，但不会粘附树脂的状态。如树脂生产商提供试验依据，也可根据生产商的要求，待树脂完全固化后进行下一步的工序。

4.3.2.2 找平材料找平

底层树脂指触干燥后，配制找平材料，进行找平处理。

首先应根据树脂生产厂家提供的使用说明，选择环境温度和湿度适宜的地方配制找平材料。找平材料一般也有主剂和固化剂两种组分，应根据使用说明按一定的比例将两种组分混合均匀后使用。找平材料配制完后应根据生产商提出的要求在规定时间内使用，超出使用时间的材料不得再使用。

使用找平材料前，必须确认涂刷底层树脂后的混凝土表面没有灰尘、水渍或是其他对树脂渗透有影响的杂质。加固构件表面存在较大的高差（1cm 以上）时，应用找平材料在拐点处尽量修补出坡度，并使坡度越缓越好。转角部位采用找平材料修补成光滑的圆弧。

一般在找平材料表面指触干燥后，可以进行下一步施工工序。

4.3.2.3 裁剪纤维布

按照设计图纸要求，对加固部位弹线以明确加固区域，确认粘贴纤维布的尺寸大小以及需要粘贴的层数。应充分考虑到加固时所要用到的各种尺寸，合理安排裁剪的方式，避免材料浪费。

4.3.2.4 涂刷浸渍树脂并粘贴纤维布

首先确认施工现场的环境条件是否符合施工要求，在不能达到要求的情况下应采取相应措施或停止施工。

在涂刷浸渍树脂前，要先检查加固部位和纤维布表面的杂质是否已清理干净，然后按照树脂生产厂商的要求，按比例配制浸渍树脂。配制后的浸渍树脂要在规定的使用时间里均匀的涂抹在加固部位，超出使用时间的树脂不得再使用。

在涂刷浸渍树脂后，迅速将纤维布粘贴于加固表面。粘贴时，一名操作人员沿着事先弹好的线将纤维布一端固定于加固部位的顶端，另一人沿着加固方向将纤维布贴附于加固部位上。先将纤维布展平，与加固方向保持一致，然后两人从中间向两端用滚子（罗拉）反复碾压纤维布（图4.3.4），各自只可以向一个方向滚动，不允许往复滚动。两人向相反方向碾压的一个目的是使纤维布尽可能抻直，避免出现褶皱；另一个目的是在树脂还没有固化时，向相反方向碾压可以避免纤维布的移位。要多进行滚动，以挤出残留在内部的气泡，确保树脂能够充分浸润纤维。在碾压纤维布的同时，要确保纤维布没有偏离加固的方向或是移位。在碾压时，滚子滚动的方向要顺着纤维丝的方向，若滚子与纤维丝之间形成角度，滚子的尖锐螺纹易对纤维丝造成损害。

纤维布经过碾压后，在固化过程中可能有一定程度的回缩，容易出现褶皱或空鼓，纤维布越长，回缩量越大，所以单条纤维布的长度不应超过4m。对于加固较长的构件或是环形粘贴时纤维布需要进行搭接。搭接部位要尽量避开构件弯矩最大或是应力集中的区域，搭接长度应满足相关设计规定。

当需要进行多层粘贴时，重复上述步骤，但要注意进行下一层粘贴的间隔时间。一般最好是在上一层指触干燥的情况下，及时进行下一层的粘贴。如在树脂完全固化的情况下粘贴，需要先对粘贴表面检查并清理后再进行施工。

在最后一层纤维布表面均匀涂刷一层粘结树脂（图4.3.5），作为保护层。树脂不需要涂刷很厚，只要能盖住粘贴的纤维布即可。

图4.3.4　粘贴碳纤维布

图4.3.5　外表面涂刷树脂

4.3.3　粘贴FRP板材的施工

一层碳纤维板相当于4～8层的碳纤维布（$300g/m^2$），在需要粘贴多层碳纤维布进行加固时，使用碳纤维板材，同样可以保证良好的补强效果，而且可以大幅度减少作业量，缩短工期。采用碳纤维板材加固时，通常无需对加固的结构面进行全面粘贴，这样底层处理的面积随之减少，施工中产生的粉尘和残渣也相应的减少。这对于在一些特殊环境中施工减少粉尘量有很大帮助。碳纤维板在施工空间狭小、障碍物较多时比粘贴碳纤维布更有优势。而且板材在工厂里加工成型，施工时受人为因素影响较小，质量更易保证。粘贴碳纤维板材的施工工艺与粘贴碳纤维布较为接近。

4.3.3.1　碳纤维板材的切割及表面处理

按照设计图纸要求，对加固部位弹线以明确加固区域，并按现场实际需要使用的尺寸，对碳纤维板材进行切割。切割可以使用钢锯、砂轮机或盘式金刚石切割刀等工具。板材一般不能重叠搭接，所以在切割前应确认好施工的实际长度，避免材料浪费。

为保证碳纤维板的粘结质量，一些品牌的碳纤维板在出厂前已将其中一面进行过粗糙化处理，施工时应注意选择粗糙面作为粘贴面。若使用双面均光滑未经粗糙化处理的碳纤维板时，应在现场将粘贴面打磨处理。

图 4.3.6　碳纤维板切割

图 4.3.7　表面处理

4.3.3.2　配制及涂抹碳板胶粘剂

将主剂（A组分）和固化剂（B组分）放在各自的容器内充分搅拌。在A组分的容器中加入B组分，用搅拌机（螺旋叶片式）充分搅拌，直至变成均匀的灰色。搅拌时要防止空气侵入。搅拌时间约3分钟。

不同厂家生产的碳板胶粘剂，A、B两种组分的配合比例也会有不同，应严格按照厂家的说明进行操作。由于胶粘剂的可使用时间因气温和混合量而变化，所以要将可使用时间内能使用完的量作为一次混合量。不得使用超过使用时间的胶粘剂。低温条件下树脂的固化反应可能会比较慢，所以在低温环境中施工时应该对树脂的固化特性进行确认，并由此制定保温养护的方法。

将碳纤维板的粘贴面擦拭干净，并立即涂抹配制好的碳板胶粘剂，胶层应呈突起状，最小厚度不小于2mm。

图 4.3.8　涂抹碳纤维板胶粘剂

图 4.3.9　粘贴碳纤维板

4.3.3.3 粘贴碳纤维板

1. 将涂有胶粘剂的碳纤维板轻压贴于需粘贴的位置；

2. 用橡皮滚筒顺纤维方向均匀平稳压实，使胶粘剂从板的两侧挤出，使得混凝土表面与板材之间紧密接触，彻底排出内部的空气；

3. 挤出的和沾在板上的胶粘剂要用刮刀或抹布等工具及时除去；

4. 养护至胶粘剂完全固化为止，养护时不要施加外力。一般在常温下养护时间大约三天左右，低于常温时，时间要相应延长。

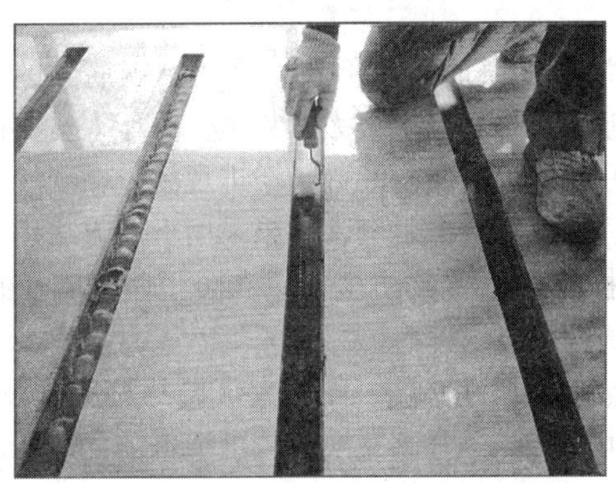

图 4.3.10 粘贴碳纤维板胶粘剂

图 4.3.11 表面涂装

4.3.4 表面防护

粘贴 FRP 加固施工后，有些建筑物因自身功能要求还需进行表面防护处理。一般要求表面防护处理的原因有以下几种：

1. 避免阳光直射

FRP 片材会受到紫外线及臭氧的损害，一些在露天环境中的建筑物（如桥梁等），在进行粘贴 FRP 片材加固后，加固部位容易受到阳光直射的，需要进行表面处理。

2. 防止撞击

一些临街的建筑物，或是桥梁的墩柱、底座等都很容易受到撞击，因此在进行加固后，应在易受撞击的部位采取一定的防撞击措施。

3. 防火

对于一些需要重点防火的建筑物，在粘贴 FRP 片材施工后，可以涂刷防火材料。在涂刷防火涂料前，要确认所使用的涂料与树脂之间无任何物理或是化学反应。

4. 外观要求

根据建筑物不同的外表美观、明亮度和粗糙度等要求来决定采用什么样的表面处理方法。

某些建筑物会综合以上二种或多种要求，在进行表面处理的时候，尤其是进行多种防护材料共同使用的情况下，一定要注意多种材料间是否能够互相兼容。

常用的表面防护方法是在 FRP 片材的表面抹水泥砂浆。根据现场的实际情况可以采用人工涂抹或机器喷射。因树脂完全固化后表面非常光滑，水泥砂浆很难挂住，可以在表层树脂没有完全固化的时候，在纤维布表面撒一些细砂，使其表面有一定的粗糙度。

4.3.5 施工安全注意事项

FRP 片材的施工便捷，不需要大型的机具，不需要湿作业，也不需要动用明火，相对于一些较为复杂的施工工程，危险性较低。但是，FRP 片材施工也有其自身的一定特点，除了要注意现场环境的安全操作之外，施工时一些会产生的问题也要引起注意。施工人员在操作时应遵守以下注意事项：

1. 在进行混凝土表面处理，尤其是在切割混凝土表面坚硬部位或是残留钢筋头的时候，要特别注意角磨机的安全使用；打磨混凝土表面时会产生很大的粉尘，操作人员要佩戴防尘眼镜、防尘口罩等防护装备；碳纤维板可以卷取所需要的数量搬进现场，在现场开包和进行材料切割时要充分注意安全，在切割时要戴好防护手套，如果采用干式方法切割碳纤维板材，碳纤维的粉末会飞扬起来，所以操作人员要戴防尘口罩和防尘眼镜等劳保用品。

2. 碳纤维片材的配套树脂是化学品，在配制树脂的时候，操作人员要穿好工作服，戴好口罩以及塑胶手套；如果是在封闭空间内作业，要充分注意换气，可根据需要采用风扇和送风管道进行强制换气，避免因吸入有机溶剂而引起的伤害。

3. 如果皮肤沾上环氧树脂，有可能引发过敏性皮炎，需要采取以下应急措施：

1）如果进入眼睛，用大量的流水冲洗 15 分钟，立即接受医生的诊断。

2）如果粘在皮肤上，立即用肥皂和大量的水进行彻底清洗。如果发生炎症和瘙痒等症状，应该接受医生的诊断。

3）如果发生误饮，清洗肠胃，立即接受医生的诊断。

4）吸进有害气体时，呼吸新鲜空气。如果呼吸有困难，应该立即接受医生的诊断治疗。

另外，个人对因环氧树脂而引发的过敏性皮炎的敏感程度各不相同，有严重皮肤过敏的人员不宜从事配制树脂、粘贴 FRP 片材等工作。

4. 碳纤维具有导电性，飞扬起来的碳纤维丝或粉尘可能会引发电器设备的短路，从而造成重大事故。因此，在现场裁剪碳纤维片材时要远离用电设备，无法躲避时要用绝缘胶带将电器设备的开合部分密封；如发现有碳纤维丝搭在通电的设施上，不能用手直接去拿，而是要戴上绝缘手套或是采取其他相应的有效措施；施工完成后要及时清理现场残留的碳纤维片材废料。

5. 碳纤维片材和粘结树脂等废弃物应作为工业废弃物处理。

4.4 检验与验收

4.4.1 材料的检验

在施工之前，应确认 FRP 片材和配套树脂材料的产品合格证、产品质量出厂检验报告，各项性能指标应符合相关标准、规程的要求。应注意所选用的 FRP 片材是否与设计图纸要求的型号一致。配套树脂一般可以搭配同种不同型号的 FRP 片材。有些生产厂家的配套树脂有季节区分，在检验时要注意选用的树脂是否符合当时的施工环境。

对于重要的或大型的加固工程，还应对 FRP 片材和配套树脂类粘接材料进行现场抽样并送检。

4.4.2 施工质量的检验

严格进行各工序隐蔽工程的检验，在每道工序检查合格后才可以进行下一道工序。

检查混凝土基层处理情况：检查混凝土表面是否存在裂缝；检查混凝土表面是否平整，是否存在疏松、蜂窝、麻面等现象；检查粘贴 FRP 片材的部位是否存在浮浆、油渍或是其他有碍粘贴质量的物质。

检查底层树脂涂刷情况：根据现场温度情况查看底层树脂是否符合要求；底层树脂两种组分是否按照比例要求混合；底层树脂涂刷是否均匀，涂刷后是否存在凝聚现象。

检查找平材料找平情况：根据现场温度情况查看找平材料是否符合要求；找平材料两种组分是否按照比例要求混合；找平材料找平是否平整，是否存在棱角。

检查 FRP 片材粘贴情况：检查 FRP 片材粘贴部位和尺寸是否与设计图纸一致，实际粘贴面积不应少于设计面积，位置偏差不应大于 10mm；根据现场温度情况查看浸渍树脂或碳板胶粘剂是否符合要求；两种组分是否按照比例要求混合；纤维布有搭接时是否符合搭接要求。

检查 FRP 片材与混凝土之间的粘结质量，可以用小锤轻轻敲击或是用手压 FRP 片材表面的方法，根据声音来判断是否存在空鼓。

在必要的时候，可以在施工现场抽样进行 FRP 片材与混凝土之间粘结的拉拔实验，具体的实验方法按《纤维增强复合材料建设工程应用技术规范》（报批稿）的相关规定进行。在选择抽样拉拔的部位时，要避免选择应力集中或是受力较大的区段。

4.4.3 缺陷修复

FRP 片材加固施工全部完成后，要对施工后的质量仔细检查，所有施工过的地方都应仔细检查是否存在缺陷，任何可疑的地方都应用小锤敲击听声音。有轻拍的声音说明所施工的部位存在空鼓。检查人员应将所有的缺陷和需要进行修复的地方记录下来。

常见的缺陷有以下两种：

1. 粘贴的纤维布局部出现空鼓

处理此类问题时，先根据实际情况确认空鼓的尺寸大小。小的气孔缺陷和空鼓（直径 1.6 ~ 3.2mm 之间）一般是混合的树脂产生的，无须修补或进行处理。当空鼓面积不大于 100mm × 100mm 时，可以采用针管注胶的方法进行修补（图 4.4.1）；在注胶的时候可在空鼓处选择二、三个点进行灌注，尽可能用树脂将空鼓填满。当发现树脂开始从间隙中渗出，用滚子（罗拉）将注胶处压实。

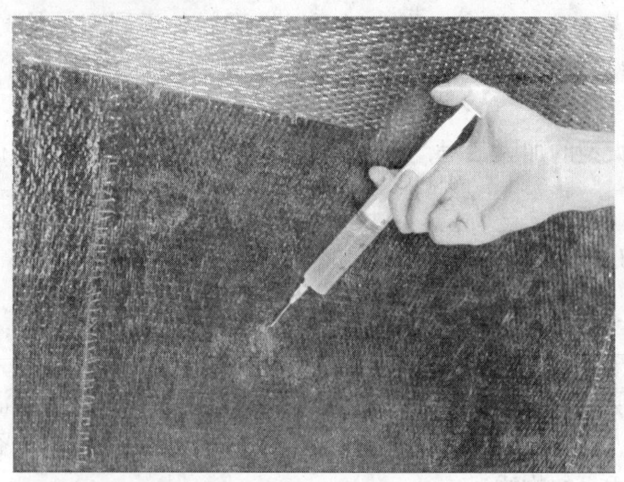

图 4.4.1　针管注胶修补

要注意注胶的针管选择不宜过大，过大的针头容易损伤碳纤维；树脂灌入针管中要尽快使用，当发现树脂凝固将针管口堵住，需更换新的针管。

当空鼓面积大于 100mm × 100mm 时，需要将出现空鼓部位的纤维布切除，重新搭接贴上等量的纤维布，搭接长度应满足相关要求。

2. 边缘或搭接部位的纤维布出现剥离

当边缘或搭接部位的纤维布出现剥离现象时，一般可采用树脂回填的方法修补。可用针管或其他有效的辅助工具将树脂回填在剥离的地方，然后压实。对于边缘有损伤的纤维布，将已损坏的部位切除，重新搭接补上等量的纤维布，搭接长度应满足相关要求。

4.5　项目监理及质量控制

粘贴 FRP 加固的施工过程对材料性能是否能充分发挥、加固能否达到设计预期效果、结构加固后是否安全可靠至关重要，施工过程中的部分缺陷在施工完成后是难以发现的，因此，项目的监理过程非常重要。

监理人员应从工程承包商处获得工程项目的设计图纸、工程项目的详细说明、项目的施工组织设计、粘贴 FRP 片材的质量控制说明以及工程承包商的施工资质证明等资料和文件。

监理人员在施工应用过程中应在现场按照表 4.5.1 的内容认真检查施工的完整环节，包括材料的质量控制、施工条件的控制、施工过程质量的控制以及施工后缺陷修复的质量控制。

FRP 片材加固施工的监理表格见表 4.5.1。

FRP 片材加固施工监理表格 表 4.5.1

FRP 片材加固施工监理表格

项目名称：

地点：

项目技术资料：

- 工程图纸
- 项目说明
- 施工组织设计
- 质量控制说明

日期：________ 进场时间：________ 完工时间：________

温度：________ 相对湿度：________

天气情况：________

粘贴 FRP 复合材料时构件的表面温度：________

- 所使用的 FRP 片材的种类型号，是否与设计图纸要求的一致
- 施工单位的施工资质是否符合要求
- 材料的存放是否符合规定
- 环境条件是否在应用的范围内
- 表面处理是否依据有关规定处理完全
- 记录下表面处理完成后的表面形状
- 表面灰尘、杂质、油污或是其他污染物是否处理干净
- 记录下当天使用的 FRP 片材的数量
- 记录下所用底层树脂、找平材料、浸渍树脂或碳板胶粘剂的数量
- 是否对随机抽取的两批树脂进行过检查以保证正确的混合比例
- 树脂的混合是否符合生产商的要求
- 纤维的浸润是否是按照规定步骤进行的
- 纤维树脂的配合比例是否达到要求
- 是否按照工程设计人员和材料生产商的要求进行施工，包括 FRP 片材正确的粘贴方向，校准，层数的要求，以及搭接的要求
- 是否去除了层间的空气
- 记录下结构施工的位置
- 是否对树脂进行了检查以保证固化的顺利进行
- 是否用相兼容的树脂对所有的边缘和接缝进行了保护
- 是否制作了全部的实验样品并包含了环境的信息
- 记录下进行实验的实验室名称
- 记录下所有现场实验的结果
- 如果实验结果不能达到要求，是否进行了修复工作
- 记录下（画下）剥离或是空鼓的位置以及尺寸大小
- 剥离或是空鼓是否按照相关规定进行了修复
- 所使用的表面涂料（包括防火涂料）是否是按照生产商的说明进行混合和应用
- 监理人员对施工是否满足所有要求作出最终的证明

第五章

其他类型结构加固

Other Types of Structures

采用外部粘贴 FRP 片材对混凝土结构进行加固的技术已在世界范围内被广泛使用，并以此为代表形成了完整的设计体系和施工体系。除了混凝土结构，工程中还存在大量的其他类型的结构，如砌体结构、木结构、钢结构等，这些结构同样存在因承载力不足或性能劣化等原因而需要进行加固的问题。FRP 材料凭借其良好的性能，同样适用于这些结构的加固，其中有些类型的结构已在相关规范中有所涉及，而有些类型的结构在目前的 FRP 加固规范中尚没有涉及，但是在技术上仍具有很大的优势。本章主要介绍 FRP 加固砌体结构、木结构和钢结构的技术特点、材料性能、主要试验研究成果、设计方法和施工要点。这些类型的结构使用 FRP 材料加固，在很多方面具有特殊的技术优势，正引起人们越来越多的关注，具有很大的发展潜力。

5.1　砌体结构加固

砌体是用砌筑砂浆将块材（砖或砌块）砌在一起而形成的一种承重材料。和混凝土相比，砌体虽有一定的抗压承载力，但其抗拉、抗剪、抗弯能力均很低，因此砌体结构特别是无筋砌体结构整体性较差，承载力较低，抗震性能差，极易在外荷载作用下出现裂缝，地震时与水平地震力平行的墙体（平面内受力墙体）易出现剪切斜裂缝，导致结构脆性破坏；与水平地震力垂直的墙体（平面外受力墙体）易出现平面外的弯折破坏，当砌体墙平面外受力性能不满足要求时，会导致墙体坍塌并引起房屋倒塌。

砌体结构的传统加固方法有增加混凝土夹板墙、外包圈梁、设置构造柱等，这类方法施工难度大、增加结构自重、施工周期较长，且加固后影响建筑外观。FRP 加固技术施工简便，基本不增加构件的重量与面积，不改变构件外观，能在不明显改变结构刚度的情况下，提高砌体构件的抗弯、抗剪、抗压承载力，并显著改善其延性，是对砌体结构进行平面外抗弯加固、平面内抗剪加固及整体抗震加固的理想方法。

FRP 应用于加固砌体在国外有着较长的历史。1987 年，Crocietal 使用低弹性模量的聚丙烯编织物对剪力墙做了竖向和斜向的加固，当时所采用的纤维材料还不属于我们目前所说的高性能 FRP。Quake Wrap 公司 1994 年春季完成了一项采用 FRP 加固受损砌体结构的工程[1]。该砌体结构位于美国加州的 Glendale，仅有一层，之前曾使用钢框架加固过，在 1994 年 1 月 17 日发生的加州 Northridge 地震中，南侧的墙体发生了严重的开裂，因此需要进行修复与加固。该项目是第一个采用高性能 FRP 加固砌体结构的实际工程，采用了 GFRP 进行加固并采取了锚固措施。GFRP 粘贴后，外面再涂刷一层防紫外线的覆盖层加以防护。加固后经过几年的复检，证明加固效果良好，达到了预期的加固目的。

1997 ~ 1998 年发生于意大利的 Umbria 地震中，许多古建筑遭到不同程度的破坏，其中很多是砖石结构。在维修加固这些建筑物时，主要采取向裂缝注浆和粘贴 FRP 片材两种方法[2]。为了检验加固的效果，对现场取样的墙体试件进行了抗剪试验，结果表明，FRP 加固的墙体，抗剪强度比未加固的墙体提高约 55%，而裂缝注浆加固的试件却没有明显的提高。

图 5. 1. 1 是日本明治时期的一座灯塔，建成于 1876 年，迄今已有一百三十多年的历史，因塔身砌体结构不满足抗震要求而需要进行加固。该灯塔在 2000 年进行了抗震加固，采用了外部粘贴预应力 CFRP 板的加固方法，取得了良好的加固效果，图 5. 1. 2 为加固示意图。

图 5. 1. 1　日本某砌体灯塔

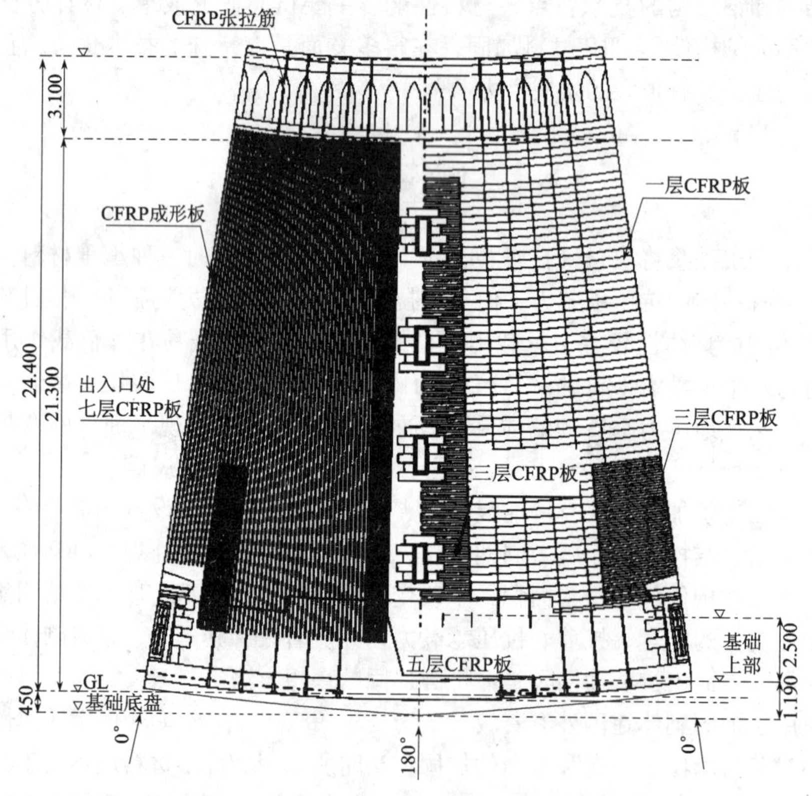

图 5. 1. 2　CFRP 加固补强砌体灯塔示意图

上海衡山路中国唱片公司的某别墅因年久失修需要进行加固，为了保持建筑的原貌和使用功能不受影响，工程师使用粘贴碳纤维布的方法对该别墅进行了加固（图 5.1.3），加固后别墅的建筑外观未受到任何影响（图 5.1.4）。

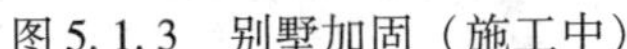
图 5.1.3　别墅加固（施工中）

图 5.1.4　别墅加固（施工后）

随着技术的发展，一些新型的 FRP 加固技术，如嵌入式加固法也开始被用于砌体结构加固。嵌入式（Near-surface Mounted，简称 NSM）加固法是在构件表面剔槽，通过粘结材料将 FRP 筋或板条嵌入槽中，以起到补强加固的效果。嵌入式加固法应用于砌体结构的加固有较大的优势。在砖砌体上开槽较混凝土更为容易，且槽的深度不像钢筋混凝土结构受内部钢筋位置的限制。由于砖砌体本身的强度较低，一般选用强度较低的 GFRP 即可，造价也较低。Tumialan 等于 1999 年用嵌入法加固了一个 5 层框架的砌体墙，加固效果良好[3]。

5.1.1　技术优势

FRP 材料具有几何可塑性大、易裁剪成形及自重轻等优点，是砌体结构加固的理想材料。同传统的加固方法相比，FRP 加固砌体结构具有以下几方面的优势：

1. FRP 材料非常轻薄，加固后的砌体结构经装修不会影响外观，也几乎没有增加结构的自重。

2. 极佳的耐腐蚀性及耐久性。砌体构件的孔隙率比混凝土构件大很多，这就影响了钢筋材料在砌体材料中的耐久性。纤维和相应的树脂材料都具有很好的耐腐蚀性能，能够在砌体结构加固中获得较好的耐久性。

3. 施工质量易保证。与粘钢加固相比，纤维布是柔性的，即使砌体表面略有不平，也可以保证很高的有效粘贴率，而且粘贴后发现局部缺陷也易于修补。

4. 对于 FRP 嵌入式加固砌体结构，在砖砌体上开槽较混凝土更为容易，且槽的深度不像钢筋混凝土结构受内部钢筋位置的限制，理论上可以在不改变结构外观的前提下使无筋砌体结构变成有筋砌体结构。

5.1.2　试验研究

自上世纪九十年代开始，欧洲、美国和日本等发达国家及地区对 FRP 加固砌体结构进行了一系列的试验研究，这些研究主要集中在 FRP 平面外抗弯加固、平面内抗剪加固和提高结构整体性能等三个方面。

5.1.2.1　平面外抗弯加固

震害结果调查表明，砌体结构在经历地震作用后，许多破坏形式是砌体墙的平面外变形过大、导致其平面外失稳、倒塌，甚至引起结构整体倒塌，带来严重的后果。因此，通过增加砌体墙平面外抗弯承载力及变形能力，是减少震害的有效手段。图5.1.5为FRP平面外加固砌体墙示意。

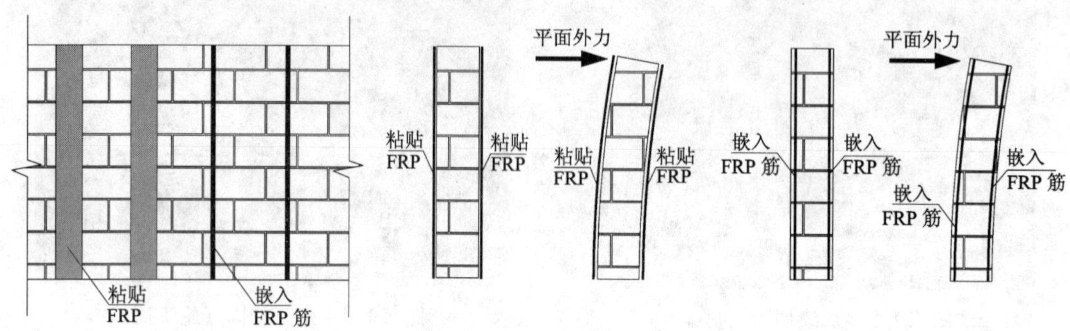

图5.1.5　外贴FRP片材或嵌入FRP筋平面外抗弯加固砌体墙示意图

通过在墙体外侧粘贴FRP片材或嵌入FRP筋，使砌体墙在平面外弯矩作用下，受拉侧墙体拉力由FRP承担，充分利用砌体的抗压能力，可以大幅提高砌体墙平面外的抗弯承载力及变形能力。国外试验研究显示，采用FRP加固后砌体墙可以大幅度提高平面外抗弯承载力。对于端部自由的砌体墙，承载力提高幅度可以达到10倍以上；对于端部受到变形约束和有较大轴向力的砌体墙，加固后承载力提高没有端部自由砌体墙承载力提高明显，端部约束砌体墙采用FRP加固后承载力可以提高1~3倍。

1999年，Hamilton III和Dolan[4]进行了GFRP加固混凝土砌块墙的弯曲性能试验研究；Mohamed A. ElGawady等[5]采用单轴地震模拟器产生人造地震波对墙体在采用AFRP、CFRP以及GFRP加固处理前后进行抗震试验。这些FRP加固砌体墙承受平面外荷载的试验结果表明，FRP加固技术在提高砌体结构墙体的强度、刚度以及变形能力上非常有效。

Kiang Hwee Tan[6]采用FRP对砌体进行平面外抗弯加固试验研究。试验中采用了三种不同的FRP材料和锚固措施，研究了FRP种类、FRP结构形式及锚固措施的不同对加固墙体的影响。试验结果表明，粘贴FRP片材可以有效提高墙体的平面外抗弯极限承载力和延性，砌体的平面外抗弯刚度也有较大的提高。依据FRP种类、结构形式和锚固措施的不同，加固后墙体在平面外荷载作用下出现四种破坏模式：（1）砌体剪切破坏；（2）FRP剥离破坏；（3）砖砌块压碎破坏；（4）FRP拉裂破坏。

Kiss等[7]进行了FRP加固的砌体梁的抗弯性能试验，研究结果表明，FRP与砌体的粘结强度对承载力影响不大，但会影响延性，FRP的厚度越大，破坏时剥离开的长度越大。Tumialan等[8]进行了GFRP加固足尺砌体墙弯曲性能的试验研究，结果表明，采用FRP加固后，墙体在强度和延性方面都有很大的提高，FRP的加固量和FRP的类型会影响墙体的刚度，FRP的粘贴方式直接影响到灰缝处的变形性能。Tan等[9]进行了FRP加固砌体墙承受平面外集中荷载的试验研究，结果表明，FRP加固砌体墙平面外刚度得到了明显提高，且与 FRP 的粘贴量、锚固方式有关，构件的失效模式取决于 FRP 的粘贴方式和锚固方式，通过合理的界面处理和锚固措施，可以避免 FRP 发生剥离破坏。

5.1.2.2 平面内抗剪加固

在砌体结构中，水平方向的地震荷载、风荷载主要由与荷载方向平行的墙体承担。采用 FRP 对砌体墙进行平面内抗剪承载力加固，可以提高结构的抗水平风力及抗震承载力。FRP 平面内加固砌体墙，可以采用粘贴式或嵌入式。采用粘贴 FRP 加固时，FRP 粘贴方向可以采用水平加固方式、垂直加固方式、斜向加固方式或前三者综合的混合加固方式，加固时应注意水平荷载通常是两个方向都存在的，如图 5.1.6 所示。

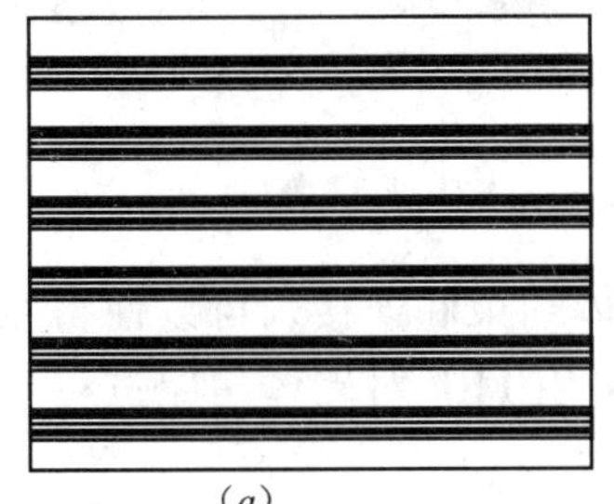
(*a*)

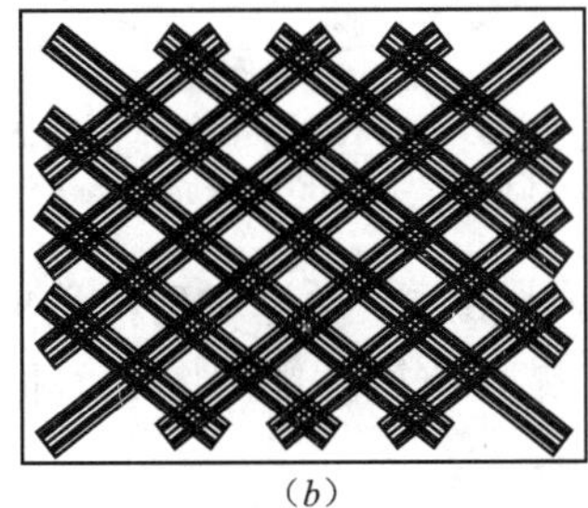
(*b*)

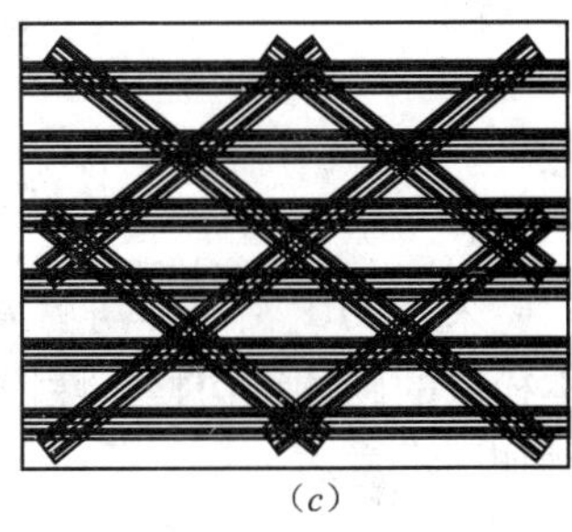
(*c*)

图 5.1.6 常见的 FRP 粘贴加固砌体墙示意图
(*a*) 水平加固方式；(*b*) 斜向加固方式；(*c*) 混合加固方式

1987 年，Croco 等[10]采用低弹模的聚丙烯纤维对砌体结构进行了抗剪加固试验。Ehsani 等[11]系统地研究了 GFRP 加固砖砌体的抗剪性能，研究结果表明：粘贴 GFRP 可以有效提高砌体的抗剪强度和刚度，GFRP 的抗拉强度、粘贴锚固长度和粘贴方向对加固砌体的抗剪强度和破坏形式都有较大的影响。

Corradi 等[2]对在意大利 Umbria 地震中遭受损伤的石砌体结构进行了现场 FRP 抗剪加固试验研究，分别粘贴 GFRP 和碳纤维布加固，结果表明抗剪强度的提高没太大区别。Schweglert[12]对采取机械锚固措施的倾斜粘贴 CFRP 加固砖墙进行了平面内抗剪试验，结果表明：加固砖墙在最大荷载的 70% 以内都处于弹性阶段，开裂以后，裂缝分布均匀，裂缝宽度较小，墙体受力均匀。Straford 等[13]进行的混凝土砌块和黏土砖两种墙体单面粘贴 GFRP 布加固以后的抗剪性能试验研究表明：墙体在粘贴玻璃纤维布以后，平面内抗剪能力得到明显提高。

国内的林磊、叶列平[14]采用 GFRP 和 CFRP 加固砌体墙进行平面内剪切实验，通过不同砂浆强度和高宽比两批实验，验证了 FRP 粘贴于砌体表面不仅可以直接参与墙体受剪作用，更能够通过间接加固作用提高砌体自身抗剪能力。FRP 加固砌体墙能有效提高其抗裂性能，改变破坏形态，提高受剪承载力，使抗震性能得到改善。黄奕辉等[15]通过 4 个芳纶纤维布加固砖砌墙体试件抗剪试验，研究了 AFRP 加固砌体结构的抗剪性能。试验结果表明，采用 AFRP 加固砖砌墙体可以提高墙体的抗剪极限承载力，破坏时水平极限位移较大，表现出较好的延性，提高了砌体的抗震性能。

5.1.2.3 结构整体性加固

通过 FRP 加固砌体结构可以增强结构的整体性，提高其抗震性能和抗爆性能。FRP 可应用于烟囱、砌体拱、砌体墙等多种砌体结构形式的整体性加固，加固施工快捷且效果显著。

图 5.1.7 为 FRP 加固砌体拱提高其整体性的示意图。未加固砌体拱结构在荷载或地

震力作用下容易造成局部压碎、开裂，在拱顶及支撑处形成铰机构，结构进而变成可变体系而破坏。采用FRP加固后，砌体结构整体性加强，承受荷载时能够保持原传力机构，提高结构承载能力。

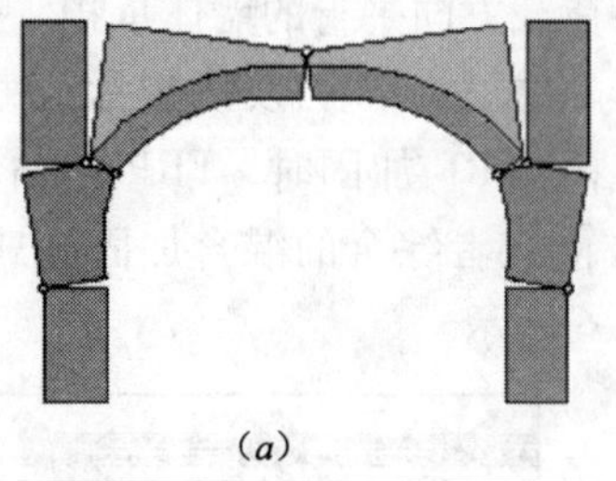

(a)

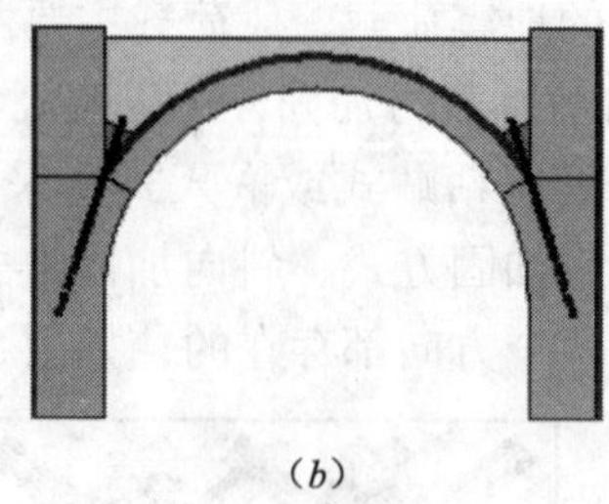

(b)

(c)

图5.1.7　FRP用于砌体拱加固

(a) 未加固结构破坏形式；(b) FRP加固后提高整体性；(c) 实际照片

采用FRP沿砌体房屋墙体环绕粘贴，通过对砌体墙的整体约束和连接，可以使得原本松散的砌体结构整体性增强，提高抗震性能。图5.1.8为采用FRP对砌体房屋进行环绕加固示意。

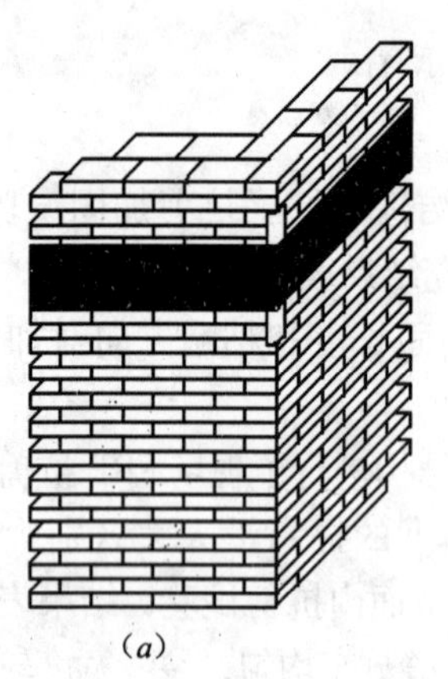

(a)

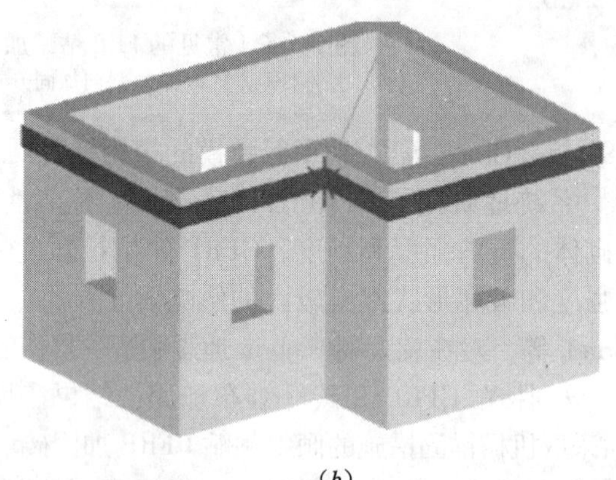

(b)

图5.1.8　FRP环绕粘贴加固砌体墙

(a) FRP加固砌体墙转角；(b) FRP环绕加固砌体墙

Seible[16]对破坏后的砌体墙做了翻新加固实验，模型为一个5层足尺砌体结构，每一层包括2片加固的砌体墙，墙体在每层楼面处用预制预应力混凝土连接，地震荷载加在每层楼面处和屋面处，加载方式为逐级增加的模拟地震荷载，而不是预先确定的横向荷载。加载完后用CFRP对板对墙体加固修复，更进一步的实验表明加固可以提高强度、减小剪切变形，提高了整体力学性能。

5.1.2.4　嵌入式加固

DeLorenzis研究了直径9.5mm的GFRP筋嵌入式加固混凝土砌块墙片600mm×1200mm×190mm在平面外荷载作用下的抗弯性能。试验结果表明，采用一根和两根GFRP筋嵌入式加固墙体的抗弯承载力相对未加固墙体分别提高了7倍和15.7倍。试验中试件均发生粘结破坏，即环氧树脂层发生纵向劈裂和嵌槽周围混凝土开裂破坏。其中，在较高荷载作用下，嵌入两根GFRP筋的墙体在一端支座处出现砌块的剪切裂缝，但由于

GFRP 筋的销栓作用，限制了裂缝开展，延迟了试件的破坏。

Tumialan[17]对旧有钢筋混凝土框架的空心黏土砖墙体采用直径 9.5mm 的 GFRP 筋进行了嵌入式抗弯加固试验。试验结果表明，采用 GFRP 筋加固墙体的抗弯承载力相对于未加固墙体并未提高，破坏形式为砌块被压碎，GFRP 筋的强度未得到发挥。经分析是施工时剔槽对旧有空心黏土砖造成损伤，削弱了砌块自身强度，造成加固失效。因此建议嵌入式加固法应限用于实心砌块，对空心砌块不建议使用嵌入式加固。

Tinazzi[18]研究了直径 6mm 的 GFRP 筋嵌入式加固粘土砖墙片 600mm × 600mm × 90mm 在平面内对角荷载作用下的抗剪性能。试验中用环氧树脂将 GFRP 筋嵌入墙片两面的水平通缝。试验结果表明，加固墙体片的承载力相对于未加固墙片提高了 1.4 倍，破坏形式为由沿阶梯形斜裂缝破坏转化为环氧树脂与砌块界面破坏。

Tumialan[17]模拟了混凝土砌块墙片 1600mm × 1600mm × 200mm 抗剪加固的模型试验。试验中 FRP 筋和粘结材料分别采用直径 6mm 的 GFRP 筋和环氧树脂。试验考虑了多种嵌入式加固形式进行对比：墙 1 为未加固墙片；墙 2 采用 GFRP 筋嵌入加固墙片正面每条水平灰缝；墙 3 采用 GFRP 筋嵌入加固墙片正面每条水平、竖向灰缝；墙 4 采用 GFRP 筋嵌入加固墙片正面每条水平、竖向灰缝和背面每条竖向灰缝。试验结果表明，墙 2 ~4 的极限承载力基本相同，相对于未加固墙体提高约 2 倍。加固墙片破坏形式均为环氧树脂与砌块界面破坏，未加固面墙片裂缝扩展速率较快，竖向加固筋的存在约束了墙片裂缝的扩展，增加了破坏后墙片的稳定性。

5.1.3 设计方法

5.1.3.1 破坏模式

与普通砌体结构不同，FRP 加固后的砌体结构会由于不同的加固形式、受力方式，出现 FRP 拉断、剥离、砌体本身破坏等不同的破坏模式。了解破坏模式对正确选择加固方法和设计十分重要，以下分别就普通砌体、FRP 平面外加固砌体和 FRP 平面内加固砌体的破坏模式作简单介绍。

1. 普通砌体破坏模式

普通砌体在承受地震荷载时，会出现墙体斜向剪切裂缝、墙体根部水平通缝等破坏形式，严重时会出现墙体倒塌甚至房屋整体倒塌的破坏。

1）砌体墙平面外破坏模式

地震作用下，与地震力垂直的墙体承受平面外水平地震力作用，墙体整体处于受弯状态。由于砌体抗拉强度小，在受弯状态下受拉边墙体容易开裂。地震力较大时，墙体平面外受弯变形过大，墙体会在水平地震力和竖向荷载的二阶效应作用下弯折倒塌，造成严重后果。

2）砌体墙平面内破坏模式

地震作用下，与地震力平行的墙体承受平面内水平地震力作用会引起剪切破坏，破坏形式可以分为三类：斜拉破坏、水平剪切破坏和弯剪破坏。斜拉破坏的特征为砌体墙内出现多条斜向剪切斜裂缝，其中有一条占主导作用的斜裂缝穿过较多皮砖且宽度较大，其他斜裂缝相对宽度较小；水平剪切破坏的特征为墙体沿砌体的灰缝出现通长的水平裂缝，并伴有水平滑移或错动，而砌体其他部位相对完好；弯剪破坏的特征为墙体的上下两端出现水平裂缝，并伴有受压区的崩裂，这种破坏通常发生在高宽比大于 2 的墙体，在震害实例中只发生在细长的窗间墙和门间墙上。

2. FRP 加固砌体破坏模式

采用粘贴式 FRP 加固后砌体墙的破坏模式与未加固的砌体结构相比增加了 FRP 拉断、剥离等破坏形式。

1）FRP 加固砌体平面外受力破坏模式

FRP 加固砌体墙平面外受力的破坏模式与砌体墙本身端部的约束轴力作用情况有关。端部无约束墙体平面外受弯时，其变形模式类似简支梁；端部固定、有轴向力作用的墙体平面外受弯时，墙体会因“拱”受力机制，支座对墙体施加约束力矩。

试验研究发现，在端部自由且轴力较小的情况下，FRP 加固砌体平面外受力的破坏模式主要有以下三种：(1) FRP 剥离破坏，这是最主要的破坏形式，由于砖的强度小于找平腻子强度，因此剥离破坏面在砖内部，FRP 剥离破坏如图 5.1.9 所示；(2) 受弯破坏，破坏形式一般为 FRP 拉断或砖墙受压侧压碎的破坏形式，图 5.1.10 所示为 FRP 拉断破坏形态；(3) 受剪破坏，多发生在 FRP 加固量较大的砌体墙，可以细分为砌体墙弯剪破坏和剪切滑移破坏，受剪破坏多出现在支座附近。发生弯剪破坏时，斜裂缝一般为 45°，并通常会伴随端部 FRP 的剥离破坏，如图 5.1.11 所示；剪切滑移破坏一般发生在离支座最近的一皮未加固的砖缝，通常表现为墙体沿其薄弱环节——砂浆的滑移破坏，如图 5.1.12 所示。

图 5.1.9 FRP 剥离破坏形态

图 5.1.10 FRP 拉断破坏形态

图 5.1.11 砌体受弯破坏形态

图 5.1.12 砌体剪切破坏形态

实际的砌体墙要受到轴向压力作用，且端部有约束，非自由转动。在该种受力工况下FRP加固砌体墙平面外受弯时，发生“拱”受力机制，端部的砌体受到支座的约束力矩作用，除了受弯破坏模式外，还有可能出现下面两种破坏模式：（1）在支座附近砌体被压碎，支座附近砌体受到支座转动约束弯矩与轴力共同作用而发生压碎破坏形式；（2）剪切破坏，加固砌体墙由于受到支座约束力矩作用，只发生弯剪破坏，不发生剪切滑移破坏。实际工程中，当砌体高宽比大于30时，可以忽略端部约束作用，按照端部简支砌体墙计算。

2）FRP加固砌体平面内受力破坏模式

FRP加固砌体墙在平面内水平力作用下，剪切斜裂缝的出现位置、数量与未加固墙体不同，加固墙体剪切斜裂缝呈多条密布形式，如图5.1.13（*a*）所示；对于水平通缝的破坏形式，与发生水平剪切破坏的未加固砌体墙破坏特征相似，但此滑动通缝一般出现在墙体底部，如图5.1.13（*b*）所示；弯曲破坏形式与未加固砌体墙破坏形式特征相似，如图5.1.13（*c*）所示。

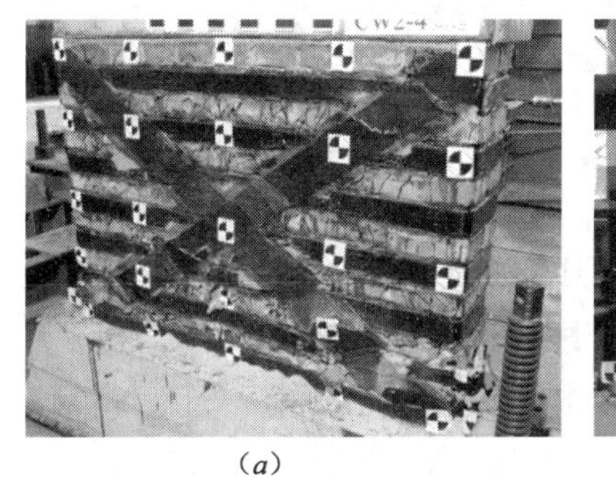

（*a*）

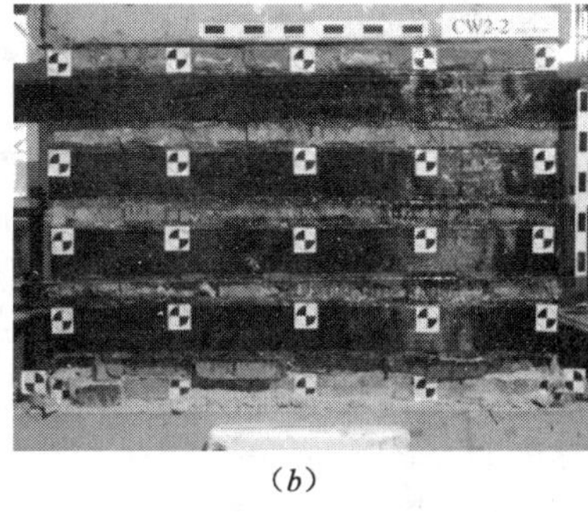

（*b*）

（*c*）

图5.1.13　FRP加固砌体墙破坏形态

（*a*）墙体斜裂缝分布细而分散；（*b*）墙体水平剪切破坏在底部出现；（*c*）墙体底部弯剪破坏

FRP自身的破坏模式包括FRP向墙面外鼓胀、断裂、剥离等。当FRP加固砌体墙在轴力作用下经历水平往复荷载时，可能会引起FRP向墙平面外鼓胀；在加固砌体的边角部位，FRP易产生应力集中而断裂；对于非封闭粘贴的FRP，在受到往复荷载作用时，还会产生剥离破坏形式。

5.1.3.2　平面内抗剪加固设计

粘贴纤维布加固砌体墙的总受剪承载力分为砌体部分的受剪贡献和纤维布的受剪贡献。墙体的受剪破坏模式可能有三种：沿底面水平错动破坏、沿斜裂缝错动破坏以及沿斜裂缝与水平裂缝的复合裂缝错动破坏。当墙面上纤维布条带布置均匀时，墙体的受剪承载力可以由沿底面水平错动破坏及沿斜裂缝错动破坏的受剪承载力两者中的较小值确定，即

$$V \leqslant \min\{V_{M1}, V_{M2} + V_F\} \tag{5.1.1}$$

式中　V_{M1}为沿砌体墙底部水平截面的受剪承载力，V_{M2}为沿砌体墙斜截面砌体部分的受剪承载力，V_F为沿砌体墙斜截面纤维布提供的受剪承载力。

根据《纤维增强复合材料建设工程应用技术规范》(报批稿)，粘贴纤维布加固砌体墙沿底面水平截面的受剪承载力V_{M1}应按以下公式计算：

$$V_{M1} \leqslant (f_v + \alpha_1 \mu_1 \sigma_0) A \tag{5.1.2}$$

$$\mu_1 = 0.311 - 0.118 \sigma_0 / f \tag{5.1.3}$$

式中 A ——墙体的水平截面面积，对多孔砖取毛截面面积；当墙面有孔洞时，取净截面面积；

f_v ——砌体抗剪强度设计值；

α_1 ——修正系数，对砖砌体及混凝土砌块砌体取 $\alpha_1 = 0.8$；

μ_1 ——剪压复合受力影响系数；

σ_0 ——永久荷载设计值在计算水平截面上产生的平均压应力；

f ——砌体的抗压强度设计值；

σ_0/f——墙体轴压比，不应大于0.8。

沿砌体墙斜截面砌体部分受剪承载力 V_{M2} 应按下列公式计算：

$$V_{M2} = [f_v + \eta \alpha_2 \mu_2 \sigma_0] A \tag{5.1.4}$$

当 $\gamma_G = 1.2$ 时，$\mu_2 = 0.26 - 0.082 \sigma_0 / f$ (5.1.5)

当 $\gamma_G = 1.35$ 时，$\mu_2 = 0.23 - 0.065 \sigma_0 / f$ (5.1.6)

对于实心砌块的砌体，$\eta = 1 + 0.71 \rho_A$ (5.1.7)

对于空心砌块的砌体，$\eta = 1 + 0.4 \rho_A$ (5.1.8)

式中 γ_G ——恒荷载分项系数；

α_2 ——修正系数，当 $\gamma_G = 1.2$ 时，砖砌体取0.60，混凝土砌块取0.64；
当 $\gamma_G = 1.35$ 时，砖砌体取0.64，混凝土砌块取0.66；

μ_2 ——剪压复合受力影响系数；

σ_0/f——墙体轴压比，且不大于0.8；

η ——粘贴纤维布加固后对砌体墙受剪承载力的提高系数；

ρ_A ——墙体两面粘贴纤维布面积加固率的平均值，每面纤维布面积加固率等于扣除加固重叠部分的纤维布加固面积与墙面面积之比。单面粘贴，未粘贴面的加固率取零。

沿墙体斜截面纤维布提供的受剪承载力 V_F 应按下列规定计算：

$$V_F = \zeta E_f \varepsilon_{fd} \sum_{i=1}^{n} A_{fi} \cos\theta_i \tag{5.1.9}$$

式中 ζ ——纤维布参与工作系数；

E_f ——纤维布材料的弹性模量；

ε_{fd}——纤维布有效拉应变设计值，取 $\varepsilon_{fd} = \varepsilon_{fe} / \gamma_e$，其中，$\varepsilon_{fe}$ 为纤维布有效拉应变；

A_{fi} ——穿过计算斜截面的第 i 个纤维布条带的截面面积；

θ_i ——第 i 个纤维布条带受力纤维方向与水平方向的夹角；

n ——穿过计算斜截面纤维布的条带数。

相关参数的具体取值可参考《纤维增强复合材料建设工程应用技术规范》(报批稿)。

5.1.3.3 抗震加固

现行国家标准《建筑抗震设计规范》(GB 50011) 中砌体受剪承载力计算公式是由地震震害统计得到，采用的是主拉应力计算公式，与《砌体结构设计规范》(GB 50003) 所给的剪摩公式在理论体系上不一样。通过纤维布加固砌体的主拉应力理论分析得到的计算公式繁琐复杂，又无加固墙体的震害统计资料。目前国内所进行的纤维布加固砌体墙的受剪承载力试验，一般都是拟静力试验，并据此得到墙体的受剪承载力。纤维布加固砌体墙，主要的提高作用体现在对砌体松散特性的改良上。当地震发生时，在振动情况下，加固后的砌体由于改善了整体性，将获得可靠的承载力提高，比在非抗震情况下对墙体受剪承载力的提高帮助更大，可以参照砌体墙在非抗震时的承载力提高比例，确定砌体墙在抗震时的承载力提高。

粘贴纤维布加固砌体墙的抗震受剪承载力可按下列公式计算：

$$V \leqslant \min\{V_{M1}, (V_{ME}+V_F)/\gamma_{RE}\} \tag{5.1.10}$$

式中　V_{M1}为沿墙体底部水平截面的受剪承载力，V_{ME}为砌体墙的抗震受剪承载力，V_F为沿墙体斜截面纤维布提供的受剪承载力，γ_{RE}为承载力抗震调整系数，取0.85。

砌体部分的抗震受剪承载力 V_{ME}应按下列公式计算：

$$V_{ME} = \eta\zeta_N f_V A \tag{5.1.11}$$

式中　V_{ME}——砌体墙的抗震受剪承载力；

A ——砌体墙水平截面面积。当有孔洞时，取净截面面积；

f_v ——砌体抗剪强度设计值；

ζ_N ——砌体抗震抗剪强度的正应力影响系数；

η ——粘贴纤维布加固后对砌体墙受剪承载力的提高系数。

相关参数的具体取值可参考《纤维增强复合材料建设工程应用技术规范》(报批稿)。

5.1.3.4　构造要求

1. 采用多条密布粘贴方案可获得较好的整体加固效果，但纤维布条带宽度太小会给施工带来较大难度，纤维布条带宽度太大又可能会影响粘贴质量。一般情况下，纤维布条带宽度不宜大于500mm。粘贴于砌体表面的纤维布条带能够对粘贴部位以外一定区域内的砌体发挥加固效果，但影响区域有限，同时由于砌体构件具有一定的松散性，砌体墙的受剪破坏时可能沿多种可能路径破坏，若纤维布条带净间距过大，容易造成加固效果降低，因此对纤维布条带的最大净间距给予限制。

纤维布条带的在全墙面上宜等间距均匀布置，条带宽度不宜小于100mm，条带的最大净间距不宜大于三皮砌块的高度，也不宜大于200mm。

2. 砌体结构的强度较差，与纤维布协同工作的性能不好，因此在设计中应充分考虑粘结及锚固等构造措施。在受力过程中，砌体墙受力破碎导致整体性下降是墙体抗剪承载力降低的重要因素，同时墙体的受力破损也会引起纤维布粘贴失效，通过设置拉结构造可以提高纤维布与墙体的联系，对改善纤维布的锚固和提高墙体的整体受力性能有很大帮助。

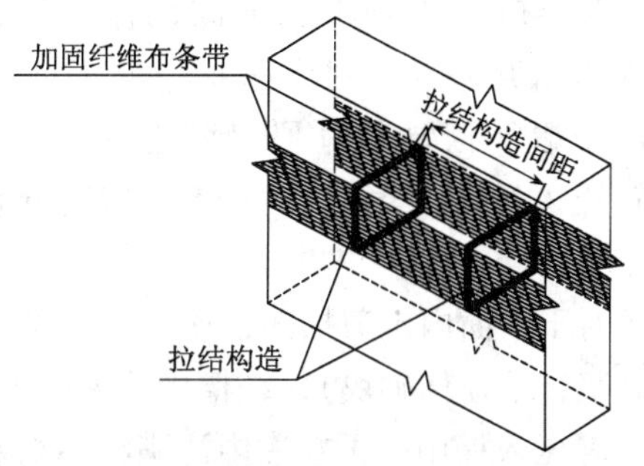

图5.1.14　沿纤维布条带方向设置拉结构造

沿纤维布条带方向宜采用可靠锚固措施，可按图5.1.14 设置拉结构造。在纤维布受压部位的拉结构造间距宜取 300 ~ 400mm，其余部位拉结构造间距宜取 400 ~ 600mm。拉结构造材料可与加固纤维布材料一致。

纤维布条带端部的锚固构造措施可根据墙体端部情况按图 5.1.15 所示采用。纤维布条带绕过阳角粘贴时，阳角转角处曲率半径不应小于 20mm。当有可靠的工程依据或试验资料时，也可采用其他机械锚固方式。

3. 对于砌体结构表面风化、粉化比较严重的情况，如果直接采用 FRP 粘贴加固，FRP 与砌体结构的结合面粘结强度很难保证，会导致 FRP 与结构共同受力不理想，难以发挥 FRP 材料的抗拉强度，无法达到预期的加固效果。建议对表面风化、粉化比较严重的砌体结构进行处理，如采用渗透性材料提高砌体的抗压强度和粘结性能，之后再进行 FRP 加固，必要时可进行相关的性能试验和模型试验。

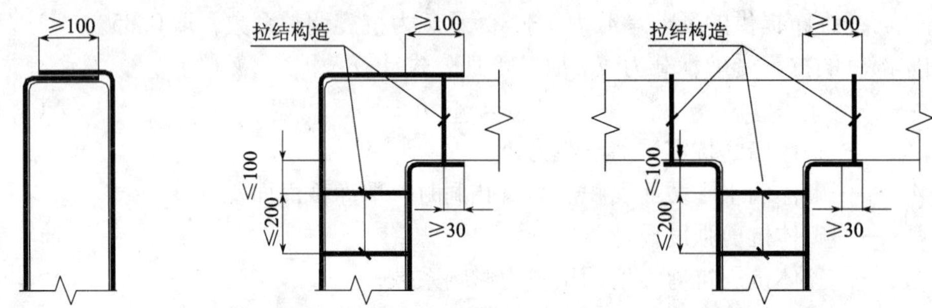

图 5.1.15　纤维布条带端部的锚固构造（单位：mm）

（*a*）一字型墙端；（*b*）L 字型墙端；（*c*）T 字型墙端

5.1.4　施工

外贴 FRP 片材加固砌体结构的施工工序与加固混凝土结构类似，应按施工准备、表面处理、涂刷底层树脂、涂刷浸渍树脂、粘贴纤维布、表面防护等步骤进行。

施工的注意点主要包括：1. 砌体表面处理同混凝土加固构件的表面处理类似，表面平整度控制以能良好粘贴纤维布为宜；2. 找平材料应能与被加固砌体及粘贴树脂均能有可靠强度；3. 处理后的表面应为砌块新面或找平材料，没有明显的突起、凹陷及表面起伏，防止纤维布受拉时发生剥离；4. 纤维布在两个相交表面上连续布置时，应按纤维布加固混凝土构件的要求做好光滑连续处理。

对于嵌入式 FRP 筋加固砌体结构，其施工工序根据抗弯加固和抗剪加固的目的不同而略有差异。对于平面外抗弯加固，该工法的做法是：在砌块表面沿弯矩作用方向剔槽（槽宽约为 FRP 筋直径的 1.5 倍），在槽内注入约过半的粘结材料，将 FRP 筋轻压入槽中并用粘结材料将其充分包裹，再在槽内注满粘结材料后将砌体表面修复平整。

对于平面内抗剪加固，该工法的做法是：沿砌体结构水平灰缝处剔槽（剔除部分砌筑砂浆，不损伤砌块），在槽内注入约过半的粘结材料，将 FRP 筋（其直径受灰缝厚度限制）轻压入槽中，再在槽内注满粘结材料后修复砌体表面，针对该工法的特点，国外也称其为结构重新嵌缝。

5.2 木结构加固

木结构是我国古建筑的主要结构形式，我国现存大量的木结构民居、桥梁、寺庙、殿堂、塔、楼阁、衙署和牌坊等古建筑，但它们使用年数已久，结构残损严重，抗震能力严重不足，需要及时进行有效的加固维修工作。对于这些承载着中华文明与历史信息的古建筑，所要求的维修原则非常严格，一是不能破坏它们原有的历史文化信息，二是使其结构破损部位得到有效的修缮，从而能长久地保存下去。基于梁思成先生提出的古建筑“修旧如旧”的原则，应用 FRP 加固技术是加固修复木结构的一条有效途径，能在尽量保持外观不变的前提下实现良好的加固效果。

在日本、韩国等东南亚国家，木结构的传统建筑也占有相当数量，而在欧洲和北美，则有很多新型木结构住宅。随着生活水平的不断提高，人们开始倡导返朴归真接近自然的生活理念，掀起了木结构住宅产品的热潮。然而作为建筑材料，木材存在着天然的弱点（如疤疖、斜纹、裂缝、干裂、徐变大等），而且受环境影响易腐、易蛀、易燃，导致木结构承载能力逐渐减退，需要频繁地进行维护和修复。建筑物使用功能的改变和荷载的增加，也使得木结构需要进行加固和改造，因此，研究和推广 FRP 加固和修复木结构建筑的方法是极具意义的。

应用 FRP 材料加固木结构的试验研究始于上世纪 60 年代，国外的学者针对传统木结构加固方法占用空间大、耐久性差、不利于文物历史价值的保护等缺陷，提出采用纤维材料来加固木结构的构想，并进行了相关的理论分析及实验研究。Biblis 于 1965 年研究了用玻璃纤维来加固六种不同木材梁的结构性能，并提出了相应的计算方法，但由于当时玻璃纤维的造价非常昂贵，这种加固方法没有能够得到推广与发展。随着材料科学的发展，纤维材料的造价越来越低，性能更好的碳纤维材料开始被应用于加固工程中。

1992 年，瑞士在修缮位于德国境内，始建于 1807 年的 Sins 木结构桥梁的工程首次采用了 CFRP 材料[19]，加固方法是在交叉梁的上、下表面粘贴厚度为 1mm、总宽为 200－300mm 的 CFRP 片材，胶粘剂为环氧树脂。1998 年在瑞士 Aare 河上的 Murgenthal 木结构桁架桥（图 5.2.1）加固工程中也采用了 CFRP 片材，该桥建于 1863 年，其桁架结构的部分受拉弦杆因受昆虫蛀噬导致承载力下降，加固方法是在需要加固的受拉面采用环氧树脂粘贴 50mm 宽的 CFRP 片材，如图 5.2.2 所示。

图 5.2.1 Murgenthal 桥

图 5.2.2 CFRP 加固木桥效果图

美国缅因州的 Fairfield 桥修建于 2003 年，跨度为 21.3m，是一座 FRP-层合木-混凝土桥梁，采用了 FRP 材料及剪力连接件，增强了桥面的承载力[20]。同在缅因州的 Medway 桥和 Milbridge 桥均采用了 FRP 层合木面板，GFRP 片材贴在桥底部受拉端，在 GFRP 下面还有一层保护板以防船只碰撞[21]。

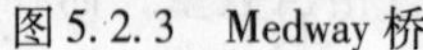

图 5.2.3　Medway 桥

图 5.2.4　Milbridge 桥

位于美国威斯康星州的 Racing 房屋 Wingspread 建造于 1938 年，是 Frank Lloyd Wright 曾经设计的最大的木结构房屋。该建筑在 1994 年的大雪荷载作用下产生了大位移。为了使变形后的结构满足强度和刚度的要求，直接粘结 13 层、总厚度为 12mm 的柔曲四向编织的 CFRP 片材于木屋顶的望板上，这样达到了加固的目的并形成了壳结构[22]。

图 5.2.5　本门寺五重塔

图 5.2.6　五重塔部分模型

本门寺五重塔（图 5.2.5）是日本东京都大田区池上本门寺的重要古建筑，建于 1608 年，塔高 29m，主体结构为木结构。该塔是日本的重要文化财产，历经四百年的风雨和战乱，主体结构已受到严重损伤，存在严重的安全隐患，因此于 1997 年 10 月到 2003 年 3 月作为日本国库补助事业进行了解体修理[37]。工程人员首先将五重塔的构件进行编号并登记（图 5.2.7），然后将这些构件拆分解体，解体后的构件分别进行相应的清理和加固工作，相当部分的构件通过粘贴或嵌入 CFRP 板材的方法进行了加固（图 5.2.8），最后根据图纸和编号将这些构件重新组装成完整的结构。加固后的五重塔既提高了承载力，消除了安全隐患，又完好地保存了建筑的原貌。

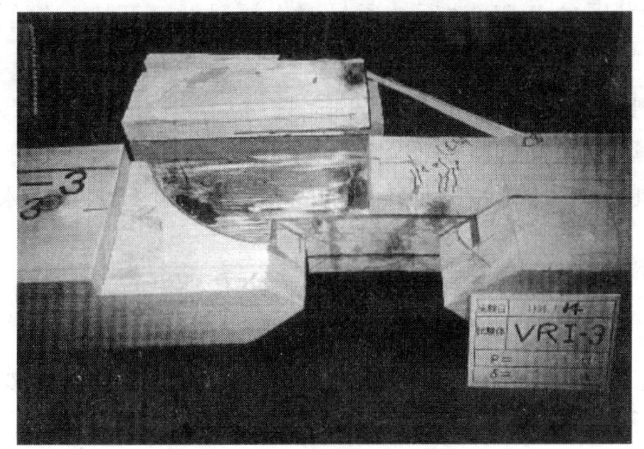

图 5.2.7　构件编号并拆分解体

图 5.2.8　CFRP 板条嵌入式加固

欧洲也有采用 CFRP 筋加固木结构的工程实例，如 GothicFrauenkirche 教堂（建于 15 世纪）的木穹顶加固工程，该教堂位于有千年历史的古镇 Meissen。通过对该结构的深入分析，需要一种“温度敏感刚度加固”方案，该方法是通过张拉预应力 CFRP 筋来实现的。

国内也有一些 CFRP 片材加固木结构的工程。同济大学预应力研究所和上海同吉预应力工程有限公司于 2000 年采用 CFRP 片材加固上海财经大学 24m 跨度的木结构，加固使用至今效果良好，既满足结构指标（刚度、强度、延性、木结构材料的完整性），也满足了建筑学的效果要求。国家工业建筑诊断与改造工程技术研究中心于 1999 年采用碳纤维布对某古建筑的大型木柱进行加固，取得了很好的加固效果，加固后的木柱仍保持了原有的风格，实现了“修旧如旧”的文物建筑加固修复的主导思想。

图 5.2.9　碳纤维布加固某古建筑角柱

5.2.1　技术优势

由于木材资源有限，木结构的修复和改造不可能大面积地替换新材，对于特大或稀有材种和文物古迹更是如此。木结构的加固主要体现在对于构件和节点的增强，传统的加固方法有设置斜支撑、嵌缝加箍、化学灌浆、粘钢板等。这些传统方法往往会破坏建筑物原貌或带来化学腐蚀和锈蚀等问题。如粘钢加固虽然能够很好地提高构件的强度和刚度，但是钢板存在自重大、易腐蚀和不易成形等缺点，不能广泛地应用于木结构加固。某些新技术尽管也取得了一定的成功，如加拿大发展的 WER 体系，通过对木梁受拉区开槽配钢筋并以树脂封填形成组合结构，具有良好的结构性能，得到一定的应用，但适用面有限。没有合适的加固材料和技术是木结构加固长期面临的一个主要问题。

FRP 材料具有几何可塑性大、易裁剪成型及自重轻等优点，特别适用于非规则断面的传统木构件的表面粘贴，是木结构加固的理想材料。同传统的加固方法相比，FRP 加固木结构具有以下几方面的优势：

1. 纤维布非常轻薄，加固后的木结构经彩绘后不会影响外观，也几乎没有增加结构的自重；

2. FRP 材料强度高，可以代替传统加固法中需要加设的铁箍，且由于其自身的耐腐蚀性，无需再进行防腐处理；

3. 基底材料环氧树脂和 FRP 材料均具有良好的耐腐蚀性，在加固木结构构件使其强度得到提高的同时，还能作为功能材料保护木构件免受腐蚀；

4. 从解决挠度问题的角度看，传统的支顶加固法会改变结构整体的传力体系，更换构件加固法可能会对其他构件造成损伤，而 FRP 加固法主要采用粘贴方式，在不损伤原构件的情况下，提高了结构的承载力和刚度，可以避免对古建筑的地落架和调整复位；

5. 从裂缝修补的角度看，传统的化学灌浆加固法从表面上可以对裂缝进行修补，但无法解决内部微小裂缝的修补问题，若采用外包铁箍或玻璃钢条还会影响建筑外观；而采用 FRP 材料进行裂缝修补，可将中空部分用木块填充，灌注树脂材料，四周再用纤维布环绕包裹，使木构件处于纤维布的环向约束中，构件处于三轴压力作用下，形成类似钢管混凝土的结构，不仅可以弥补木结构内部微小裂缝，而且可以大大增强结构的整体力学性能和变形性能，同时又可以保证结构整体外观不受影响。

6. 新型的 FRP 加固技术，如嵌入式加固法具有一些特别的优势。加固后，由于 FRP 材料嵌贴在结构表层中，结构外观几乎不受影响，同时 FRP 材料因内置而得到较好的保护，抗冲击性能、耐久性、防火性能等得以提高。此外，木结构易于切缝，施工便捷，特别适合使用嵌入式加固法。

5.2.2 材料

FRP 加固木结构所用的材料与 FRP 加固混凝土一样，主要包括 FRP 材料和粘结材料。其中 FRP 材料主要是碳纤维布，也有少数 FRP 板，在此不再赘述，详见本书第二章。

随着技术的发展，出现了一些新型的 FRP 加固技术，其中某些技术也适用于木结构加固，如嵌入式加固法。嵌入式（Near-surface Mounted，简称 NSM）加固法是在构件表面剔槽，通过粘结材料将 FRP 筋或板条嵌入槽中，以起到补强加固的效果。嵌入式加固法使用的 FRP 材料主要是 CFRP 和 GFRP，对于木结构的加固，采用 GFRP 的较多。从产品类型上分，嵌入式加固使用的 FRP 材料主要包括 FRP 筋、条带型的 FRP 板材两种形式。FRP 筋根据表面形状不同，可分为光圆筋（表面喷砂处理）和变形筋两大类，其中变形筋包括带肋、表面螺旋缠绕 FRP 条带等形式。也有一些试验研究中采用 CFRP 方形筋，表面粘附石英砂。FRP 条带嵌入对木材的伤害最小，建议尽量使用 FRP 条带进行嵌入式加固。嵌入式加固法在本书第 6.2 节有详述。

5.2.3 试验研究

自上世纪 90 年代开始，欧洲、美国和日本等发达国家及地区对 FRP 加固木结构进行了一系列的试验研究，这些研究主要集中在基本力学性能、长期力学性能和界面性能等几个方面。

5.2.3.1 基本力学性能试验

1. FRP 加固木梁

在 FRP 加固木结构的所有研究中，FRP 加固木梁抗弯性能的研究最为充分。FRP 加固木梁抗弯性能主要是在木梁受拉面粘贴 FRP 片材或在受拉区布置 FRP 筋，达到提高木梁抗弯承载力、刚度和延性的效果，典型的加固方案如图 5.2.10 和图 5.2.11 所示。

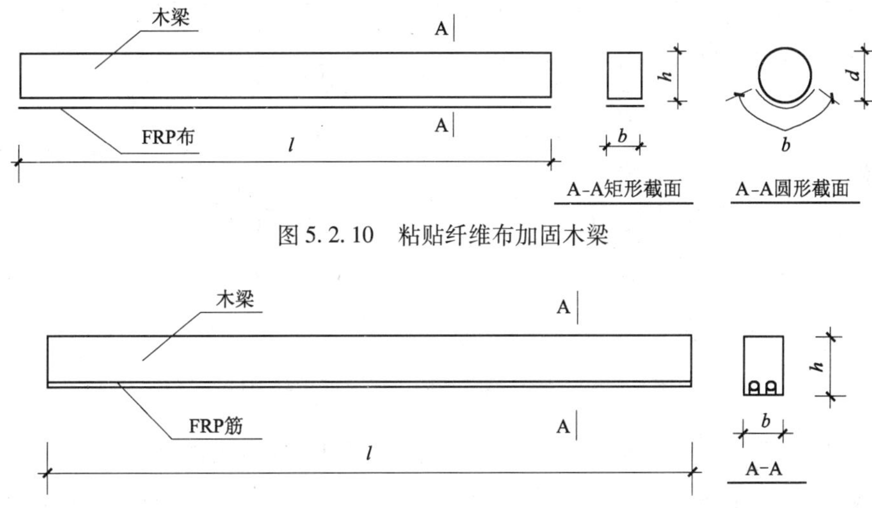

图 5.2.10 粘贴纤维布加固木梁

图 5.2.11 埋设 FRP 筋加固木梁

Plevris 等[23]、GangaRao 等[24]、Johns 等[25]和 Borri 等[26]均进行过粘贴纤维布加固矩形木梁的试验研究。这些研究结果表明，加固木梁截面变形基本符合平截面假定，纤维布能有效约束裂缝开展、限制木材缺陷和防止木材局部破坏，能明显提高被加固木梁的抗弯承载力、刚度和延性。由于纤维布用量（0.08% ~4.03%）、纤维布种类（CFRP、GFRP）、树种、木材种类（锯材、胶合木）、试件尺寸、加载位置和锚固长度的不同，被加固木梁抗弯承载力和刚度的提高程度有较大差异，其中抗弯承载力提高幅度为9% ~100%，刚度提高幅度为22.15% ~29.12%。

因木材的弹性模量低，徐变大，而且直接粘贴纤维布加固时存在二次受力，往往因木构件变形和裂缝过大使得 FRP 不能充分发挥作用，增强效果并非十分理想。在 1962 年，Bohanan 最早提出在木结构中施加预应力的思想，但因为没有合适的预应力材料而没得到很好的发展。1992 年，Triantafillou 采用张拉碳纤维布，在持载情况下，将木梁受拉面粘贴到碳纤维布上，等到粘结胶产生一定强度后再释放，从而建立预应力碳纤维布加固木梁的思想，并在试验室得以实现。试验结果表明，施加预应力后构件的强度比非预应力 CFRP 梁约提高 15%，比普通木梁提高 30%，同时刚度也明显提高，证明了粘贴预应力碳纤维布是一种较好的加固方式。

Gentile 等[27]、Radford 等[28]、Borri 等[26]、Micelli 等[29]、DeLorenzis 等[30]均进行过预埋 FRP 筋加固矩形木梁的试验研究。研究结果表明，加固木梁的破坏模式由脆性受拉破坏转变为延性受压破坏，木梁没有发生 FRP 筋的滑移和分层，FRP 筋与木梁协同工作较好。由于 FRP 筋用量（0.11% ~0.82%）、FRP 筋种类（CFRP、GFRP）、树种（花旗松、欧洲云杉）、木材种类（锯材、胶合木）、试件尺寸等的不同，被加固木梁抗弯承载力和刚度的提高程度有较大差异，其中抗弯承载力提高幅度为 18% ~82%，刚度提高幅度为 8% ~30.3%。

Triantafillou[38]进行了粘贴不同厚度（0.167mm、0.334mm）和方向（0°、90°）的碳纤维布加固木梁抗剪承载力的试验研究。为保证试件发生剪切破坏，剪跨内试件宽度由 65mm 减至 25mm，如图 5.2.12 所示。所有试件均在剪跨内发生剪切破坏，粘贴碳纤维布后，木梁抗剪承载力提高 4.8% ~42.18%，提高幅度与理论分析结果符合较好。

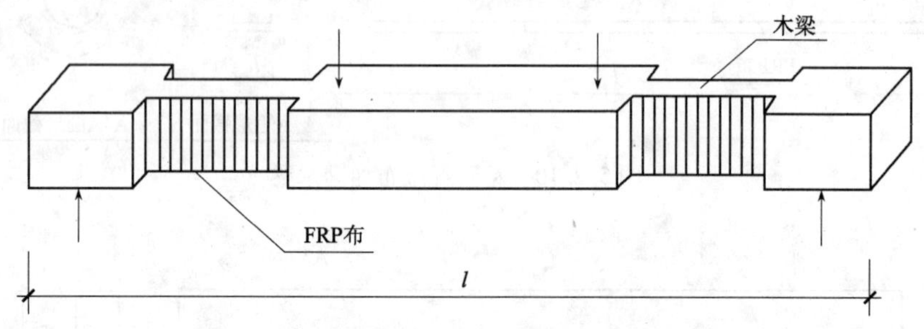

图 5.2.12　碳纤维布加固木梁抗剪承载力试件

Hay[39]等进行了玻璃纤维布竖向和斜向加固木梁抗剪承载力的试验研究。试验中玻璃纤维布斜向粘贴木梁的抗剪承载力提高 34.1%，而竖向粘贴木梁的抗剪承载力仅提高 16.4%，斜向粘贴比竖向粘贴的加固效果更好。Carradi 等[40]进行了玻璃纤维布加固既有木楼面抗剪承载力的研究，粘贴玻璃纤维布后，木楼面的抗剪承载力得到明显提高。

2. FRP 加固木柱

FRP 加固木柱的研究主要集中在外贴碳纤维布以增强木柱的抗压、抗弯和抗剪强度。Roberto 等通过试验证明 FRP 不仅能弥补由于虫蛀、木腐菌造成的木柱截面的削弱，还能额外提高木柱的抗弯和抗剪承载力，此外用 FRP 包裹一层防腐试剂能够预防木柱的腐朽，提高耐久性。同济大学进行了碳纤维布加固圆形长柱和短柱的试验研究，加固后的木柱能提高 10% ~20% 的抗压承载力，且刚度和延性也得到了提高，缠绕式粘贴碳纤维布还能约束长柱的侧向变形和端部的受压破坏。Taheri 等[31]进行了碳纤维布加固长细比为 16 的胶合方木柱的试验研究，加固后的方木柱的极限抗压承载力提高了 60% ~70%。

木柱的破坏主要在于开裂、虫蛀或蚀损引起抗压强度不足和抗风、海浪冲击、地震的弯曲和剪切强度不足，根据 FRP 加固钢筋混凝土柱的研究成果来看，其效果是比较理想的，这方面的研究将会给木柱的加固提供非常有价值的参考。

3. FRP 加固梁柱节点

国外关于木结构节点的研究主要是针对指形接点进行的，对于我国传统的木结构榫卯节点的加固研究是个空白点。如图 5.2.13 所示，榫头有一段长度嵌固在柱卯中，当梁绕柱卯转动被限制而产生弯矩，同时榫卯节点也承受相当的剪力和压力，此外还通过榫头和卯孔之间的摩擦承受拉力。在古建筑维修中常见木榫头在沿垂直面内断裂，很容易导致结构整体的倒塌，因此很有必要加强此方面的研究工作。

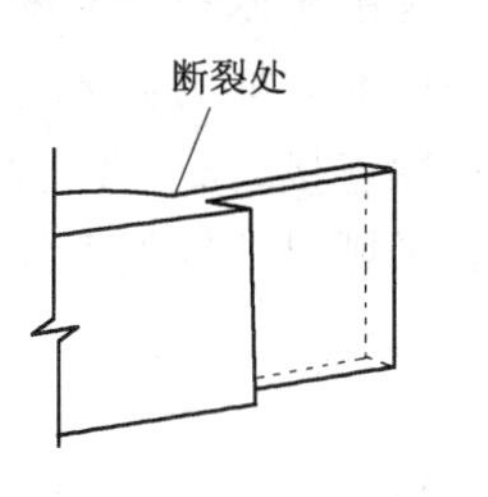

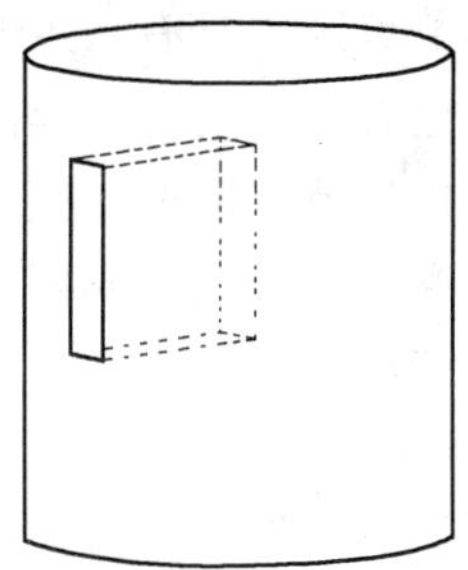

图 5.2.13　梁柱榫卯连接

5.2.3.2　其他性能试验

1. 长期性能

木材的弹性模量低、徐变大，建造历史较长的木结构变形较大，而且会因长期徐变导致构件破坏，在利用 FRP 加固木结构的过程中，必须要考虑徐变的影响。

1995 年，Plveris 等[32]对两根碳纤维布加固的木梁和一根对比梁进行了 10 个月恒温恒湿恒载试验，结果表明，碳纤维布加固木梁的徐变性能主要由木材的徐变性能控制，随着碳纤维布用量的增加，木梁的短期变形和长期徐变变形均明显减小，体积加固率 $\rho=1\%$ 时，加固木梁的总变形降低约 40%，徐变变形降低约 50%。

2001 年，Davids[33]对 12 根 7m 长冷杉胶合层木进行了为期 22 个月的恒温变湿恒载试验，试验结果表明，FRP 加固的木梁徐变明显小于未加固的木梁。这两个典型的实验表明，利用 FRP 加固木构件，不仅可以提高构件的承载力，而且可以明显地削弱徐变的影响。

2. 界面性能

Barbero 等[34]研究了纤维布与木构件的界面粘结性能，研究表明，用结构胶粘贴纤维布可保证界面剪力的有效传递，但潮湿对界面粘结强度有明显的不利影响，潮湿试件界面剪应力仅为干燥对比试件的 43%。Tascioglu 等[35]通过胶合木标准加速循环暴露试验，研究了使用防腐剂对界面粘结性能的影响，试验结果表明，在加固前进行防腐处理试件的界面粘结性能明显劣于加固后进行防腐处理试件。Tascioglu 等[36]通过研究发现，木材中普遍存在的褐色木腐菌（brown rot fungus）和白色木腐菌（white rot fungus）均能在 GFRP 片材中生长，层间剪力试验法和超声及扫描电镜等无损检测法均能发现木腐菌对界面粘结性能的劣化。

5.2.4　设计方法

5.2.4.1　加固设计的特点

目前，FRP 加固钢筋混凝土的技术已较为成熟，国内外均有相应的设计规范和规程，而 FRP 加固木结构尚无相应的设计规范。尽管 FRP 片材加固木结构的设计和计算可以借鉴 FRP 片材加固钢筋混凝土的理论，但是木材与钢筋混凝土的受力性能有很大的差别，木材的抗压承载力较小且抗拉强度与抗压强度的比值较大，因此，必须考虑受拉区木材对承载力的贡献，而 FRP 片材加固钢筋混凝土梁的计算对受拉区混凝土的作用忽略不计。

古建筑木结构节点区本身有一定的间隙，该间隙是由于木材特有的随环境温度湿度变化而引发的变形，也有部分是为了提高结构的抗风和抗地震能力而人为设计使其具有一定的间隙，此类木结构的节点区的连接属于半刚性的塑性连接，具有结构动力性能方面的优点。当采用纤维布缠绕的方式加固修复木结构的节点区域时，要切实注意所采用的加固措施对既有古建筑木结构的影响。

5.2.4.2　抗弯加固设计

目前众多的理论研究通常假定木材的本构关系在受拉时为线弹性，在受压时为弹塑性，如图 5.2.14 所示。

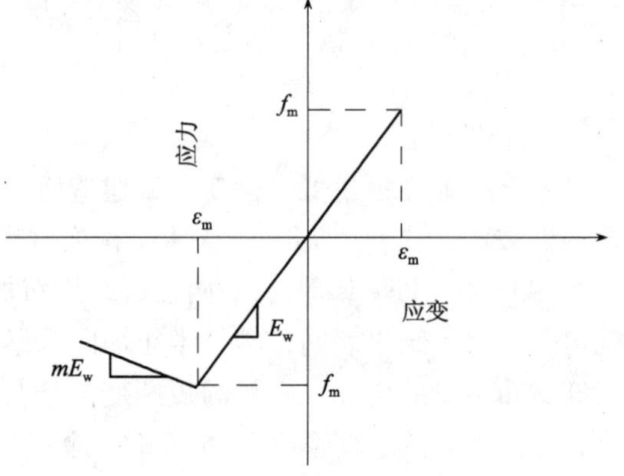

图 5.2.14　木材的应力-应变关系

若将木材视作匀质弹性体，以 FRP 和木材的弹性模量比将 FRP 横截面积换算成木材横截面积，就可用材料力学的方法来计算 FRP 加固木构件后的抗弯承载力 f_m，即：

$$f_m = M/W_n \qquad (5.2.1)$$

其中 M 为弯矩，W_n 为考虑 FRP 贡献换算截面的净截面抵抗矩，可根据平截面假定、力学平衡方程和变形协调关系确定。

FRP 加固木梁通常存在以下三种破坏模式：

1. 受拉木纤维被拉断引起的弯曲破坏，这是一种常见的破坏形式，发生在 FRP 用量适中，木材抗拉抗压强度相差不大时；

2. FRP 被拉断引起的弯曲破坏，这种破坏形式通常发生于 FRP 用量较小，而木材抗拉强度和抗压强度较高时；

3. 受压木纤维被压皱而引起的弯曲破坏，发生在 FRP 用量较大，而木材抗压强度较低时。

值得注意的是，试验研究证明，用 FRP 加固受弯木构件时可能发生 FRP 剥离破坏，这种脆性破坏会严重影响加固构件的强度、刚度和稳定性。借鉴 FRP 加固钢筋混凝土结构的成果，试验证明将粘贴面打磨光滑，清洗干净并涂刷底层树脂，采取必要的锚固措施可以很好地防止剥离破坏。

实际上木材是正交各向异性材料，以年轮为弹性对称面，简单的将其视为匀质弹性体与实际情况并非完全相符；而且，粘贴 FRP 片材在很大程度上改善了木材材性上的缺陷，增加了构件延性，使得受弯截面上的应力应变并不符合线弹性关系。因而，更多的试验研究、寻求更优的计算模型量化的研究 FRP 加固木构件的增强效果是必要的。

5.2.4.3　抗剪加固设计

抗剪加固的理论研究相比抗弯加固更为复杂，需要考虑的影响因素也很多，很多学者提出了相关的计算公式和设计方法，但目前仍无较为统一的理论。这里简单地介绍一下Triantafillou 在考虑 FRP 对木梁抗剪截面宽度 b、全界面惯性矩 I 和面积矩 S 的贡献的基础上提出的 FRP 加固木梁抗剪强度计算公式，如式 5.2.2 所示：

$$f_{v,n}=\frac{VS_n}{I_n b_n} \tag{5.2.2}$$

其中，$f_{v,n}$ 为 FRP 加固木梁抗剪强度；V 为剪力；b_n 为考虑 FRP 贡献的等效宽度，$b_n=b+2tE_{FRP}/E_W=b+2nt$，$b$ 为木梁截面宽度，n 为 FRP 与木材的弹性模量之比，t 为单侧 FRP 的厚度；I_n 为考虑 FRP 贡献的等效全截面惯性矩，$I_n=(bh^3+2tnh_{FRP}^3)/12$，$h$ 为木梁截面高度，h_{FRP} 为 FRP 高度，与木梁等高时 $h_{FRP}=h$；S_n 为考虑 FRP 贡献的等效面积矩，$S_n=(bh^2+2tnh_{FRP}^2)/8$。

5.2.4.4　轴压柱加固设计

目前在 FRP 约束混凝土圆柱体的力学性能和设计方法方面已经进行了大量细致深入的工作，各国学者提出了不同的强度、变形公式和本构模型，大体上可以总结为三种类型：以反映主要物理参数为基础的 Richart 统计分析模型；基于多轴混凝土强度理论的 Ahmad and Shah (1982)(A&s) 计算模型；以能量守恒原理为基础的 Mander，Priestley&Park 计算模型。这些模型均以侧向约束压应力为出发点，同时考虑加固后混凝土的应力-应变关系，从而研究 FRP 对混凝土柱强度的提高。

混凝土和木材受压时均表现为弹塑性，本构关系曲线比较相似，所以，FRP 约束木材构件强度计算可以采用与约束混凝土构件类似的计算模型，以侧向约束压应力 f_r 为出发点，同时考虑加固后木材的应力-应变关系，将约束木材构件的强度 f_{wc} 表达为木材抗压强度 f_{w0} 和侧向约束压应力 f_r 的函数：

$$f_{wc}=\varphi(f_{w0},f_r) \tag{5.2.3}$$

考虑 FRP 的厚度 t_f、环向抗拉强度 f_θ 以及木柱的尺寸 D 等因素，f_r 可表示为：

$$f_r=\varphi(f_\theta,t_f,DK) \tag{5.2.4}$$

关于 f_{wc} 和 f_r，各国学者提出了不同的计算公式，但尚无较为普遍接受的公式，而且在实际设计过程中尚需考虑柱子的长细比和轴压比等因素，有待进一步的深入研究。

5.2.5　施工

在采用 FRP 加固木结构之前，应充分调查并掌握原有木结构所处的环境及损伤状况，如有开裂、腐蚀劣化等状况，应先进行相应的处理，然后再进行加固施工。

外贴 FRP 片材加固木结构的施工工序与加固混凝土结构类似，在此不再详述，施工的注意点主要包括：1. 对木构件先要做好表面处理，对于表面的蜂窝、虫孔、腐蚀、裂缝应进行剔除，灌缝或封闭处理，再用找平胶填平，构件表面不能有明显的凹陷；2. 在锚固区可每隔一定间距刻一条痕，以加强锚固效果；3. 粘贴时木构件粘贴面应保持干燥；4. FRP 粘贴面应保证干净无油污；5. 粘贴时环境温度应高于 10℃，温度较低将导致养护时间延长。

5.3 钢结构加固

大量的钢结构，如钢结构桥梁、钢结构建（构）筑物、海岸和近海工程及石油化工用压力容器、管道、塔桅等，由于生产、制造、施工、使用及环境等因素的影响，不可避免地存在各种各样的缺陷和损伤，尤其是在长期服役的钢结构中更为突出。在荷载和环境等各种因素的作用下，材料的微观缺陷逐渐扩展和汇合，形成宏观裂纹，导致材料宏观力学性能劣化，承载力下降，最终引起钢结构构件宏观开裂或材料破坏甚至造成工程事故。

为了延长这些损伤钢结构的使用寿命并确保结构安全工作，就必须对损伤结构构件进行更换或修复。此外，由于荷载增加、使用功能改变、耐久性要求提高等原因，都有可能导致钢结构构件需要进行更换或加固。更换这些构件将耗费大量的人力、财力和物力，并且会影响结构的正常使用。同时，结构损伤具有局部性和多发性特点，这些结构不可能在出现损伤时就立即退役。因此，寻求经济高效的钢结构修复技术既是土木工程领域亟待解决的技术问题，又是一个关系到可持续发展的社会问题。

美国、英国和加拿大等国家自20世纪70年代中期开始了纤维复合材料修复金属结构的理论研究，并已成功应用在航空航天、船舶结构的修复中。20世纪90年代中期，随着FRP材料加固技术在混凝土结构中的研究和应用日趋成熟，国内外也相继开展了FRP材料加固钢结构的研究，并已开展了一定的工程应用。世界各地已有了一些碳纤维板加固钢结构桥梁的应用实例，美国爱荷华州、特拉华州均有钢结构桥梁粘贴CFRP进行了加固，英国历史上著名的金属桥Hythe桥和Slattocks桥也采用了粘贴CFRP板进行加固，均取得了满意的加固效果[41]，图5.3.1为美国某钢结构公路桥梁粘贴碳纤维板加固的工程实例[42]。

图5.3.1 粘贴碳纤维板加固钢结构公路桥

5.3.1 技术优势

传统的钢结构加固修复方法主要是把钢板焊接、铆接、螺栓连接或者粘接到原结构的损伤或需加固部位。这些方法虽在一定程度上改善了原结构缺陷部位受力状况，但同时又给结构带来一些新的问题。

采用传统的焊接修复方法，高温作用会使焊接部位组织及性能劣化、材质变脆、断裂韧性降低、抵抗脆断的能力变差，而且焊缝常常或多或少地存在一些缺陷，会产生新的裂纹，引入新的断裂源。焊接后结构内部存在残余应力，与其他作用结合可能导致开裂；焊接使结构形成连续的整体，裂缝一旦失稳扩展，就有可能一断到底。焊接时，如果焊条选择不当，则焊缝与母材组成电偶对，将大大提高焊缝的电耦腐蚀速度。

采用螺栓连接或铆接加固方法，需要在损伤部位附近的母材上开孔，削弱了截面，恶化了损伤区域的受力情况，形成新的应力集中区。在动荷载作用下，普通螺栓易发生松动，高强螺栓易发生应力松弛现象。对于铆接修复，铆接处铆合温度过高，易引起局部材质硬化，且铆接质量不易控制，降低了结构的修补效果。

采用粘钢加固技术虽然可以避免上述修复方法产生残余应力、削弱构件截面、劣化母材材质等不足，但钢板自重大，不易制作成复杂形状，运输和安装也不方便，耗时、费力，质量不易保证，而且钢板容易锈蚀，后期维护费用较高。

FRP 加固钢结构技术是在钢结构表面涂覆特制的胶结剂，将钢结构和 FRP 材料粘接成为一个整体，通过变形协调、共同工作来提高钢结构承载能力并改善动力疲劳性能，提高结构安全性和可靠性的一种加固方法。与传统的钢结构加固技术相比，FRP 加固钢结构技术具有一些特殊的优势，主要表现在以下几个方面：

1. 不需要对母材钻孔，不减少构件的承载面积，不增加新的焊缝，不会产生残余应力，不会形成新的结构破坏源；

2. FRP 材料具有良好的抗疲劳性能，适用于动荷载环境；

3. 耐腐蚀性能较好，减小了渗漏和腐蚀的隐患，尤其适用于石油化工用压力容器、城市供水供气管道等工程；

4. 施工过程中无明火，适用于特种环境和工厂环境，如电缆密集处或化工车间、炼油厂等；

5. 具有较高的比强度和比刚度，加固修补后，基本不增加原结构的自重和原构件的尺寸；

6. 适用于特殊结构形状，如对于任意封闭结构和形状复杂的被加固结构表面（如压力容器、管道、球形节点等），基本上可以保证 100% 的有效粘贴率，从而最大限度地提高结构的修复效果；

7. 操作简便易行，施工性能良好，成本低，效率高，对生产影响小，狭小空间亦可施工，特别适合于现场修理；

8. 可以对构件进行多次修复，对构件材性没有损伤或损伤很小，可以忽略不计。

表 5.3.1 为 FRP 加固法与其他几种钢结构加固修复技术的综合比较。

各种钢结构加固方法性能比较 **表 5.3.1**

焊 接 加 固	螺栓连接加固	铆 接 加 固	粘钢板加固	FRP 加固
热塑区母材的韧性、塑性降低	截面削弱	截面削弱	母材无损伤	母材无损伤
存在应力集中、焊接残余应力、残余变形，易产生裂纹、气孔、夹渣未焊透等缺陷	普通螺栓在动荷载下易发生松动，高强螺栓易发生应力松弛、滑移	铆合温度过高，易引起局部钢材硬化	无残余应力及应力集中	无残余应力及应力集中

继表

焊 接 加 固	螺栓连接加固	铆 接 加 固	粘钢板加固	FRP 加固
明火施工，存在安全隐患，有一定的限制	施工无明火	施工无明火	施工无明火，适用于特种环境	施工无明火，适用于特种环境
劳动强度高，工效较低	劳动强度高，工效较低	劳动强度高，工效较低	劳动强度高，工效较低	劳动强度较低，工效高
大面积修复，综合成本较高	大面积修复，综合成本较高	大面积修复，综合成本较高	大面积胶接，综合成本较低	大面积胶接，综合成本低
易于拆卸、组合、检查	易于拆卸、组合、检查	易于拆卸、组合、检查	不宜拆卸	不宜拆卸
耗钢量多，结构自重增加较大	耗钢量多，结构自重增加较大	耗钢量多，结构自重增加较大	耗钢量多，结构自重增加较大	结构自重增加较小
连接强度的离散性较小	连接强度的离散性较小	连接强度的离散性较小	强度受粘结方法、温度、湿度等因素的影响，离散性较大	强度受粘结方法、温度、湿度等因素的影响，离散性较大
高温、蠕变对加固效果的影响较小	高温、蠕变对加固效果的影响较小	高温、蠕变对加固效果的影响较小	高温、蠕变易导致结构失效	高温、蠕变易导致结构失效

5.3.2 试验研究

相对于 FRP 片材加固混凝土结构，FRP 加固钢结构的研究和应用还处于起步阶段，国内外现有的试验研究多集中在以下几个方面：受弯构件加固、受拉（压）构件加固、疲劳加固、胶粘剂及粘结界面性能研究等。

5.3.2.1 受弯构件加固

国内外关于 FRP 加固钢结构的试验研究大部分集中在受弯构件加固，分为无损伤缺陷钢梁的加固和损伤钢梁的加固。这些试验研究多采用下述方法之一或几种方法组合：修复自然腐蚀损坏的钢梁；修复人工开缺口的钢梁，模拟锈蚀引起的截面损伤；加固截面完整的钢梁以提高受弯承载力和刚度；加固钢梁-混凝土桥板组合结构中的钢梁。

FRP 加固钢结构梁的试验研究始于 20 世纪 90 年代中期，美国 Delaware 大学对无损伤缺陷的工字型钢梁进行了研究。Delaware 大学从已锈蚀损坏的旧桥上取下足尺钢梁试件进行试验研究[43]，试件长 9754mm，高 610mm，翼缘宽度 229mm。梁受拉翼缘沿长度已均匀锈蚀，这在很多桥梁中是很典型的现象，受拉翼缘截面损失约 40%，相应刚度降低约 29%。由于梁腹板基本未锈蚀，因而仅在受拉翼缘下表面粘贴一层 CFRP 板条进行加固。试验结果表明，梁的破坏模式为受压翼缘发生局部屈曲破坏；CFRP 加固后梁的弹性刚度提高 10% ~37%；与未加固梁的计算值相比，两根加固后梁的极限承载力分别提高了

17% 和 25%；在同一荷载水平，受拉翼缘的非弹性应变比未加固梁降低了 75%。

Abushaggur 和 Damatty[44] 采用 19mm 厚的 CFRP 粘贴到 W6 ×25 的工字型钢梁上下翼缘的表面，然后进行四点受弯试验研究。试验结果表明，这些钢梁的失效模式是 CFRP 板发生断裂或者 CFRP 层间发生分层，没有观察到 CFRP 和胶层之间的剥离破坏。加固后钢梁的刚度、屈服荷载和极限荷载分别提高 15%，23% 和 78%。Pamaik[45] 等将厚 1.4mm 的 CFRP 板粘贴到薄壁工字型钢梁腹板两侧，钢梁的破坏形式是腹板屈曲的剪切破坏，加固后钢梁的抗剪承载力提高了 26%。

Mertz[46] 等采用 4 种加固方案对跨度为 1372mm 的工字型钢梁进行了 4 点弯曲试验。加固方案分别为：受拉翼缘底部粘贴碳板；先粘贴铝合金蜂窝板再粘贴 CFRP 板；受拉翼缘底部先粘贴轻质泡沫再缠绕 GFRP；受拉翼缘底部粘贴 GRRP 槽型板并用螺栓锚固，如图 5.3.2 所示。试验结果表明，加固后的刚度分别比加固前提高了 20%、30%、11% 和 23%，极限承载力分别提高了 42%、71%、41% 和 37%。

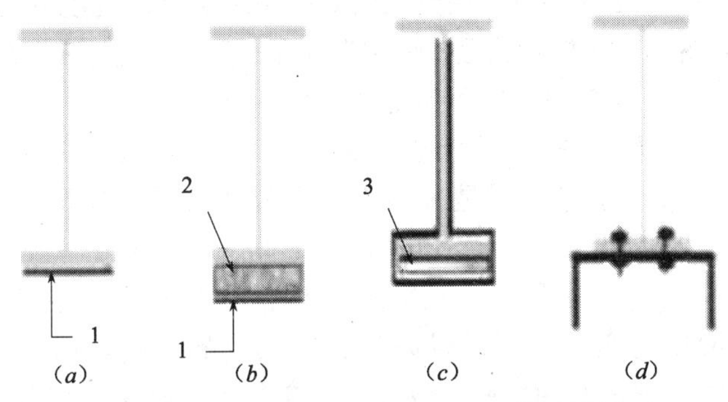

图 5.3.2　粘贴碳纤维板加固钢结构公路桥

1—CFRP 板；2—铝合金蜂窝板；3—轻质泡沫

钢结构桥梁中常采用钢-混凝土组合梁，对钢-混凝土组合梁的加固也是一个研究热点。美国 South Florida 大学的 Sen[47] 等进行了与混凝土桥板组合作用的钢梁的加固试验。试件是跨度为 6100mm 的 W8 ×24 的工字型钢梁，上面是厚度为 114mm、宽度为 710mm 的混凝土板，其中钢材的屈服强度分为 310MPa 和 370MPa 两种，加固用 CFRP 板的厚度分为 2mm 和 5mm 两种。首先对所有试件进行四点弯曲试验至受拉翼缘达屈服应力，以模拟严重的使用破坏。然后在受拉翼缘粘贴 CFRP 板进行加固，CFRP 板的长度为 3650mm，宽度为翼缘宽度，弹性模量为 114GPa。为了防止端部剥离破坏，在 CFRP 板端部增设了夹具或铆钉等锚固措施进行比较。试验结果表明，加固后钢梁的承载能力显著提高，钢材屈服强度为 310MPa 的组合梁分别采用 2mm 和 5mm 的 CFRP 加固后，承载能力分别提高 21% 和 52%；钢材屈服强度为 370MPa 的组合梁承载能力分别提高 9% 和 32%；除了一个粘贴 5mm 厚 CFRP 板未加铆钉的试件因 CFRP 与钢翼缘突然剥离而破坏以外，其他试件破坏时均呈现出较好的延性，荷载-挠度曲线如图 5.3.3 所示。由于加固用 CFRP 板的弹性模量小于钢材，因而当加固量较小时（如 2mm 碳板）对构件的弹性刚度基本没有提高（图 5.3.3*a*），但当加固量较大时（如 5mm 碳板），刚度也得到一定程度的提高（图 5.3.3*b*）。

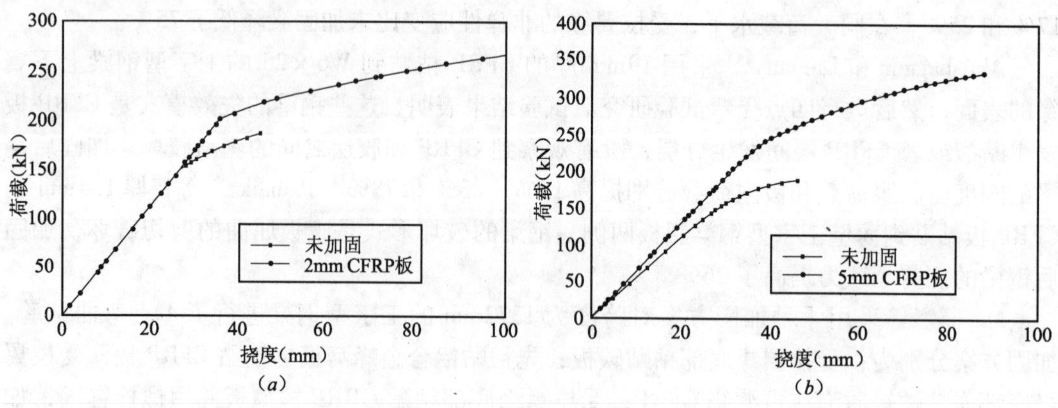

图 5.3.3　荷载-挠度曲线

(*a*) 环氧粘结，370MPa；(*b*) 环氧＋铆钉，310MPa

在模拟损伤钢梁的加固试验中，主要采用受拉翼缘切口、腹板钻孔等方法。存在损伤缺陷的钢梁用高模量的 CFRP 板加固后，刚度基本能恢复到未损伤情况下钢梁刚度的90%以上，极限承载力的提高随着加固量和损伤大小而不同。

美国 Missouri-Rolla 大学进行了带缺口的工字钢梁加固试验研究[48]，试件跨度2438mm，为三点弯曲试验。第一个是未加固也未带缺口的对比构件；第二个试件也未加固，但在受拉翼缘处切开了一个宽 106mm 的缺口，以模拟由于锈蚀引起的截面严重损伤；第三、四个构件也同样开口，且第三个试件通长粘贴一层 100mm 宽 CFRP 板，第四个构件仅加固梁长的四分之一，以研究粘结长度的影响。试件一和试件二均发生侧向屈曲破坏；试件三发生 CFRP 剥离破坏，剥离起始于跨中缺口处，然后随荷载增大向端部扩展，该现象由缺口区域应力集中和高剪应力所触发；试件四也因 CFRP 的突然剥离而破坏。试件三和试件四的承载能力分别提高 60% 和 45%，试件破坏模式见图 5.3.4。

CFRP 在切口损伤处与钢梁的剥离破坏是一个非常普遍的现象，切口损伤越严重，剥离破坏越明显，这也说明了采取措施延缓或避免剥离破坏的重要性。而 CFRP 加固存在损伤的组合梁的破坏模式主要有 5 种：混凝土被压碎、CFRP 与钢梁剥离、CFRP 被拉断、钢梁的翼缘或腹板屈曲、混凝土与钢梁间的剪力件破坏，通常是几种破坏模式的组合。

图 5.3.4　带缺口的工字钢梁受弯试验破坏模式

5.3.2.2 受拉（压）构件加固

对受拉（压）构件的加固试验研究不如受弯构件多，但最近几年这方面的研究正逐渐增多。

国家工业建筑诊断与改造工程技术研究中心进行了一系列粘贴碳纤维布加固钢板拉伸试验[49]。试验参数主要包括固化温度、粘贴形式、胶粘剂种类、胶粘长度、粘结宽度、碳纤维布粘贴层数、碳纤维布种类和损伤类型等。对带缺口的钢板，在荷载作用下，破坏为剥离破坏，碳纤维布首先从粘贴端部与钢板开始剥离，随着外荷载的增加，剥离区域逐步扩展，最后整片碳纤维布剥离，钢板在缺陷部位被拉断，达到极限承载力状态（图5.3.5*a*）。当对粘结采取锚固措施后，碳纤维剥离从试件缺陷部位开始，随着外荷载的增加，剥离逐步向端部扩展，当钢板在缺陷部位被拉断时，如果试件碳纤维布粘贴长度足够，端部锚固依然有效（图5.3.5*b*）。对于没有缺陷的试件，破坏在碳纤维布粘贴范围之外发生，随着钢板颈缩，靠近颈缩处的碳纤维布发生剥离，当钢板断裂后，远离断口的碳纤维布依然粘贴有效（图5.3.6）。

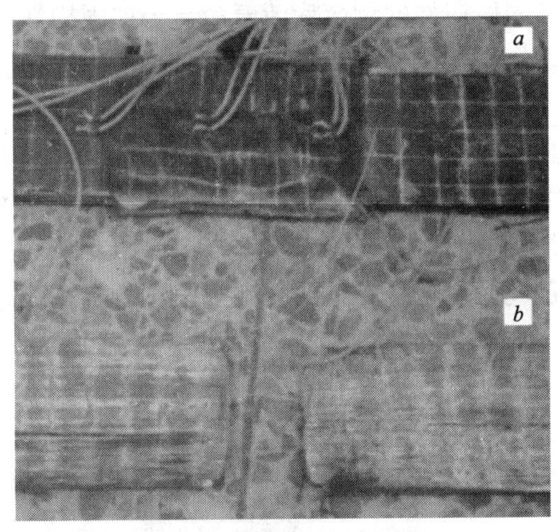

图5.3.5　拉伸破坏

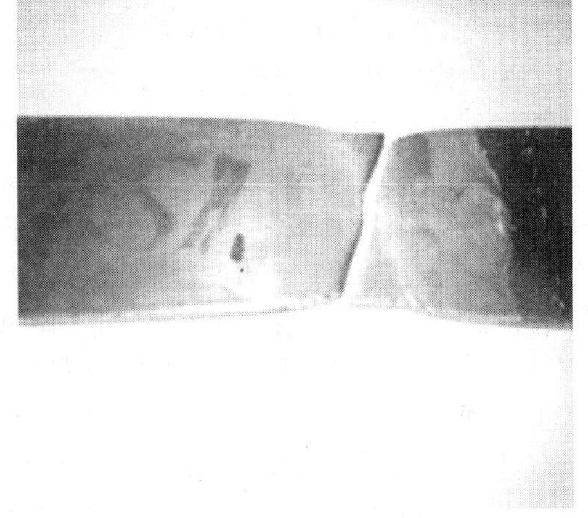

图5.3.6　拉伸破坏

西安交通大学也进行了碳纤维布加固钢板的单轴拉伸试验[50]，研究了碳纤维布加固对试件屈服荷载、承载力和延性的影响，并对碳纤维布与钢板的共同工作问题进行了分析。试验结果表明，钢板采用碳纤维布双面粘贴加固后，屈服荷载提高了16%～18%，极限荷载提高了16%～25%，破坏模式是碳纤维布拉断，主要是断面附近或碳纤维布端部发生脱胶，随着脱胶程度和位置不同，极限承载能力也不同，这也说明胶粘剂对钢构件加固起着非常重要的作用。

加拿大Queen’s大学进行了FRP片材缠绕加固空心方管柱的受压性能研究[51]。试验结果表明，沿方管环向粘贴碳纤维布的加固效果远比纵向粘贴好，极限承载能力可提高18%。纵向粘贴时破坏模式为碳纤维布的剥离，而环向加固时不会发生碳纤维布与钢结构之间的剥离，钢柱因局部屈曲而破坏。

Missouri Rolla大学研究了用FRP管加固锈蚀损伤钢柱抗压承载能力的可行性。研究人员在钢柱存在锈蚀损伤的部位先套上FRP管，然后在FRP管内浇筑膨胀轻质混凝土，对钢柱进行受压试验。试验结果表明，采用这种方法加固后，钢柱的抗压承载能力普遍比未加固构件提高150%以上。

5.3.2.3　疲劳加固

从国内外的疲劳性能试验结果来看，采用FRP加固后，存在疲劳损伤的钢结构的剩余疲劳寿命均成倍增长，加固效果十分明显。

美国Jackson State大学和Arizona大学的Tavakkolizadeh[52]等对21根1.3m长的W127×4.5A36的小尺寸工字型钢梁进行了疲劳强度试验。梁跨中受拉翼缘两边各被切割一道长12.7mm、宽0.9mm的切口模拟损伤疲劳裂纹，CFRP板长度为300mm，宽度与梁的下翼缘相同，厚度为1.27mm，纤维方向与切口方向垂直。试验结果表明，当应力幅为379MPa、207MPa时，加固试件的疲劳寿命比未加固试件提高了2.6倍、3.4倍，且加固构件的刚度也明显提高，加固后疲劳裂缝的扩展速率大大降低。

Sean C. Jones等对2个含裂纹的和8个含中心裂纹的受拉构件进行了疲劳试验研究，考察CFRP类型、长度、宽度、单面或双面粘贴、裂纹扩展前后粘贴等因素对加固效果的影响。对于含裂纹钢板，当双面粘贴加固时，加固后构件的剩余疲劳寿命与未加固构件相比最大提高115%，对于含中央裂纹钢板，当双面粘贴加固时，加固后构件的剩余疲劳寿命与未加固构件相比，最大提高了54%。

Delaware大学的研究人员从一座旧桥梁取出2根存在锈蚀损伤的钢梁，采用CFRP板加固后进行了疲劳试验研究，在34MPa的应力幅下，经过1000万次应力循环没有发生CFRP板与钢梁的剥离破坏，这说明加固后钢梁具有很好的抗疲劳性能。

国家工业建筑诊断与改造工程技术研究中心进行了碳纤维布加固十字型横肋小试件的疲劳性能试验[9]，试件由三块宽70mm、厚20mm的钢板焊接而成（图5.3.7），焊缝形式为K形坡口焊，试件材料为Q345B，纤维方向与K形焊缝垂直。试验沿纤维方向以拉-拉方式循环加载，应力比为0.1，试验波形为正弦波，频率为500次/分，通过应力幅的变化以对比分析碳纤维加固试件的疲劳性能。试验结果表明，在不同应力幅和应力比作用下，碳纤维加固试件和对比试件的破坏形式都表现为金属的疲劳，在焊趾一侧的边缘部位首先出现应力疲劳源。随着应力循环次数的增加，疲劳裂纹开始萌生并逐渐向内部发展，当裂纹发展至截面不能再承受相应的应力时，试件在焊趾处对应疲劳源出现位置的另一侧断裂，试件破坏。在等应力幅、等应力值、应力比相同等条件下，粘贴有碳纤维布的试件较原来试件疲劳性能有大幅度改善，疲劳寿命可以提高318%。

图5.3.7　疲劳试验试件

国家工业建筑诊断与改造工程技术研究中心对粘贴碳纤维布加固修复钢吊车梁圆弧端的疲劳性能进行了试验研究。CFRP粘贴方式采用层压方式，用CFRP将圆弧端焊缝压住，然后在45°方向粘贴CFRP压条进行锚固（图5.3.8）。试验结果表明，与焊接，栓接等传统的加固方法相比，粘贴碳纤维布对改善吊车梁的疲劳性能效果非常明显，粘贴碳纤维布加固后的试件的最大主应力幅度比加固前降低 21%；在吊车梁圆弧端粘贴碳纤维布的加固厚度为 0.3mm，在动荷载作用下的疲劳寿命与焊接 8mm 厚钢板，栓接 6mm 厚钢板的加固效果相当。

图 5.3.8 吊车梁疲劳试验

5.3.2.4 胶粘剂及粘结界面性能研究

胶粘剂在 FRP 加固钢结构技术中对结构加固效果的影响至关重要，胶粘剂的作用一方面是固定纤维，另一方面是传递应力，将钢结构承受的应力通过胶粘胶层传递给 FRP，同时还要保护纤维丝束不受外界环境影响和机械损伤。FRP 片材粘贴加固钢结构的薄弱环节是钢与 FRP 界面的胶粘剂。现有试验研究表明，大部分破坏始于 FRP 片材端部或钢构件损伤处，主要是因为这些区域的胶层中存在较大的应力集中，引发了 FRP 与钢构件间的脱胶，随着荷载增大，脱胶区域不断扩大，最终剥离破坏。

用于 FRP 加固钢结构的胶粘剂应具备以下特点：力学强度指标较高，能够承受较大荷载作用；韧性较好，能够承受较大的剪切变形；耐久性好，能够抵抗紫外线、温度、化学介质等的影响。根据试验研究，饱和乙烯基树脂体系和环氧树脂体系能够较好的满足上述特点，其中饱和乙烯基树脂的综合性能优于环氧树脂，但因其固化时需要较高的固化温度和较高的压力等环境条件而限制了其在钢结构加固技术中的应用，因为当钢制构件较小，处于机械化生产的过程中这些条件易于实现，但对于土木工程中构件较大和室外施工环境来说，却不易实现，因此目前 FRP 加固钢结构技术研究中所选用的胶粘剂大都依然是环氧树脂体系。环氧树脂为高分子有机材料，其热稳定性、长期化学稳定性相对较差，一定程度上制约了 FRP 加固钢结构技术的工程应用。

国家工业建筑诊断与改造工程技术研究中心进行了 CFRP 加固钢结构粘结界面受力性能的试验研究。试件模拟钢结构损伤情况并研究粘贴长度对界面应力的影响。试验结果表明粘结界面应力大小和分布与很多因素有关，包括材料强度、厚度、弹性模量、荷载效应、粘贴方式、固化条件等，其中胶层厚度对界面应力最为敏感。在粘结端部，界面剪应力最大，随粘贴长度的增加，界面传递剪应力减小，碳纤维复合材料受到的正应力增大，构件承载力也逐渐提高，但当粘贴到一定程度时，只是胶层弹性长度增加，构件承载力不再提高。粘接树脂涂抹要饱满均匀，胶层厚度要适当。增加胶层厚度可以提高界面应力，但同时胶层厚度过大容易产生气泡等缺陷，造成强度下降；反之，如果胶层过薄，容易造成贫胶，同样降低粘结强度，因此需要严格控制粘贴质量。

为了避免胶层的剥离破坏 Vinson[53] 提出把 CFRP 板的两端做成 45°角，可有效地减小胶层的应力。Sen[7] 设计了一种钢夹具固定在 FRP 板两端来抵抗此处较大的正应力和剪应力。Liu[8] 则建议在张拉翼缘和腹板上缠绕纤维方向垂直于梁长度方向的 GFRP 以避免 CFRP 片材与钢结构的剥离。

5.3.3 设计方法

粘贴 FRP 片材加固钢结构与 FRP 加固混凝土结构相比，研究和应用还非常有限，尚未形成较为完善的设计体系，因此本书中不再列出具体的计算公式。根据试验研究结果可总结出一些设计原则、构造要求及注意事项以供参考：

1. 粘贴 FRP 片材加固混凝土梁或者钢梁都存在剥离破坏的可能性。对于混凝土梁，其高跨比通常在 1/10 ~1/20，根据理论分析和试验结果，高跨比越小，发生剥离破坏的可能性也越小；对于钢梁，其高跨比通常小于 1/20，本书选取了几个高跨比在 1/20 左右的工字形组合钢梁进行了计算，根据第三章关于 FRP 剥离破坏的界面应力理论，这些钢梁粘贴的 FRP 界面应力 $\Delta\tau \approx 0.2\text{MPa} < [\tau] = 0.6\text{MPa}$，其中 $[\tau]$ 为 FRP 临界剥离应力。这表明粘贴加 FRP 片材加固无损伤缺陷钢梁不容易发生剥离破坏，验证了相关试验研究的结论，而对于加固有损伤缺陷的钢梁，则需要进行相关的锚固措施，因为已有的试验结果表明，FRP 加固损伤缺陷的钢梁，发生剥离破坏的可能性较大。

2. 随着 FRP 片材层数的增加，FRP 强度发挥的有效性降低，粘贴 FRP 片材越厚越易发生剥离破坏。因此，在加固设计时应充分考虑加固的有效性和经济性。

3. 根据材料性能，加固钢结构应选用碳纤维片材。目前一般采用的是低弹模高强型 CFRP，当用于刚度加固时，选用高模型 CFRP 可取得更好的加固效果。

4. 采用碳纤维片材对工字型钢梁进行受弯加固时，宜在受拉区域全长范围内粘贴碳纤维片材并应具有足够的延伸长度。对于碳纤维板，端部应采取可靠的锚固措施。

5. 用 FRP 加固工字型截面的受拉翼缘时，破坏可能由受压翼缘的侧向扭转屈曲控制，应使受压翼缘具有足够的侧向支撑。

6. 粘贴碳纤维片材加固轴心受拉构件时，为避免荷载偏心的影响而造成附加弯曲应力，宜对称粘贴碳纤维片材。

7. 碳纤维片材粘贴方向应与最大缺陷主应力方向一致。如果损伤部位存在多轴应力，纤维片材的取向和铺层顺序应与控制主应力方向一致；在垂直于缺陷应力的方向和碳纤维片材的粘贴方向，应设置压条对碳纤维片材进行锚固。

8. 由于碳纤维板端部存在较大的剥离应力，为了降低剥离应力，尽量避免碳纤维板端部过早发生剥离破坏，可将端部切成 45° 斜角，如图 5.3.9 所示。粘贴多层碳纤维布加固时，端部采用由内向外渐收的方式可以减少剥离应力，如图 5.3.10 所示。

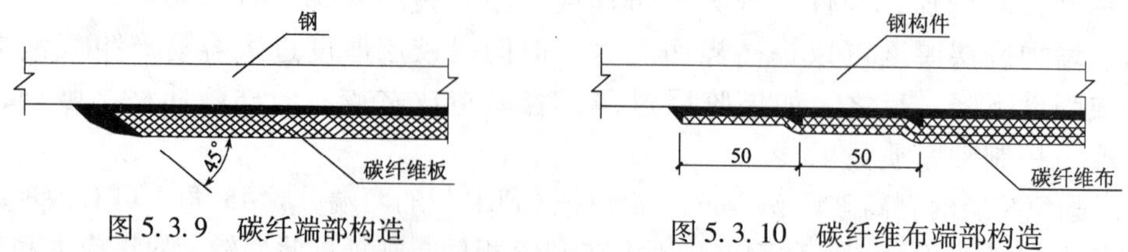

图 5.3.9 碳纤端部构造　　图 5.3.10 碳纤维布端部构造

9. 为了减小施工缺陷，加固修复钢结构的碳纤维布的宽度不宜大于 300mm，不宜小于 100mm；长度不宜大于 2000mm。当碳纤维布沿纤维受力方向进行搭接时，搭接不应小于150mm，并应避开缺陷应力影响区域。

10. 当钢结构与CFRP直接接触时有可能产生电腐蚀，若两者之间存在电解质，会在CFRP上持续进行阴极反应。CFRP板通常采用拉挤成型，将纤维原丝通过专用设备拉伸，同时浸润专用树脂，并在一定的温度和压力下固化成型，碳纤维丝表面已均匀覆盖了一层树脂，在施工过程中可较好地避免与钢材的直接接触。对于碳纤维布，尽管在施工过程中有涂刷底胶、结构胶等工序，但由于施工质量的离散性，不能完全避免碳纤维丝与钢材的直接接触，因而仍存在电腐蚀的隐患。预防该问题的措施有：在碳纤维与钢材之间设绝缘层（如玻璃纤维织物）或防止潮气进入粘贴区域，如图5.3.11所示。

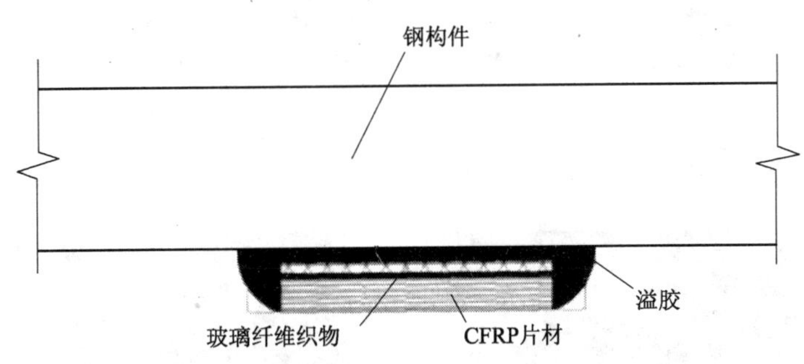

图5.3.11 防止电腐蚀措施

5.3.4 施工

粘贴CFRP片材加固钢结构的施工与加固混凝土结构类似，主要施工流程见图5.3.12，可参照第四章有关内容进行。图5.3.13为美国某钢结构公路桥梁粘贴碳纤维板加固施工的具体过程。

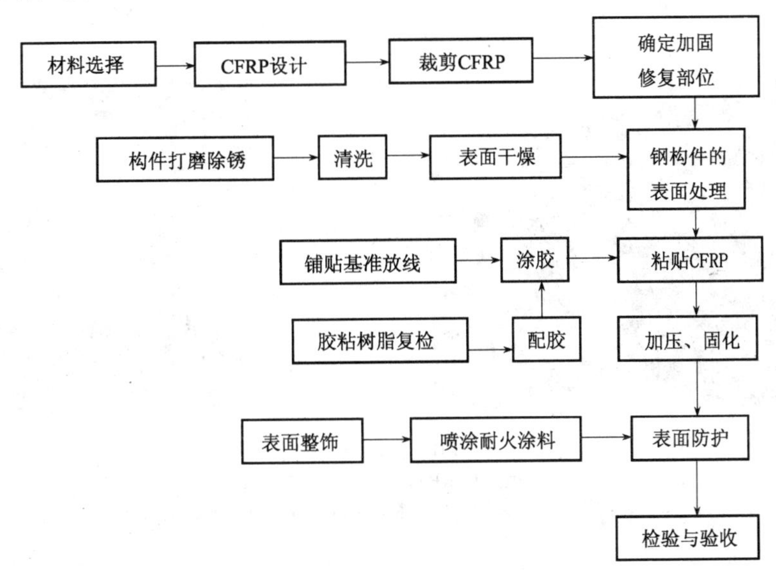

图5.3.12 加固工艺流程

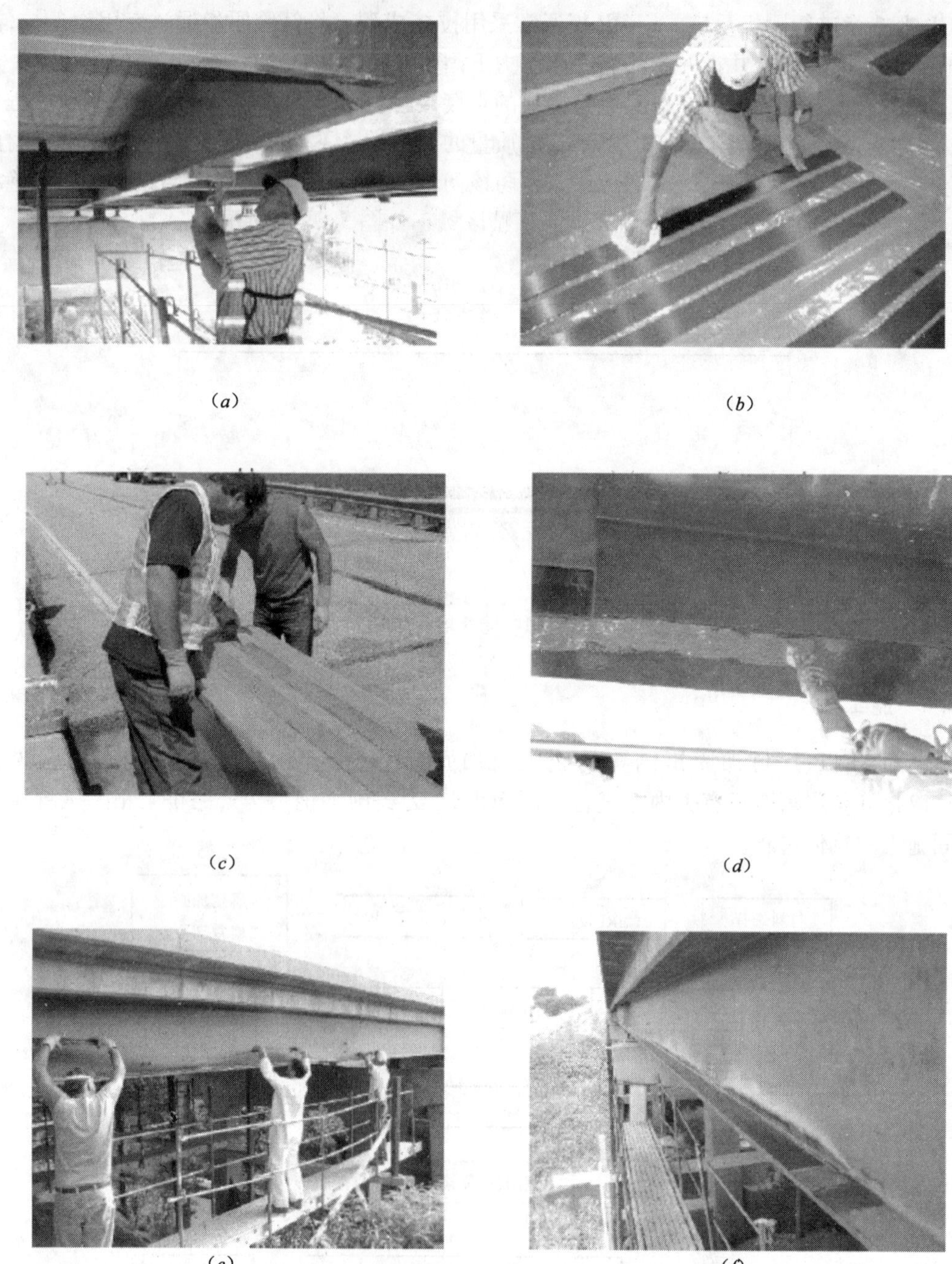

图 5.3.13　FRP 加固钢结构施工范例

（*a*）涂底胶；（*b*）擦拭 CFRP 板表面；（*c*）在 CFRP 板上涂胶粘剂；
（*d*）在钢梁上涂胶粘剂；（*e*）粘贴 CFRP 板；（*f*）加固施工完成

参考文献

[1] Ehsani M. R. , Saadatmanesh H. Seismic retrofit of URM walls with fiber composites [J] . The Masonry Society Journal, 14 (2), 1996: 63-72.

[2] Corradi M. , Borri A. , Vignoli A. Strengthening techniques tested on masonry structures truck by the Umbria-Marche earthquake of 1997-1998 [J] . Construction and Building Materials, 2002, 16 (4): 229-239.

[3] Tumialan G, Tinazzi D, Myers J, et al. Field Evaluation of Masonry Walls Strengthened with FRP Composites at the Malcolm Bliss Hospital. Report CIES99-8, University of Missouri-Rolla, Rolla, MO. 1999.

[4] H. R. Hamilton Ⅲ, C. W. Dolan "Flexural capacity of glass FRP Strengthened concrete masonry walls" Journal of Composites for Construction August, 2001, P170 ~ P178.

[5] Mohamed A. ElGawady , Pierino Lestuzzi , Marc Badoux "Aseismic retrofitting of unreinforced masonry walls using FRP" Composites Part B: engineering, 37 2006 , P148 ~ P162 .

[6] Kiang Hwee Tan, Patoary M K H, Strengthening of masonry walls against out-of-plane loads using fiber - reinforced polymer reinforcement [J] . Journal of Composites for Construction, 2004, 8 1: 79-87.

[7] Kiss R M, Kollar L P, Jai J, et al. Masonry strengthened with FRP subjected to combined bending and compression: part Ⅱ 2 tests and model predictions [J] . Journal of Composite Materials, 2002, 36 9: 1049-1063.

[8] Tumialan G, Galati N, Nanni A. Fiber2reinforced polymer strengthening of unreinforced masonry walls subject to our-of-plane loads [J] . ACI Structural Journal, 2003, 100 3: 321-329.

[9] Tan KH, Patoary M KH. Strengthening of masonry walls against out-plane loads using fiber-reinforced polymer Reinforcement [J] . Compos Constr, 2003, 8 1: 170- 178.

[10] Croco G, Ayala D, Asdia P, et al. Analysis on shear walls reinforced with fibers [C] //IABSE Symp on Safety and Quality Assurance of Civil Engineering Structures. Tokyo: IABSE, 1987: 125- 132.

[11] Ehsani M R, Saadatmanesh H. Shear behavior of URM retrofitted with FRP overlays [J] . Journal of Composites for Construction, 1997, 11: 17-25.

[12] Schweglert G. Strengthening of masonry with fiber composites [D] . Zurich: University of Zurich, 1994.

[13] Straford T, Pascale G, Manfroni O, et al. Shear strengthening masonry panels with sheet glass2fiber reinforced polymer [J] . Journal of Composites for Construction, 2004, 8 5: 434- 443.

[14] 林磊，叶列平．FRP 加固砖砌体墙的实验研究与分析 [J] . 建筑结构 , 2005, 353: 21-27.

[15] 黄奕辉，王全凤，杨勇新，岳清瑞，蔡志鸿．AFRP 加固砖砌墙体的抗剪性能试验 [J] . 工业建筑，2004，341：275-278.

[16] Seible F. Repair and seismic retest of a full -scale reinforced masonry building. In: Proceedings of the Sixth International Conference on Structural Faults and Repair, 1995, 3: 229-36.

[17] Tumialan J G, Nanni A, In-Plane and Out-of-Plane Behavior of Masonry Walls Strengthened with FRP systems. Report CIES 01-24, University of Missouri Rolla.

[18] Tinazzi D, Arduini M, etal. Strengthening of Masonry Walls with FRP Rods and Laminates. Third International Conference on Advanced Composite Materials in Bridges and Structures, Ottawa, Canada, 2000.

[19] Merier U, Deuring M, Merier H, Schwegler G. Strengthening of structures with CFRP laminates research and application in Switzerland, Proceeding of 1st international conference on advanced composite material in

bridges and structures. Canda Society of Civil Engineering, Sherbrooke, Canada, 1992.

[20] Craig A. Weaver, William G Davids, and Habib J. Dagher. Testing and Analysis of Partially Composite Fiber-Reinforced Polymer-Glulam-Concrete Bridge. J. Bridge Engrg. 2004, 9, 316-325.

[21] H. J. Dagher and Melanie Bragdon. Advanced FRP-Wood Composites in Bridge Applications. ASCE Conf. Proc, 2001, 109. 35- 42.

[22] 祝金标．碳纤维修复加固破损木梁的试验研究，浙江大学硕士论文，2005.

[23] Plevris N, Triantafillou T. FRP-Reinforced Wood as Structural Material. Journal of Materials in Civil Engineering, 1992, 3 (4): 300-317.

[24] GangaRao H, Sonti S, Superfesky M. Static Response of Wood Crossties Reinforced with Composite Fabrics. International Society of the Advancement of Materials and Process Engineering Symposium and Exhibition. 1996: 1291-1303.

[25] Johns K, Lacroix S. Composite Reinforcement of Timber in Bending. Canadian Journal of Civil Engineering, 2000, 27: 899-906.

[26] Borri A, Corradi M, Grazini A. A Method for Flexural Reinforcement of Old Wood Beams with CFRP Materials. Composite Part B: Engineering, 2005, 36: 143-153.

[27] Gentile C, Svecova D, Rizkalla F. Timber Beams Strengthened with GFRP Bars: Development and Applications. Journal of Composites for Construction, 2002, 1 (6) : 11-20.

[28] Radford D W, Van Goethem D, Gutkowski RM, et al. Composite Repair of Wood Structures. Construction and Building Materials, 2002, 16: 417- 425.

[29] Micelli F, Scialpi V, Tegola A. Flexural Reinforcement of Glulam Timber Beams and Joints with Carbon Fiber-Reinforced Polymer Rods. Journal of Composites for Construction, 2005, 9 (4): 337-347.

[30] De Lorenzis L, Scialpi V, La Tegola A. Analytical and Experimental Study on Bonded-in CFRP Bars in Glulam Wood. Composite Part B: Engineering, 2005, 36: 279-289.

[31] Taheri F, Nagaraj M, Cheraghi N. FRP-Reinforced Glulaminated Columns. FRP International, 2005, 2 (3) : 10-12.

[32] Plevris N, Triantafillou T. Creep Behavior of FRP-Reinforced Wood Members. Journal of Structural Engineering, 1995, 121 (3) : 174-186.

[33] David W G, Dagher H J, Breton J M. Modeling creep deformations of FRP-reinforced glulam beams [J] . Wood and Fiber Science, 2001, 32 (4): 426-441.

[34] Barbero E, Davalos J, Munipalle U. Bond Strength of FRP-Wood Interface. Journal of Reinforced Plastics and Composites, 1994, 13: 834-844.

[35] Tascioglu C, Goodell B, Lopez-Anido R. Bond Durability Characterization of Preservative Treated Wood and E-Glass/Phenolic Composite Interfaces. Composites Science and Technology, 2003, 63: 979-991.

[36] Tascioglu C, Goodell B, Lopez-Anido R, et al. Monitoring Fungal Degradation of E-Glass/Phenolic Fiber Reinforced Polymer Composites Used in Wood Reinforcement. International Biodeterioration & Biodegradation, 2003, 51: 157-165.

[37] ‘重要文化财本门寺五重塔保存修理工事报告书’池上本门寺，文化财建造物保存技术协会，2003.

[38] Triantafillou T. Shear Reinforcement of Wood Using FRP Materials. Journal of Materials in Civil Engineering, 1997, 9 2: 64-69.

[39] Hay S, Thiessen K, Svecova D, et al. Effectiveness of GFRP Sheets for Shear Strengthening of Wood. Journal of Composites for Construction, 2006, 10: 91- 483.

[40] Carradi M, Speranzini E, Borri A, et al. In-Plane Shear Reinforcement of Wood Beam Floors with FRP. Composite Part B: Engineering, 2006, 37: 310-9.

[41] Shaat, A., Schnerch, D., Fam A. and Rizkalla, S. Retrofit of Steel Structures Using Fiber Reinforced Polymers (FRP): State-of-the-Art. TRB 2004 Annual Meeting CD-ROM. 2004.

[42] Phares, B. M., Wipf, T. J., Klaiber, F. W., Abu-Hawash, A., Lee, Y. S. Strengthening of Steel Girder Bridges Using FRP. *Proceedings of the* 2003 *Mid-Continent Transportation Research Symposium*, Ames, Iowa, August. 2003.

[43] Gillespie, J. W., Mertz, D. R., Kasai, K., Edberg, W. M., Demitz, J. R., and Hodgson, I. Rehabilitation of Steel Bridge Girders: Large Scale Testing. *Proceeding of the American Society for Composites* 11*th Technical Conference on Composite Materials*, pp. 231-240. 1996.

[44] Abushaggur M, ED Damatty A A. Testing of Steel Section Retrofitted Using FRP Sheets [R]. *Annu fnal Conference of the Canadian Society for Civil Engineering*. Moncton, Nouveau Brunswick Canadian: 2003.

[45] Patnaik A K, Bauer C L. Strengthening of Steel Beams with Carbon FRP Laminates [C]. Alberta. *Advanced Composite Material in Bridges and Structure*. Calgary, 2004.

[46] Edberg, W., Mertz, D. and Gillespie Jr., J. Rehabilitation of Steel Beams Using Composite Materials. *Proceedings of* the Materials Engineering Conference, Materials for the New Millenium, ASCE, New York, NY, Nov 10-14, pp. 502-508. 1996.

[47] Sen, R., Liby, L., and Mullins, G. Strengthening Steel Bridge Sections Using CFRP Laminates. Composites Part B: engineering, pp. 309-322. 2001.

[48] Liu, X., Silva, P. F., and Nanni, A. Rehabilitation of Steel Bridge Members with FRP Composite Materials. *Proc.*, *CCC*2001, *Composites in Construction*, Porto, Portugal, pp. 613-615. 2001.

[49] 张宁. 碳纤维增强复合材料（CFRP）加固修复损伤钢结构静力与疲劳应用试验研究，冶金工业部建筑研究总院硕士学位论文，2003.

[50] 马建勋，宋松林等. 粘贴碳纤维布加固钢构件受拉承载力试验研究，工业建筑，2003，7（4）.

[51] Shaat A., Fam A., (2004) "Strengthening of Short HSS Steel Columns Using FRP Sheets", 4*th International Conference on Advanced Composite Materials in Bridges and Structures* (*ACMBS*-4), *Calgary*, *Alberta*, *Canada*, 2004, CD-ROM-ACM069.

[52] Tavakkolizadeh, M. and Saadatmanesh, H. Fatigue Strength of Steel Girders Strengthened with Carbon Fiber Reinforced Polymer Patch. Journal of Structural Engineering. ASCE, 129 (2), pp. 186-196. 2003.

[53] Vinson JR, Sierakowski RL. The Behavior of Structures Composed of Composite Materials [M]. Netherlands, 1997.

第六章

其他类型 FRP 加固技术

Strengthening with other Types FRP

在过去的二十年中，采用外部粘贴 FRP 片材对混凝土结构及砌体结构进行加固的技术，在世界范围内被广泛使用，并以此为代表形成了一系列 FRP-混凝土组合结构。在不同的应用条件下，外贴 FRP 片材加固方法还存在一些弱点，开发 FRP 材料更新的应用途径及应用方法已成为近年来 FRP 应用技术研究的热点。FRP 网格加固法（CGR）、嵌入式加固法（NSM）、FRP 板快速机械锚固法（MF-FRP）等便是其中有代表性的新型加固方法。本章主要介绍这几种加固方法的技术特点、材料性能、主要试验研究成果、设计方法和施工要点。这些加固方法目前在国内还没有被大范围的应用，但由于它们在很多领域所具有的特殊技术优势，正引起人们越来越多的关注，具有很大的发展潜力。

6.1 FRP 网格加固法

FRP 网格加固法（Composite Grid Reinforcement，简称 CGR）通常采用铆钉将纤维网格型材固定于混凝土构件表面，然后喷射或手工镘抹聚合物水泥砂浆与原有混凝土一体化，从而提高结构的承载能力及耐久性，如图 6.1.1 所示。FRP 网格加固技术可广泛应用于梁、板等构件底面的抗弯加固、梁侧面的抗剪加固、柱或桥墩的抗震加固，也可用于隧道等曲面的加固，此外还可在新建结构中代替钢筋。

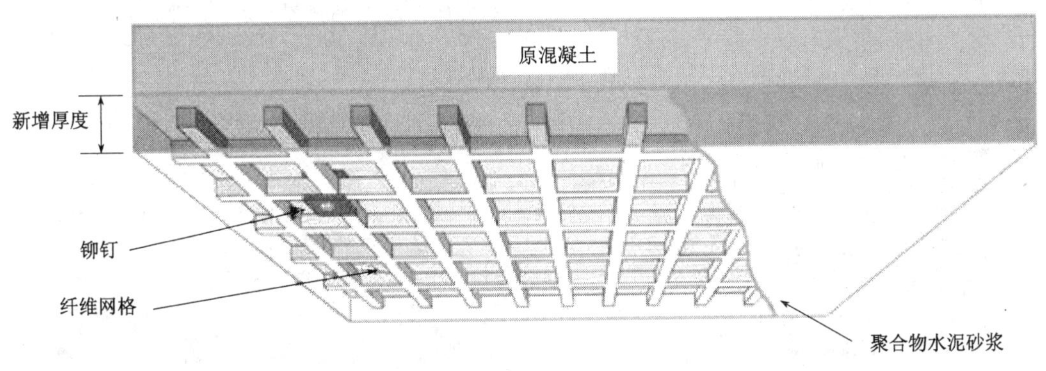

图 6.1.1　FRP 网格加固法 CGR 示意

日本早在上世纪 80 年代就开始了对 FRP 网格的初步应用，早期主要使用玻璃纤维网格，由于玻璃纤维的强度和弹性模量比较低，加固效果不够理想，自 1994 年起主要使用碳纤维网格，随着材料科学的发展和设计、施工水平的提高，此后的工程量迅速增加。目前，在日本等发达国家，FRP 网格材料已经被广泛使用在隧道、飞机跑道、停机坪、桥梁、高速公路、建筑物、沟渠等诸多新建和加固改造工程中。FRP 网格极佳的耐腐蚀性使它可以替代普通钢筋，被用于码头、堤坝、海洋石油钻井平台等特殊项目中。此外，由于无磁性，FRP 网格已用于医院、科学研究实验室、观测站等对环境磁性很敏感的建筑。日本设计的时速为 500km/h 的线性自动轨道的导向路中，就大量使用了 FRP 网格作为加固材料。图 6.1.2 ~6.1.7 为 FRP 网格应用的工程实例照片。

图 6.1.2　FRP 网格加固桥板

图 6.1.3　FRP 网格加固隧道

图 6.1.4　FRP 网格加固柱

图 6.1.5　三维网格用于新建混凝土柱

图 6.1.6　网格用于新建楼板

图 6.1.7　网格用于新建墙

6.1.1　技术优势

FRP 网格在继承传统 FRP 材料高强度、低比重、耐腐蚀等优点的基础上，还可以克服外贴 FRP 片材加固法的一些缺点，其技术优势主要体现在：

1. 加固的高效性

FRP 网格的连续纤维呈双向分布，无论是经向、纬向还是格子交叉部位都具有相当大的强度，节点间不会错动，与混凝土有着良好的锚固和机械咬合作用，不易发生加固层与基层的剥离破坏，可以充分发挥纤维材料的高强度和高弹性模量。由于采用的是事先固化好的 FRP 材料，施工中 FRP 网格的材料性能稳定可靠，加固效果能得到有效的保证。

FRP 网格抗弯加固时，除了可以提高加固构件承载力，还可以提高加固构件的刚度和抗裂性能。

2. 更好的耐久性和可靠性

FRP 网格加固采用纤维材料内埋式的使用方法，FRP 网格受聚合物水泥砂浆的保护，在耐久性、防火性、抗冲击性等方面均得到了极大的提高。

3. 施工的便捷性

FRP 材料自身具有良好的耐久性、耐腐蚀性，可以有效地减少混凝土保护层的厚度。固化好的 FRP 网格不需要进行特殊的加工处理，可以直接安装使用，使施工更加方便快捷。另外，与采用人工抹灰加厚的施工方法相比，喷射聚合物水泥砂浆施工法可以提高施工的便利性、经济性和耐久性。

4. 无磁性

FRP 网格由于无磁性，可以代替钢筋用于医院、实验室等对磁性要求很高的特殊建筑。

5. 在新建结构中的可应用性

FRP 网格使用方便，施工简单迅捷，可替代钢筋使用于新建混凝土结构中，特别适用于板、墙等，成为在特殊条件下应用时的一种基本材料，可形成一种新的体系，而不仅仅是对传统 FRP 材料的补充。

表 6.1.1 为 FRP 网格加固法与外贴碳纤维片材加固、粘钢板加固、钢筋混凝土加大截面法等几种加固方法的综合比较。

各种加固方法比较 表 6.1.1

	FRP 网格加固法	外贴碳纤维片材加固	粘钢板加固	加大截面法
工法概要	在混凝土表面布设、锚固纤维网格，喷射或手抹聚合物水泥砂浆	使用配套树脂将碳纤维布粘贴于混凝土表面	使用结构胶将钢板粘贴于混凝土表面	增设钢筋，加大混凝土断面
对原结构的影响	轻质高强，结构自重及截面尺寸略有增加	轻质高强，基本不增加结构自重及截面尺寸	结构自重及截面尺寸略有增加	结构自重增加，截面尺寸增大
施工性能	施工便捷，不需大型机具，可沿曲面加固，对周围环境影响小	施工便捷，不需大型机具，现场裁剪，手工作业，可沿曲面贴附，对周围环境影响小	提前切割成型，如遇不规则尺寸下料较困难，自身刚度大，易出现空鼓	需大型机具，湿作业，对周围环境影响大
工期	短	短	较短	长
剥离破坏	基本没有	有	有（需用锚栓锚固）	—
对结构刚度的加固效果	较大	小	较小	大
防火性能	好	差	差	好
后期维护	耐久耐腐	在无紫外线照射的环境中，耐久耐腐	钢板易锈蚀，需定期维护	有钢筋腐蚀问题

6.1.2 材料

FRP 网格加固法（CGR）所用的材料，主要包括 FRP 网格和聚合物水泥砂浆。

6.1.2.1 FRP 网格

FRP 网格是将碳纤维、玻璃纤维或聚酰胺纤维等高性能连续纤维浸渍于耐腐蚀性能良好的树脂中形成的整体网格，主要包括二维网格和三维网格两种型材。用于结构加固的主要是二维网格（图 6.1.8），也可根据需要使用三维网格（图 6.1.9），网格筋的粗细和网格尺寸的大小可以根据实际需要选用。FRP 网格一般以纤维的种类、网格筋编号和网格间距来表示，如 C6－50×50 表示横向和纵向网格筋编号均为 C6、横向和纵向网格间距均为 50mm 的碳纤维网格，表 6.1.2 为日本 NEFMAC 碳纤维网格的部分产品规格。FRP 网格的性能指标以抗拉强度、弹性模量、横截面面积、网格间距等来表示，工程中必须使用品质及耐久性经过确认的纤维网格。

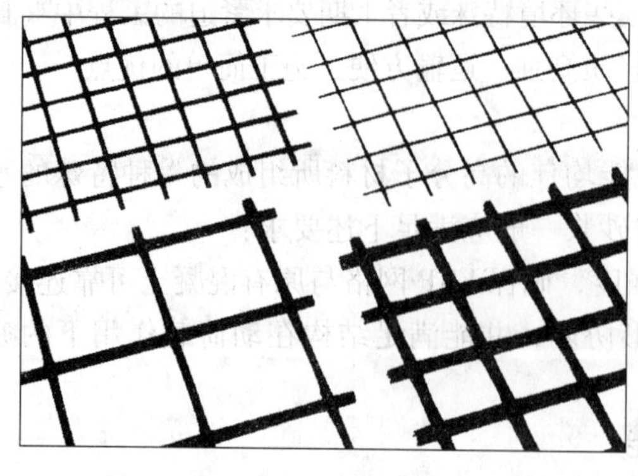
图 6.1.8 二维网格

图 6.1.9 三维网格

部分 NEFMAC 碳纤维网格规格[1] **表 6.1.2**

种类	编号	网格筋单肢横截面面积（mm^2）	抗拉承载力（kN）	抗拉强度（N/mm^2）	弹性模量（N/mm^2）	网格尺寸 纵向（mm）×横向（mm）
高强度碳纤维	C4	6.6	9.0	1400	100000	100×100，50×50
	C5	11.0	15.4			100×100，50×50
	C6	17.5	24.0			100×100，50×50
	C8	26.1	36.3			100×100，50×50
	C10	39.2	53.8			100×100
	C13	65.0	89.2			100×100
	C16	100.0	137.2			100×100
高弹性碳纤维	CM5	11.0	13.2	1200	165000	100×100，50×50
	CM6	17.5	21.0			100×100，50×50
	CM8	26.4	31.7			100×100，50×50
	CM10	39.2	47.0			100×100
	CM13	65.0	76.0			100×100
	CM16	100.0	120.0			100×100

FRP 网格可用敞式铸型生产，所以网格筋的断面尺寸不固定，另外，因树脂含量也有若干变动，故网格的实际断面面积将出现一定的离散性。网格的抗拉承载力和抗拉刚度是由连续纤维的截面积所支配的，受树脂含量的影响很小。所以，应适当地控制连续纤维的编织根数，当能够确认其抗拉承载力和抗拉刚度时，就可以将其横截面面积值作为设计所用截面面积值。当材料生产厂家依据充分的试验结果给出网格的试验抗拉强度时，就可以将它作为网格的抗拉强度标准值。

目前在日本、加拿大等发达国家已经能大批量、机械化生产不同强度、多种尺寸规格的 FRP 网格，极大地方便了 FRP 网格加固技术的应用。在日本，FRP 网格的生产使用的是半批处理式（semi-batch process）的名为“Pin-Winding”的生产工艺，一条这样的生产线的产能可达 $200m^2/h$。随着市场需求的增长，以不同纤维为基础的规格更加多样化的 FRP 网格材料正陆续在生产之中。一个重要的发展趋势是将 FRP 网格制作成不同几何形状的预制品，或者与混凝土组合成预制构件，在一些环境特殊或者工期要求紧迫的工程中（比如地铁隧道、高速公路桥梁等）可以充分发挥轻质高强、运输方便、施工简单的优点。

6.1.2.2 聚合物水泥砂浆

聚合物水泥砂浆是配以粘结性能和耐久性能均佳的高分子材料所组成的一种特殊的水泥材料，FRP 网格加固配套使用的聚合物水泥砂浆一般应满足下述要求：

1. 聚合物水泥砂浆必须具有足够的粘结强度，确保 FRP 网格与原有混凝土可靠连接。

2. 聚合物水泥砂浆必须能与原混凝土变形协调，并能满足结构在动荷载作用下的疲劳性能及耐久性能要求。

3. 聚合物水泥砂浆应具有理想的施工性能。

日本对 FRP 网格配套使用的聚合物水泥砂浆的力学性能要求见下表：

聚合物水泥砂浆的力学性能[1] **表 6.1.3**

性能指标	标准值（N/mm²）	试验方法
粘结强度	≥2.5	日本建研式
抗压强度	≥30	JIS R 5201
抗弯强度	≥6.0	JIS R 5201
抗拉强度	≥2.5	JIS A 1113
弹性模量	$\geqslant 1.5\times10^4$	ASTM C 469

注：抗弯、抗压试验试件尺寸为：40mm×40mm×160mm；
抗拉、静弹性试验试件采用 Φ50mm×100mm 或 Φ100mm×200mm 的圆柱体。

6.1.3 试验研究

日本东京大学和 Shimizu 公司等机构对埋置在混凝土中的 FRP 网格的耐久性进行了大量研究。玻璃纤维（GFRP）网格-混凝土组合预应力梁在长达 8 年的自然老化过程中，FRP 网格的强度、刚度、耐腐蚀性等均保持着良好的性能，没有任何明显的劣化。

加拿大 Alberta 大学曾进行过 FRP 网格-混凝土双向板的试验性能研究，试验证明 FRP 网格材料有着高于普通钢筋和 FRP 筋的抗界面破坏能力，对板的承载力和板柱节点处的抗剪切能力有着很大的提高。

加拿大国家研究委员会建筑研究协会（IRC）联合 AUTOCON 复合材料公司于上世纪 90 年代开始对日本生产的名为 NEFMAC（全称 New Fiber Composite Material for Reinforcing Concrete）的新型 FRP 网格进行了合作研究[2]。研究主要分为两个阶段，第一阶段是纤维网格材料性能的试验研究，采用两种网格，一种为碳纤维网格，一种为碳纤维与玻璃纤维的混合材料，测试项目主要包括：短期荷载作用下的拉伸性能、长期荷载作用下的拉伸性能、疲劳性能、暴露于各类化学物质及冻融、紫外线辐射等条件下的耐久性能、热变形性及横向剪切性能；第二阶段为配置纤维网格的桥面板和防护墙的模型试验，并采用有限元方法进行了分析。一系列的试验和理论分析表明，FRP 网格是一种具有良好综合性能的加固材料，可以非常有效地提高加固构件的承载力，并能长期保持加固构件的安全性和适用性。

中国国家工业建筑诊断与改造工程技术研究中心自 2001 年 11 月起陆续进行了一系列 FRP 网格加固技术的试验研究，包括 FRP 网格加固钢筋混凝土板抗弯试验[3]、FRP 网格加固钢筋混凝土梁抗弯试验[4]、FRP 网格加固钢筋混凝土梁抗剪试验等。试验结果表明，FRP 网格的加固效果显著，加固构件的承载力和刚度均有大幅增长，且都没有出现脆性剥离破坏，整体加固效果显著优于外部

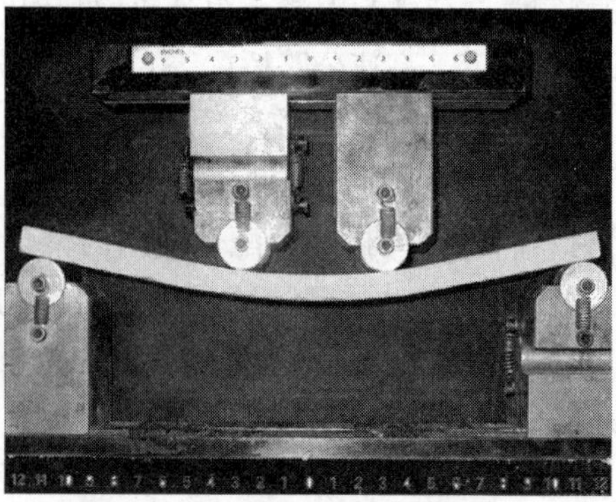

图 6.1.10 ECC 四点弯曲试验

粘贴 FRP 片材加固法。

国家工业建筑诊断与改造工程技术研究中心在 FRP 网格加固技术的研究过程中还使用了一种名为 ECC（Engineered Cementitious Composites）的新型高性能纤维增强水泥基复合材料来代替聚合物砂浆与 FRP 网格配套使用。ECC 是一种经细观力学设计的乱向分布短纤维增强水泥基复合材料，通常是以水泥、矿物掺合料以及平均粒径不大于 0.15mm 的石英砂作为基体，用纤维做增强材料，在纤维体积掺量小于 2% 的情况下，材料极限拉应变可达到 3% 以上，且饱和状态的多缝开裂裂缝宽度小于 0.1mm。ECC 特有的拉伸应变-硬化性能和多缝开裂特征非常有利于满足公共基础设施对于“安全性、适用性、耐久性”的要求。试验表明 ECC/FRP 网格加固构件的加固效果要更优于聚合物砂浆/FRP 网格，ECC 在抗弯加固中的力学性能和抗开裂性能远优于普通混凝土及聚合物砂浆，表现出典型的多缝开裂（见图 6.1.12），裂缝宽度能稳定地控制在 0.1mm 以下，且带裂缝工作的时间远高于普通混凝土和聚合物水泥砂浆（见图 6.1.13）。不同于传统的混凝土材料，ECC 材料的抗拉强度在受弯构件中是可以也应该被考虑的[4]。

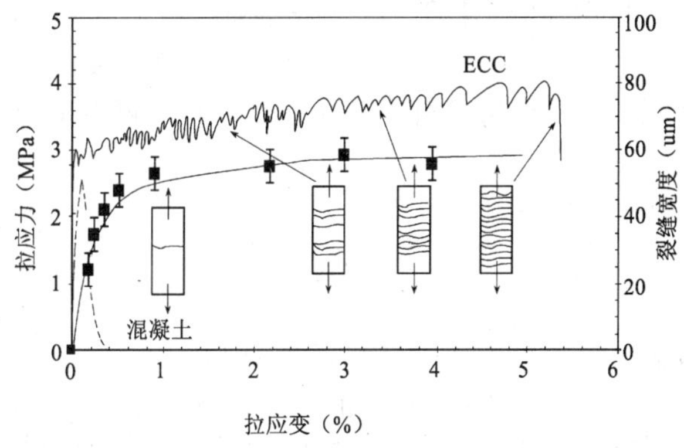

图 6.1.11　典型的 ECC 拉伸应力-应变曲线及裂缝发展示意图

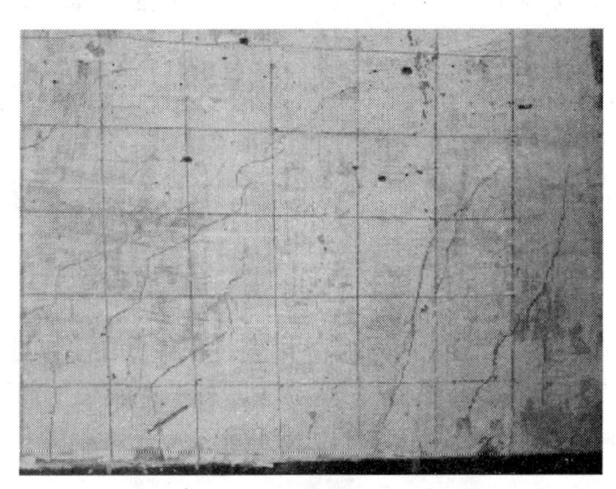

图 6.1.12　ECC/FRP 网格　多缝开裂

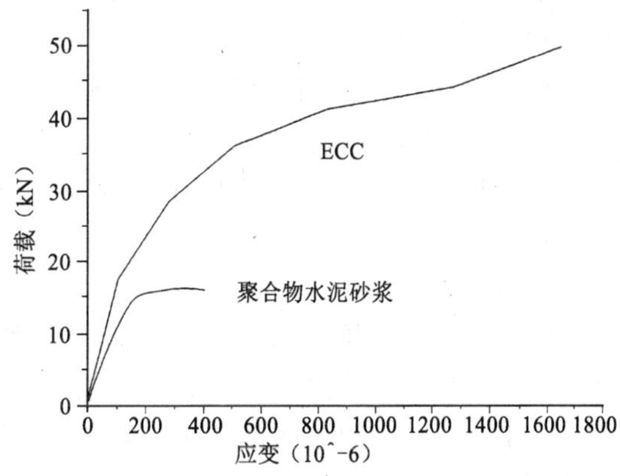

图 6.1.13　ECC 与聚合物水泥砂浆的荷载-应变曲线对比图[4]

6.1.4 设计方法

6.1.4.1 抗弯加固设计

当采用FRP网格进行加固设计时，应首先评估原有混凝土结构的性能，在适当掌握并考虑原有结构的状态的同时也要适当评价加固补强的效果。

FRP网格作为线弹性材料，在受拉过程中无屈服现象，通常采用容许应力方法来计算构件的承载力。构件荷载达到设计荷载时，纤维网格的容许拉应力取其抗拉强度的1/3；构件荷载达到极限荷载时，纤维网格的容许拉应力取其抗拉强度的2/3。

与外贴FRP片材加固相比，FRP网格由于得到可靠锚固而可以不考虑剥离破坏的发生。计算承载力时可忽略聚合物水泥砂浆对截面高度的增加，取纤维拉力作用点为梁底面，使计算结果偏于安全；当验算挠度时建议可以适当考虑截面高度增加的影响。

抗弯加固设计时的基本假定均与外贴FRP片材加固法相同，可参考本书3.2节进行计算，这里不再列出具体的计算公式。

采用FRP网格进行抗弯加固，若不考虑网格的剥离破坏，主要有以下两种破坏模式：

1. 受拉钢筋屈服后，受压区混凝土压碎，而FRP网格未被拉断；

2. 受拉钢筋屈服后，FRP网格拉断（即受力方向FRP网格的应力达到抗拉强度设计值f_{fd}）。

本节附录中给出了一个具体的计算算例。

6.1.4.2 构造措施

1. 网格间距

应考虑加厚量及施工性能等因素来选择适当的FRP网格间距。在抗拉强度相同时，若选用网格间距大的纤维网，网格中单根筋的截面面积将增大，网孔也增大，相应的加厚量也将增加，有时并不经济。另外，网格间距小，裂缝的分散性较好。所以当抗拉强度相同时，通常宜选择网格间距小的纤维网。当单根筋的截面积较大时，若减小网格间距，则网格的净间距将变小，有时会使喷射砂浆的操作较为困难，所以也应考虑施工性能来确定纤维网的网格间距。

通常情况下，当截面面积小于50mm^{2}时，可选用50～100mm网格间距的纤维网；当截面面积大于50mm^{2}时，可选用75～150mm网格间距的纤维网。如果网格间距太大，则纤维网的加工制造、运输及现场操作都会不方便，且对裂缝的分散性也有不利影响，故最大网格间距原则上取200mm。

2. 加厚量

为了确保FRP网格与混凝土之间的锚固，FRP网格的外侧应有大于10mm且大于FRP网格厚度的保护层。另外，当修补因盐害而受损的混凝土结构和以防止原有钢筋锈蚀为目的而进行的加固施工时，要在确保原有钢筋有必要的保护层厚度的基础上来决定加厚量。

3. 铆钉的布设

当设计上不考虑铆钉的锚固作用时，为了固定FRP网格，施工时也应布设必要数量的构造铆钉。当设计上考虑铆钉的锚固作用时，为了能确保铆钉所需的抗剪强度和抗拔强度，应合理选择铆钉的材质、尺寸、固定方法及布设方式。

就钢筋混凝土桥面板等结构物的补强加固而言，FRP 网格和原有混凝土构件的锚固主要是通过纤维网格的交叉部位，借助于加厚的聚合物砂浆与原有混凝土之间的粘结力来实现的。通常情况下，需要布设 M6 左右的金属扩张型铆钉 6 根/m^2，或布设铆钉式铆钉 10 根/m^2，应根据原有混凝土的表面状况和结构尺寸等来调整铆钉的数量。铆钉结构示意图见图 6.1.14。图 6.1.15、图 6.1.16 为铆钉布设工程实例照片。

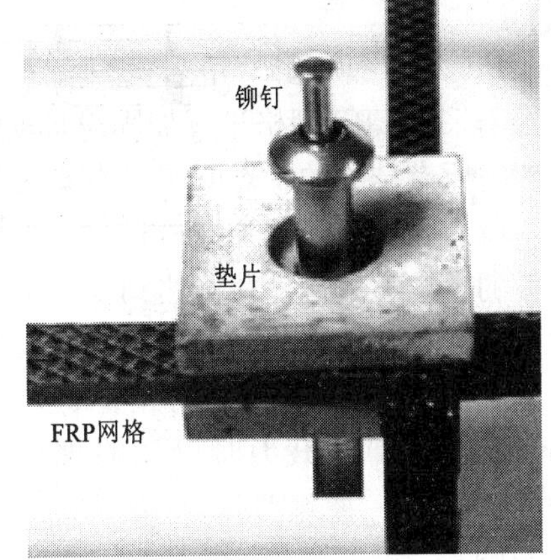

图 6.1.14　铆钉结构示意图

图 6.1.15　铆钉布设实例

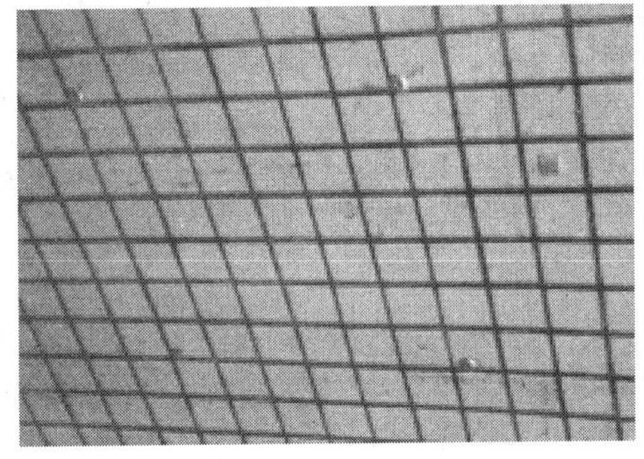

图 6.1.16　铆钉布设实例

4. 接头

FRP 网格的接头一般采用搭接接头，原则上应通过试验确定必要的接头长度。对于单肢截面面积小于 150mm^2 的 FRP 网格，宜采用在应力传递方向交叉三点以上的搭接接头（图 6.1.17）。FRP 网格也可采用对接接头，此时在对接的网格外侧，应另加一块相同种类的网格，也宜采用交叉三点以上的搭接（图 6.1.18）。

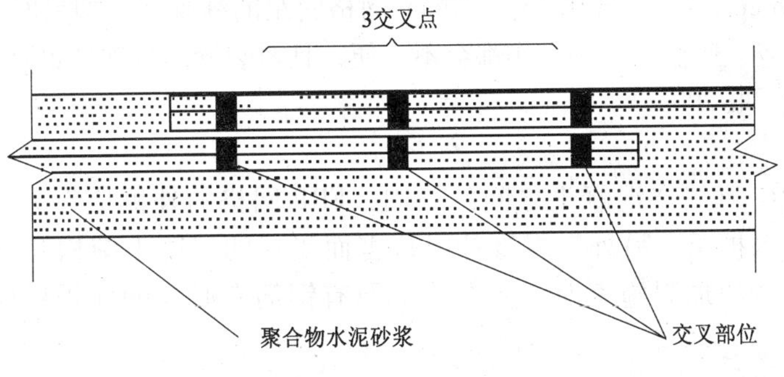

图 6.1.17　搭接衔头

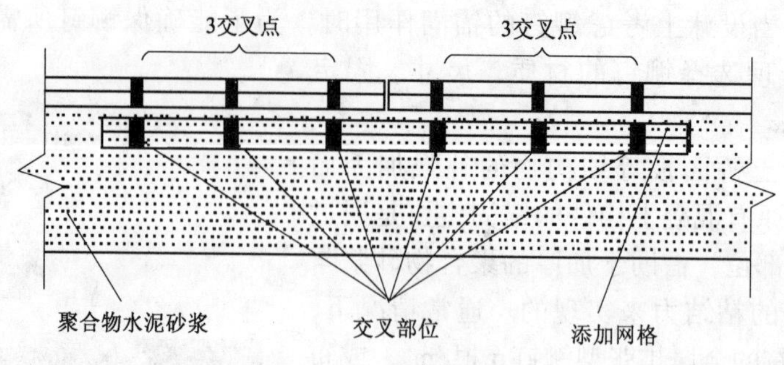

图 6.1.18　对接接头

6.1.5　施工

在实施 FRP 网格加固工法之前，应充分调查并掌握拟修补及加固的原有混凝土结构所处的环境及损伤状况，如有开裂、腐蚀劣化等状况，应先进行相应的处理，然后再进行加固施工。

6.1.5.1　*施工工序*

FRP 网格加固的施工工序主要包括：混凝土基层处理——安装 FRP 网格——配制聚合物水泥砂浆——喷射或手工抹聚合物水泥砂浆——养护。

1. 混凝土基层处理

为了保证良好的粘结，施工前应该充分清除原有混凝土表面的薄弱层及油脂等污渍。基层处理可采用喷砂工艺（吸尘型及超高压清洗型等）或手工打磨，直到露出坚实混凝土表面。

2. 安装 FRP 网格

使用铆钉将 FRP 网格可靠地固定于原有混凝土上（图 6.1.19）。为了在拧紧铆钉时不损伤纤维网，应采取橡胶垫等保护措施。安装时应尽可能地避免 FRP 网格与原有混凝土之间出现间隙。

当 FRP 网格需要搭接时（图 6.1.20），应使用铆钉将网格搭接部位的两侧牢牢固定于混凝土上，应保证符合规定的接头长度，避免使接头处成为结构上的薄弱环节。

图 6.1.19　FRP 网格安装

图 6.1.20　FRP 网格接头

3. 配制聚合物水泥砂浆

根据强度要求，选择适当的聚合物水泥砂浆配合比。应注意投料顺序、搅拌设备的能力、搅拌时间等，按照规定的方法进行充分的搅拌，否则会影响拌合物的流动性、喷射性和强度的增长。

4. 喷射或手工抹聚合物水泥砂浆

利用聚合物水泥砂浆加厚及衬砌施工主要采用喷射工艺施工，当小规模施工或因施工时间、障碍物等制约而不能采用喷射工艺施工时，可以采用镘刀抹平的方式施工。

喷射施工是将聚合物水泥砂浆压送到喷射位置，在原有混凝土表面喷射至设计要求厚度。聚合物水泥砂浆的流动性必须满足要求，在喷射之前，应先进行砂浆流动性试验。

喷射聚合物水泥砂浆时，在 FRP 网格部位容易形成空隙，因此当使用 C6 以上的 FRP 网格时，在网格表面喷射一次聚合物水泥砂浆，再用镘刀进行充填，抹平砂浆表面，压实网格部位的空隙。

聚合物水泥砂浆的最大喷射厚度在顶板表面为 30mm 左右，墙面为 50mm 左右。当所需厚度超过上述最大喷射厚度时，就必须分两层以上进行叠合施工。

施工现场的环境温度一般以 5～35℃ 比较合适。冬季、通风场所、有阳光直射的施工场地，砂浆表面易干燥，容易产生干缩裂缝，此时应采取适当的养护和防裂措施。

图 6.1.21　喷射施工

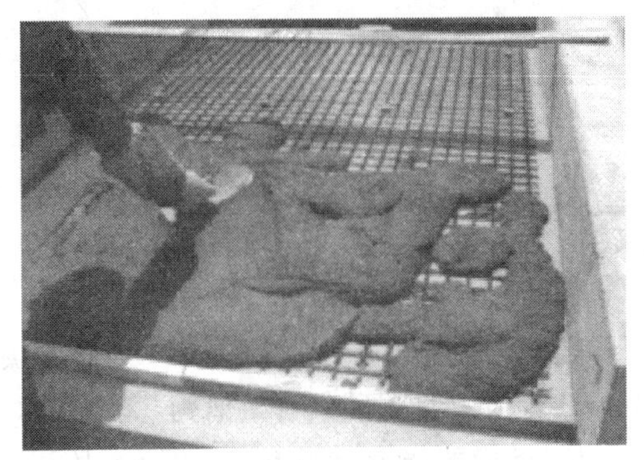

图 6.1.22　镘刀抹平

6.1.5.2　质量管理与检验

1. 材料检验

在施工之前，应先确认 FRP 网格的产品合格证、产品质量出厂检验报告，并确认所选用的 FRP 网格材是否与设计图纸要求的型号一致。

聚合物水泥砂浆在开始搅拌或变更配合比时，应先确认砂浆的配合比和流动性能，以保证质量。同时应注意外界气温等环境条件对砂浆性能的影响。现场以每 200m^2 施工面积进行一次砂浆的抗压、抗弯和粘结强度抽样检验。

2. 工程检验

工程检验主要包括量测实际施工面积和厚度。沿两个轴线方向分别取两处量测尺寸的平均值来计算每块板的面积。施工中应以设置在各块板上的检测标志为大致标准进行施工，最后通过检测标志的覆盖情况以及量测每 100m^2 所设置的检测孔的深度来进行厚度检验。

检验标准

表 6.1.4

检 验 项 目	标 准 值	测 定 方 法
施工厚度	设计厚度的 95% 以上	每块板设一个检测标志
		每 $100m^2$ 设一个检测孔

6.1.6 算例

某钢筋混凝土单跨简支板如图所示，计算跨度 $l_0 = 2.34m$，板厚 $h = 80mm$；原设计承受均布可变荷载标准值 $2kN/m^2$；板面现浇细石混凝土面层厚 30mm，采用 HPB235 级钢筋，$A_s = 359mm^2$（$\phi 8@140$），分布钢筋 $\phi 6@300$，混凝土强度等级为 C20。由于楼面使用功能的改变，均布可变荷载标准值增加至 $5kN/m^2$。试采用 NEFMAC 碳纤维网格对该板进行抗弯加固设计。

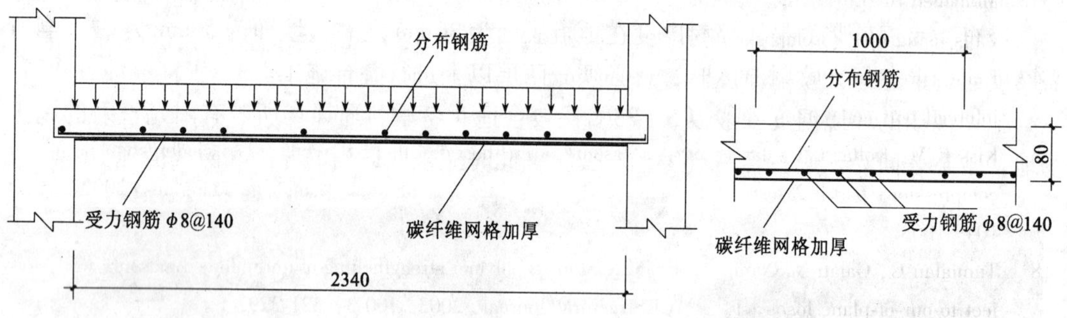

【解】

1．荷载

钢筋混凝土自重为 $25kN/m^3$，细石混凝土自重值为 $22kN/m^3$，NEFMAC 加厚厚度为 14mm，聚合物水泥砂浆自重值为 $22kN/m^3$。

取 1m 板宽作为计算单元，即 $b = 1000mm$，则板上总的均布线荷载设计值为：

$$
\begin{aligned}
q &= \gamma_0(\gamma_G g_k + \gamma_Q P_k) \\
&= 1 \times [1.2 \times (0.08 \times 25 + 0.03 \times 22 + 0.014 \times 22) + 1.4 \times 5] \\
&= 10.56(kN/m)
\end{aligned}
$$

2．设计弯矩

跨中截面最大弯矩设计值为：

$$M_d = \frac{1}{8}ql_0^2 = \frac{1}{8} \times 10.56 \times 2.34^2 = 7.23(kN \cdot m)$$

原截面抗力：

$$x = \frac{f_y A_s}{f_c b} = \frac{210 \times 359}{14.3 \times 1000} = 5.27mm$$

$$M_0 = f_y A_s\left(h_0 - \frac{x}{2}\right) = 210 \times 359 \times (60 - 5.27/2) = 4.32(kN \cdot m)$$

$M_d > M_0$，需进行抗弯加固。

3. 加固计算

设选用 C4 - 100 × 100 碳纤维网格，$A_f = 66mm^2$，$f_{fk} = 1400MPa$，$E_f = 1 \times 10^5 MPa$，

$$f_f = \frac{f_{fk}}{k_f} = \frac{1400}{1.0 \times 1.4} = 1000(MPa)$$

$$\varepsilon_{fu} = \frac{f_f}{E_f} = \frac{1000}{100000} = 0.01$$

忽略初始应变影响，取 $\varepsilon_i = 0$，加固后混凝土受压区高度 x 和碳纤维材料拉应变 ε_f 按下列公式确定：

$$\begin{cases} f_c bx = f_y A_s + E_f \varepsilon_f A_f \\ x = \dfrac{0.8\varepsilon_{cu}}{\varepsilon_{cu} + \varepsilon_f} h \end{cases}$$

即：

$$14.3 \times 1000 \times x = 210 \times 359 + 10^5 \times 66 \times \varepsilon_f \quad (1)$$

$$x = \frac{0.8 \times 0.0033}{0.0033 + \varepsilon_f} \times 80 \quad (2)$$

联立（1）、（2）解得 $\varepsilon_f = 0.014412 > \varepsilon_{fu}$，说明破坏由碳纤维拉断控制，压区混凝土尚未达到极限压应变，不能直接由等效矩形应力图计算，由式（3.2-16）~式(3.2-19)，

$$\varepsilon_{fe} = \varepsilon_{fu} = 0.01$$

$$\omega = 0.7 + 0.3\frac{\varepsilon_{fe}}{\varepsilon_{f1}} = 0.7 + 0.3 \times \frac{0.01}{0.014412} = 0.908 < 1$$

$$\omega f_c bx = f_y A_s + E_f \varepsilon_{fe} A_f$$

即

$$x = \frac{210 \times 359 + 100000 \times 0.01 \times 66}{0.908 \times 14.3 \times 1000} = 10.89mm < \xi_b h_0$$

$$\begin{aligned} M &= \omega f_c bx\left(h_0 - \frac{x}{2}\right) + E_f \varepsilon_{fe} A_f (h - h_0) \\ &= 0.908 \times 14.3 \times 1000 \times 10.89 \times (60 - 10.89/2) + 10^5 \times 0.01 \times 66 \times 20 \\ &= 9.03(kN \cdot m) > M_d \text{，满足要求。} \end{aligned}$$

6.2 嵌入式加固法

嵌入式（Near-surface Mounted，简称 NSM）加固法是 FRP 材料加固混凝土结构的一种新的应用形式，这种方法是在混凝土表面剔槽，通过粘结材料将 FRP 筋或板条嵌入槽中，以起到补强加固的效果，如图 6.2.1 所示。近年来，美国、加拿大、日本、欧洲以及国内相继开始对该项技术进行试验研究、理论分析和工程应用，成为继外贴 FRP 片材加固技术后的一个新的引起关注的加固方法。

虽然 FRP 嵌入式加固技术近几年才被提出，但是早在上世纪 40 年代末期，采用钢筋的嵌入式加固技术已经在欧洲出现。1947 年，芬兰拉普兰地区的一座混凝土桥由于施工原因需要提高负弯矩区的抗弯承载力，当时工程师们给出的解决办法，就是在需要加固的负弯矩区混凝土表面开槽，利用水泥砂浆作为胶粘剂将钢筋嵌入槽中，最终达到了加固目的[6]。

随着材料科学的发展，力学性能优异的FRP材料代替钢筋，粘结性能出色的树脂材料代替水泥砂浆，被大量地应用到实际加固工程当中。1997年，位于美国俄克拉荷马州俄克拉荷马市的Myrida会议中心进行的加固补强工程，使用了表层嵌入CFRP筋的技术对混凝土托梁进行抗剪加固[7]，如图6.2.2所示。1998年，美国波士顿地区的六个水泥筒仓因设计和施工失误导致筒壁30%的环向、竖向钢筋缺失，水泥储存量只能达到设计容量一半。为防止筒壁混凝土剥裂和裂缝开展，需对其进行加固补强。因六个筒仓为联体式，存在共用筒壁，不宜采用外包碳纤维布加固方案，故采用了嵌入式CFRP筋加固方案。完成第一个筒壁的加固后，对其在满负荷状态下，利用光纤维传感器进行了应变状态监测。评估结果达到设计要求，故对其余5个筒仓进行了同样的加固，如图6.2.3所示[8]。

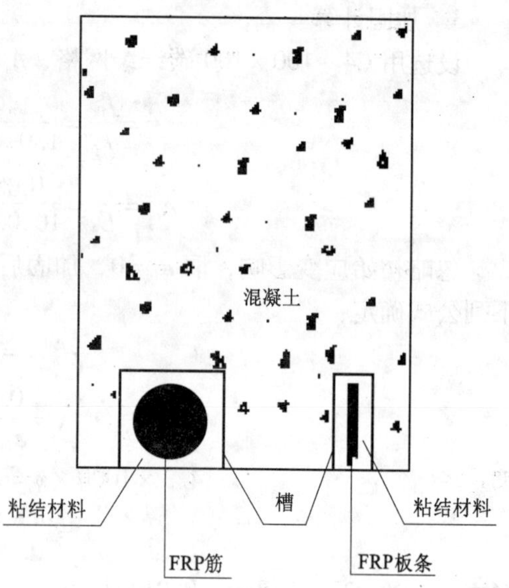

图6.2.1　NSM加固法示意

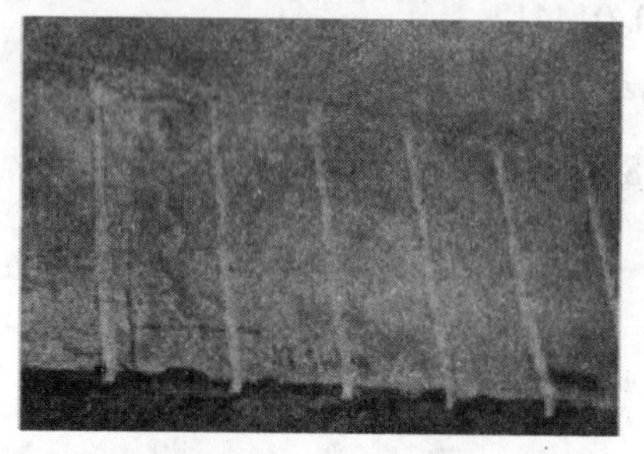
图6.2.2　CFRP筋嵌入式加固钢筋混凝土托梁

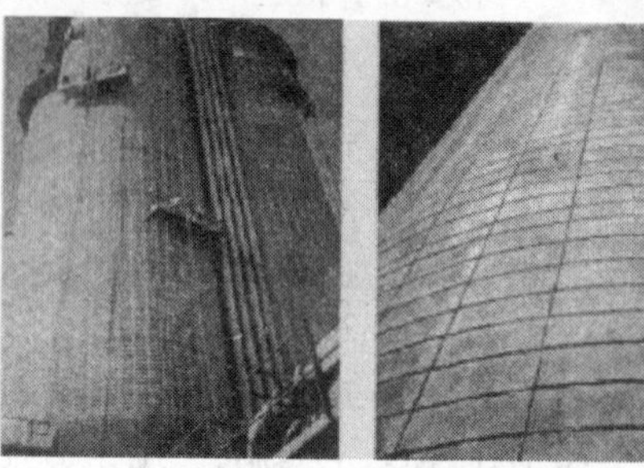
图6.2.3　CFRP筋嵌入式加固钢筋混凝土筒仓结构

嵌入式加固技术在砌体结构和木结构中也有所应用。1999年，加拿大马尼托巴地区，一座有着39年历史的木结构桥梁应用了嵌入式GFRP筋加固。GFRP筋沿纵向嵌贴在纵梁表层槽内，胶粘剂选用环氧树脂。经过加固，该桥梁达到预期承载力和使用目的，而加固费用比重新建造费用要少15%[9]。Tumialan等也于1999年用嵌入法加固了一个5层框架的砌体墙，加固效果良好[10]。

6.2.1　技术优势

与外部粘贴FRP片材加固法相比，嵌入式加固法（NSM）除同样具有高强高效、耐腐蚀等优点外，还有以下几方面的优势：

1. 表面处理工作量降低，外部粘贴FRP片材加固法的表面打磨工序往往耗时较长，而嵌入式加固只需专用工具在混凝土表面剔槽，不需大面积处理，节省工期；

2. 加固后，由于FRP材料嵌贴在结构表层中，结构外观几乎不受影响，同时FRP

材料因内置而得到较好的保护，抗冲击性能、耐久性、防火性能等得以提高，若用于桥面板负弯矩区加固具有明显优势，既可以发挥高强性能，又可以避免外界各种因素的损害；

3. FRP材料与混凝土的粘贴面积增大，界面粘结性能增强，较不易发生剥离破坏，FRP材料的强度能得到更有效的发挥；

4. FRP筋或板条可以较方便地锚固于相邻的构件上或穿透构件；

5. 在某些情况下，可选用合适的水泥基胶粘剂代替环氧树脂胶粘剂，从而适用于外部胶粘FRP片材加固法难以施工的高温、高湿加固工程中；

6. 特别适合于砌体结构和木结构的加固，因砌体结构和木结构易于切缝，施工便捷，而且加固效果更为显著。

实际上，在传统的加大截面加固法中，为减小新增的混凝土厚度且保证足够的钢筋保护层厚度，也有采用将原混凝土表面剔槽、钢筋埋入的做法。相比之下，FRP材料的抗拉强度远高于普通钢筋，在提供同等拉力的情况下，所需FRP筋的直径大大减小，相应槽的尺寸也减小，且因其良好的耐腐蚀性而无需附加混凝土保护层。

6.2.2 材料

嵌入式加固法（NSM）所用的材料，主要包括FRP材料和粘结材料（即槽内填充材料）。

6.2.2.1 FRP材料

从FRP种类上分，嵌入式加固目前主要使用CFRP和GFRP，而AFRP应用较少。其中，对混凝土结构的加固采用CFRP居多，对砌体结构和木结构的加固，采用GFRP的较多，这主要是因为CFRP的弹性模量要远远高于GFRP，且多数的CFRP的抗拉强度要高于GFRP，所以在待加固混凝土结构表层可开槽空间有限的情况下，CFRP可以用较小的截面、较小的槽及较少的胶粘剂来获得与GFRP同样的加固效果。

从产品类型上分，主要包括FRP筋、条带型的FRP板材（以下简称FRP板条）两种形式。FRP筋根据表面形状不同，可分为光圆筋（表面喷砂处理）和变形筋两大类，其中变形筋包括带肋、表面螺旋缠绕FRP条带等形式。也有一些试验研究中采用CFRP方形筋，表面粘附石英砂。

试验表明，表面光滑仅进行简单喷砂处理的FRP光圆筋，粘结性能较差，破坏容易发生在FRP-胶粘剂的界面。带肋、表面螺旋缠绕FRP条带等的变形筋，因为表面突起与混凝土间的机械咬合作用而具有较高的粘结强度，这一点与带肋钢筋类似。因而对承重构件进行抗弯加固时，宜优先选用FRP变形筋。国外已有一些厂家生产专门用于嵌入式加固的CFRP板条，板条表面进行了一定的处理使之粗糙化，以提高界面粘结性能。嵌入式加固所采用的有代表性的FRP材料照片见图6.2.4。

6.2.2.2 粘结材料

粘结材料是指填入槽内的材料，通常采用环氧树脂，也有一些研究尝试采用水泥基材料替代环氧树脂以提高抗高温性、耐久性并降低造价。由于FRP筋或板条受力是通过槽内填充材料传递剪切应力，因而粘结材料的性能至关重要，拉伸强度、剪切强度和结粘强度是决定胶粘剂能否有效传递荷载的3个关键力学指标。如果拉伸强度、剪切强度或粘结强度不够，可能导致加固构件在小于预期荷载时就发生胶粘剂劈裂、FRP 与胶粘剂界面剥离或者胶粘剂与加固构件基体界面剥离等粘结破坏模式，使材料的强度无法得到充分的利用而不能达到加固目的。

有试验尝试采用水泥基材料代替环氧树脂作为粘结材料，但是试验结果并不理想，因为水泥基材料的拉伸强度要比环氧树脂低一个数量级，这成为制约其有效传递荷载的一大障碍。目前对应用于嵌入式加固的水泥基材料的物理和力学性能指标要求，尚无标准可循。

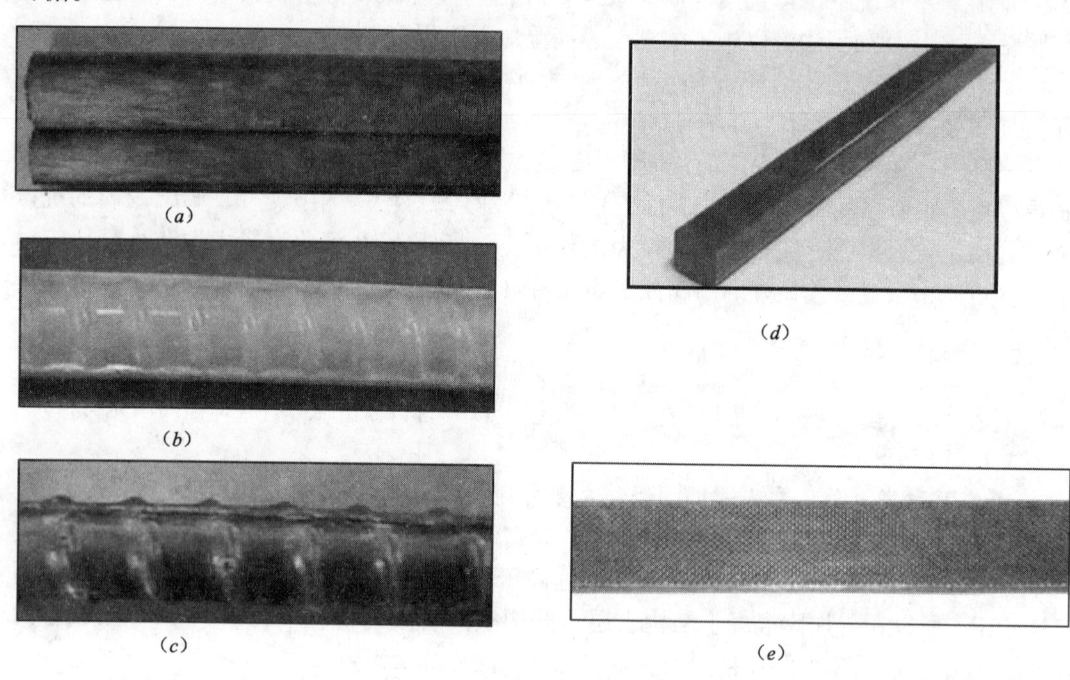

图 6.2.4 嵌入式加固所采用的 FRP 材料
(*a*) CFRP 光圆筋；(*b*) GFRP 变形筋；(*c*) GFRP 变形筋；
(*d*) CFRP 方形筋；(*e*) CFRP 板条

6.2.3 试验研究

相对于外部粘贴 FRP 片材加固技术研究应用的深入发展，目前关于嵌入式加固研究的文献资料比较有限，国外的研究成果亦不系统。目前关于嵌入式加固的试验研究，主要集中在界面粘结性能试验和钢筋混凝土构件抗弯加固试验两个方面。

6.2.3.1 界面粘结性能试验

研究混凝土表层嵌入 FRP 粘结性能的试验方法一般分为直接拉拔式和梁式两类。直接拉拔式试验有单剪、双剪及其改进装置，梁式试验分为普通梁法和配筋梁法。

De Lorenzis 等[11][12][13][14]较为全面地研究了 FRP 筋的粘结性能，涵盖了较多种类的 FRP 筋、不同粘结材料及槽表面特征。其中采用水泥砂浆的试件效果不太理想，破坏荷载均低于采用环氧树脂的试件。表面光滑仅进行简单喷砂处理的 FRP 筋中易出现 FRP 被拔出的界面破坏。当槽为预留，槽表面光滑时有可能出现粘结材料—混凝土界面破坏。大部分试件以劈裂破坏为控制破坏模式，在这种情况下，随着槽尺寸的增加和粘结材料强度的提高，极限荷载增大，且粘结材料抗劈裂能力提高，可使破坏模式从粘结材料层的破坏向混凝土破坏转化。

Blaschko 等[15]在 CFRP 板条的直接拉拔式试验中首次考虑了变量 a_r，即 CFRP 板条距混凝土试块边缘的距离，这在设计构造中是非常有意义的参数。

香港理工大学与国家工业建筑诊断与改造工程技术研究中心于 2003 年开始进行了嵌入式加固法的研究[16]。首批试验采用 150mm × 150mm × 350mm 混凝土试块，在上表面中部开槽，槽宽 8mm，深 22mm。采用宽 16mm、厚 2mm 的 CFRP 板条，其表面已经粗糙化处理以提高粘结强度。为了防止所粘贴的应变片影响界面的粘结性能，采用两条 CFRP 板条叠合为一个试件，将应变片夹于两个板条之间。粘结长度 l_b 分别为：30mm，100mm，150mm，200mm 和 250mm。试验装置如图 6.2.5 所示。试验结果表明：粘结长度是影响界面粘结性能的重要因素，随着粘结长度的增大，极限荷载增大而平均粘结强度减小。图 6.2.6 为典型的界面破坏形态。

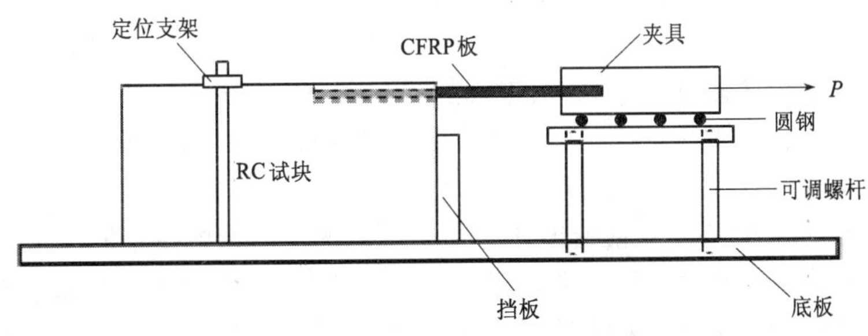

图 6.2.5　试验装置示意图

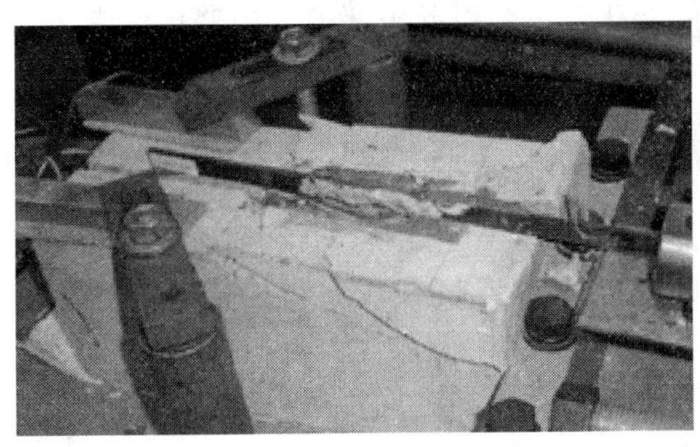

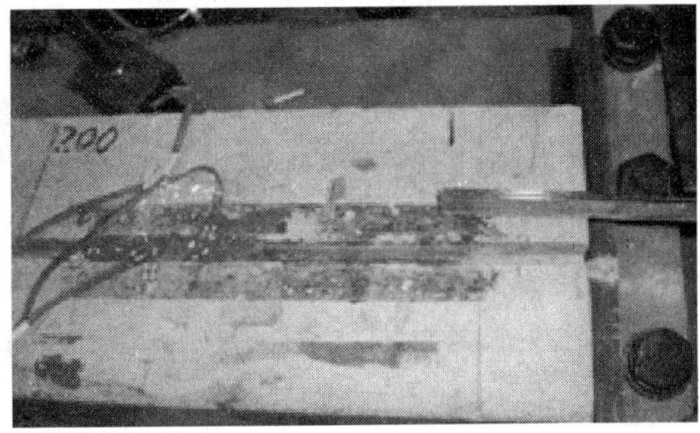

图 6.2.6　试件界面破坏形态

嵌入式加固的粘结破坏形式由混凝土、胶粘剂和 FRP 等三种介质及 FRP-胶粘剂、胶粘剂-混凝土等两种界面的物理和几何性质决定。在众多的界面粘结性能试验中观察到的破坏形式主要有：（1）FRP 与胶粘剂界面滑移破坏；（2）胶粘剂与混凝土界面滑移破坏；（3）槽表面混凝土开裂破坏；（4）胶粘剂劈裂破坏；（5）FRP 拉断破坏；（6）其他形式的混凝土破坏，如试件边缘混凝土拉剪破坏等。

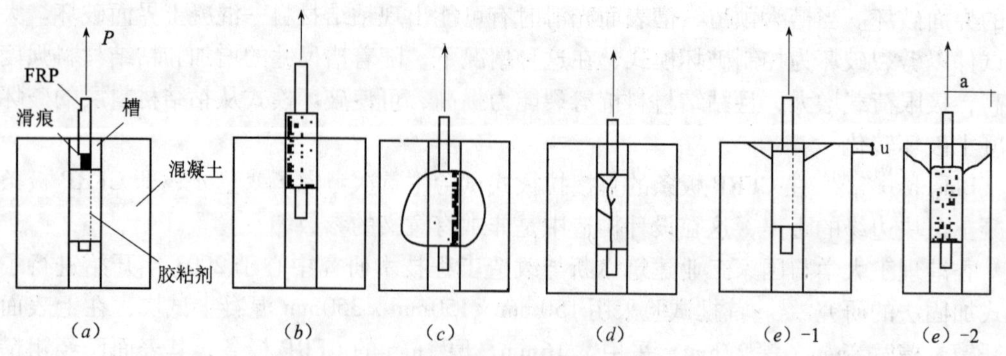

图 6.2.7 界面粘结破坏形式

(a) FRP-胶粘剂界面滑移破坏；(b) 胶粘剂-混凝土界面滑移破坏；(c) 槽表面混凝土开裂破坏；(d) 胶粘剂劈裂破坏；(e) 试件边缘混凝土拉剪破坏
〔(e) -1 由 u 过小造成；(e) -2 由 a 过小造成〕

目前的研究成果表明影响混凝土表层嵌贴 FRP 粘结性能的主要因素有：粘结长度、FRP 材料的种类与表面特征、槽的尺寸与表面特征、胶粘剂的种类及 FRP 到混凝土边缘的距离等。

1. 已有的试验结果表明，在较短的粘结长度下，极限粘结承载力随粘结长度的增加而增加。当粘结长度增加到一定程度时，粘结承载力的增加并非与粘结长度成正比，减小率由局部粘结剪应力-滑移关系的脆性决定。

2. FRP 材料的表面特征对粘结破坏的形式有关键性的影响，不同的表面特征会引起破坏模式的不同，相应的粘结机理和破坏机理也不尽相同。喷砂筋、螺纹筋难以提供充足的界面抗力，易出现 FRP 拔出破坏，而带肋筋的主要破坏形式为胶粘剂劈裂破坏，变形肋较高的 GFRP 筋相比变形肋较低的 CFRP 筋，胶粘剂显示出较高的脆性。

3. 槽尺寸的变化会引起极限粘结承载力的变化，也会引起破坏模式的变化。诸多试验研究表明存在一个最优槽宽，有文献认为最优槽宽取 FRP 筋直径的两倍比较合适[17]。对于钢筋混凝土构件，槽的深度受钢筋保护层厚度的限制，通常认为槽深取 FRP 筋直径的 1.5 倍比较合适。

4. 使用高抗拉强度的环氧树脂可延迟劈裂破坏，得到较高的粘结强度。相同抗拉强度的环氧树脂，较低的弹性模量可减小 FRP 筋周围的应力集中，得到较高的粘结强度，产生更具延性的粘滑性能。水泥砂浆胶粘剂的极限粘结承载力远低于环氧树脂胶粘剂。

6.2.3.2 抗弯加固试验

已有的 FRP 嵌入式抗弯加固试验结果均表明，FRP 筋或板条采用嵌入式加固可以较大地提高极限荷载、钢筋屈服荷载和开裂后的刚度等，对构件抗弯性能的改善效果是比较显著的。

De Lorenzis[11][18] 的试验中，大部分试件发生粘结失效破坏，FRP 筋的强度未得到充分发挥。试验中粘结破坏分为两种情况，一种是环氧胶粘剂发生纵向劈裂导致与 FRP 筋粘结力丧失，另一种是钢筋位置的混凝土出现纵向裂缝，部分混凝土保护层剥落。其中嵌入两根 FRP 筋的梁，由于两个槽间的净距、槽边缘与梁边缘的距离较小，槽周围的混凝土应力叠加，使得半跨通长混凝土保护层剥落而破坏（图 6.2.8）。FRP 嵌入式加固后，梁的抗弯承载力提高了 21.3% ~60.6%（图 6.2.9）。

图 6.2.8　FRP 筋嵌入式加固梁的破坏

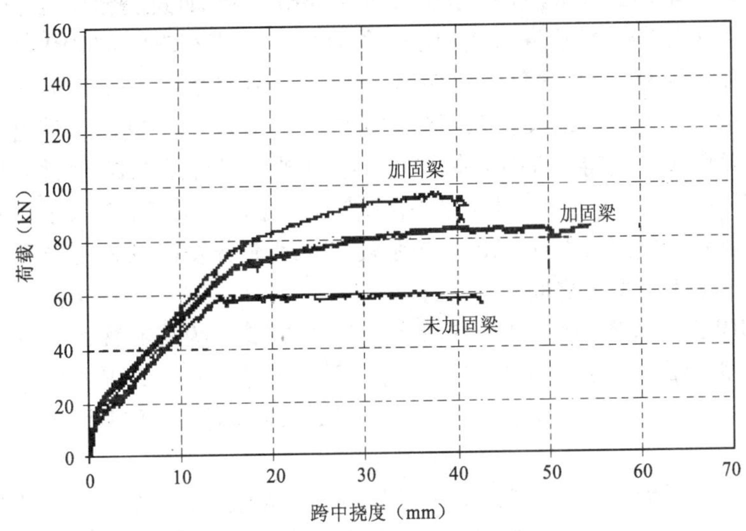

图 6.2.9　荷载-挠度曲线[6]

Taljsten & Carolin[19] 采用 CFRP 方形筋的试验表明，在 FRP 加固量相同的情况下，FRP 筋伸过支座的试件承载力提高幅度最大，破坏形式为 FRP 拉断，而锚固长度较小的梁发生粘结破坏。采用水泥砂浆的试件加固效果逊于采用环氧树脂的试件，后者体现出较好的延性。与外部粘贴 FRP 片材加固的剥离破坏相比，嵌入式加固的粘结破坏的突然性和脆性有所降低。FRP 嵌入式加固后，梁的抗弯承载力提高了 56.3% ~92.4%。

目前国内外针对 FRP 嵌入式抗弯加固的试验大部分集中在钢筋混凝土梁板上，已有的试验结果表明，FRP 嵌入式抗弯加固梁可能发生的破坏模式有以下几类：

1. 弯曲破坏

弯曲破坏主要包括 FRP 筋或板条的拉断以及受压区混凝土压碎两种形式。当 FRP 材料的端部锚固可靠，粘结长度足够时，容易发生弯曲破坏。

2. 剪切破坏

破坏模式与普通钢筋混凝土梁的剪切破坏相似。

3. 粘结破坏

与外部粘贴 FRP 片材加固法相比，嵌入式加固的局部粘结强度较好，发生粘结破坏的可能性要小一些，但此时 FRP 与混凝土的强度通常均没有得到充分利用而达不到预期加固效果，应避免此种破坏模式。粘结破坏的形式主要有 FRP-胶粘剂界面剥离破坏、胶粘剂-混凝土界面剥离破坏、FRP 端部混凝土保护层剥离破坏、局部混凝土保护层剥离破坏（裂缝间混凝土保护层剥离破坏）、梁边混凝土保护层剥离破坏以及沿梁较长的混凝土保护层剥离破坏等。

6.2.4 设计方法

6.2.4.1 加固设计的特点

嵌入式加固的 FRP 筋或板条与混凝土之间有可靠的粘结和锚固，是 FRP 与混凝土这两种材料能够共同工作的基本前提。与外部粘贴 FRP 片材加固法相比，嵌入式加固法的界面粘结情况更为复杂，影响嵌入式加固粘结性能的因素很多，如 FRP 材料种类、FRP 筋表面形状、粘结材料类型、槽尺寸、粘结长度、混凝土强度等等。外贴 FRP 片材的界面粘结强度，取决于有效粘结长度 L_e，当粘结长度大于 L_e 时，粘结长度增加而粘结强度保持不变，FRP 强度不能得到充分发挥，这一点已被大量外贴 FRP 片材的界面粘结试验所证实[20]。而对于内置钢筋或 FRP 筋的粘结锚固，粘结强度随粘结长度增大而增大，只要粘结长度足够长，钢筋或 FRP 筋的抗拉强度可得到充分发挥。嵌入式 FRP 筋或板条的界面受力性能介于上述两者之间。

已有的 FRP 嵌入式界面粘结性能试验中所出现的破坏模式有多种，FRP-粘结材料界面、粘结材料-混凝土界面都有可能成为控制界面，而对于外贴 FRP 片材加固，粘结破坏通常为胶与混凝土界面下几毫米处的混凝土剥离，即破坏仅由环氧-混凝土界面粘结应力所控制。

嵌入式抗弯加固梁的破坏模式，除与传统钢筋混凝土理论一致的混凝土压碎、FRP 拉断破坏以外，也有可能发生由于粘结失效导致的提前破坏，使 FRP 材料的强度未得到充分发挥。这一点与外贴 FRP 片材加固的剥离破坏极为相似，在设计时应加以适当的考虑。通常认为与外贴 FRP 片材加固相比，嵌入式 FRP 板条较不容易发生粘结破坏。

6.2.4.2 抗弯加固设计

嵌入式加固的设计方法与外贴 FRP 片材加固有很大程度的相似。为简化起见，以下计算以单筋矩形截面、不考虑二次受力为例，其他复杂的受力形式可参考 3.2 节的相应考虑。

设 ε_{fl} 为不考虑粘结失效破坏时 FRP 的拉应变，当破坏模式是由混凝土压碎控制时，由平截面假定、力平衡关系（图 6.2.10）可以得到式（6.2.1）、（6.2.2）。当计算所得 ε_{fl} 大于 FRP 的设计极限拉应变时，对应破坏模式为 FRP 拉断。

$$
\begin{cases}
f_c bx = f_y A_s + E_f \varepsilon_{fl} A_f & (6.2.1) \\
x = \dfrac{0.8\varepsilon_{cu}}{\varepsilon_{cu} + \varepsilon_{fl}} h_{NSM} & (6.2.2)
\end{cases}
$$

式中 A_f ——FRP 筋或板条的截面面积；

E_f ——FRP 的弹性模量；

h_{NSM}——FRP 筋或板条的中心至梁上边缘的高度；

x ——混凝土等效矩形应力图受压区高度；

f_c ——混凝土轴心抗压强度设计值；

ε_{cu} ——混凝土极限压应变，取 0.0033。

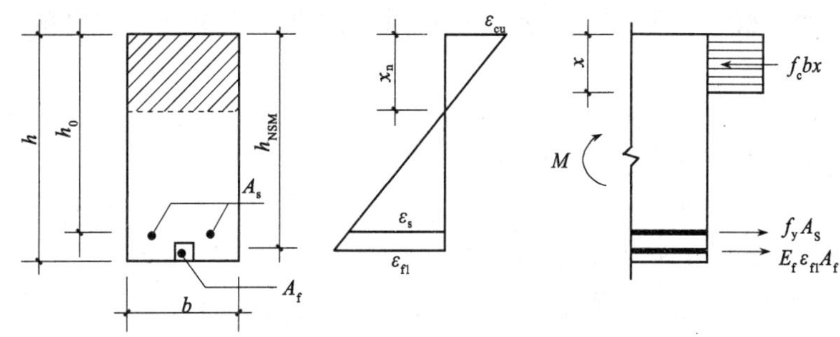

图 6.2.10　矩形截面正截面受弯承载力计算

抗弯加固设计的关键点归结为，根据 FRP 的延伸长度，确定发生粘结破坏时 FRP 的有效应变。具体函数型式需要通过嵌入式 FRP 筋或板条与混凝土间的粘结应力传递关系得到。在混凝土构件剪弯区裂缝附近，FRP 与混凝土界面的受力状态为剪应力和正应力的复合受力，较为复杂，不能简单地由界面剪切试验（直接拉拔试验）的结果代入。目前的研究成果尚不充分，不能给出合理、安全、简化的粘结失效破坏时 FRP 材料的有效应变，根据嵌入式加固界面粘结的特殊性，FRP 有效应力（或应变）限值可比外贴 FRP 片材加固法适当放宽。

6.2.4.3　*构造措施*

设 d 为 FRP 筋的名义直径，t_f、h_f 分别为 FRP 板条的厚度和高度，槽尺寸 b_g、h_g、多条布置时槽净间距 a_g、槽边距梁边的距离 a_r 都是影响粘结性能的参数，如图 6.2.11 所示，显然，槽的深度受钢筋保护层厚度的限制。建议对于 FRP 筋，最小槽尺寸 b_g、h_g 不小于 $1.5d$；对于 FRP 板条，最小槽宽 b_g 不小于 $3t_f$ 且槽深 h_g 不小于 $1.5h_f$。De Lorenzis 等[6]的推荐值为，对于 FRP 光圆筋，$k=1.5(k=b_g/d, b_g=h_g)$；对 FRP 变形筋，$k=2.0$。

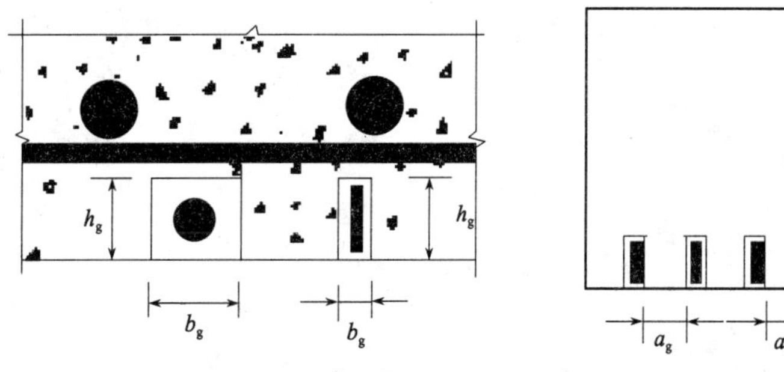

图 6.2.11　截面几何参数

采用嵌入式加固法的一个优点是可以锚固于相邻构件上，在一部分抗弯加固试验中曾采用将 FRP 筋伸过支座一定距离来模拟这种状态，但具体的锚固做法和要求，文献中未见表述。尽管如此，如果加强支座锚固，对于防止端部切断点引起的粘结失效破坏还是比较有效的。

6.2.5 施工 Installation

嵌入式加固法的主要施工工序为：

1. 用专用切割机具在混凝土表面（也可以是砖砌体或木材）切出预定宽度和深度的槽；
2. 用吸尘器或压力空气清除槽内的粉尘；
3. 在槽内先注入约一半的粘结材料；
4. 将 FRP 筋或板条放入槽中并轻压，使 FRP 筋或板条被粘结材料充分包裹；
5. 再将槽内注满粘结材料并将表面抹平。

对于较小的构件或底面、侧面开槽，一般采用手持式切割工具，而对于大型桥面板或楼板上表面开槽，可通过适当的组装而形成便于定位的可推拉式的切割工具。为防止溢出的胶污染槽外构件表面，可在注胶之前先贴膜保护，待所有工序完成后再撕掉贴膜清理。将粘结树脂注入槽中时，应特别留意防止气泡压在槽底。

(*a*) (*b*) (*c*) (*d*)

图 6.2.12 主要施工工序

(*a*) 开槽；(*b*) 清除槽内粉尘；(*c*) 注入环氧树脂；(*d*) 嵌入 FRP 板条

6.2.6 其他领域的研究和应用

6.2.6.1 抗剪加固

De Lorenzis 等[11]进行过 FRP 筋嵌入式抗剪加固的试验研究，加固后梁的破坏模式为与主剪切裂缝相交的 FRP 筋的环氧层的劈裂破坏，嵌入式加固对梁抗剪承载力的提高也非常显著。嵌入式抗剪加固的设计方法与外贴 FRP 片材加固中的侧面粘贴相类似，在此不再详述。

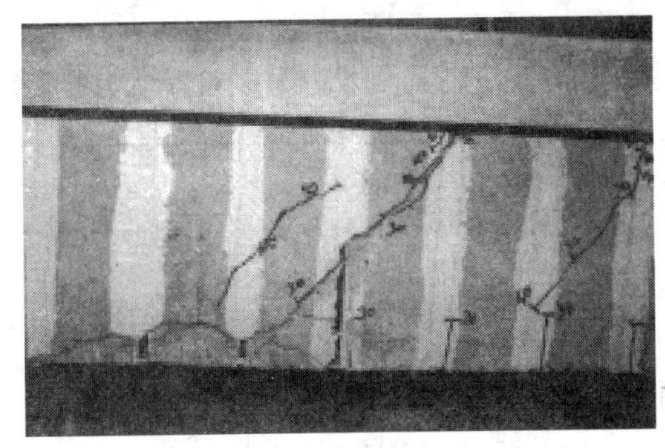

图 6.2.13 剪切裂缝形态

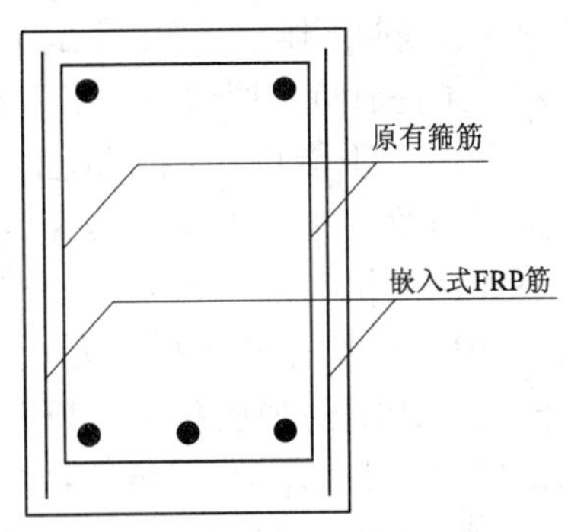

图 6.2.14 嵌入式抗剪加固

6.2.6.2 FRP 施加预应力嵌入式加固

与外贴 FRP 片材加固法的出发点相同，如对嵌入的 FRP 筋或板条先施加预应力，则能使 FRP 材料的强度得到更有效的发挥，取得更好的加固效果。目前对嵌入式 FRP 筋施加预应力的抗弯加固试验[18][21]已有初步尝试，如图 6.2.15 所示，但尚未在实际工程中使用。

图 6.2.15 FRP 施加预应力嵌入式加固试验装置

6.2.6.3 砌体结构和木结构加固

嵌入式加固法应用于砌体结构的加固有较大的优势。在砖砌体上开槽较混凝土更为容易，且槽的深度不像钢筋混凝土结构受内部钢筋位置的限制。由于砖砌体本身的强度较低，一般选用强度较低的 GFRP 即可，造价也较低。

木结构也可使用 FRP 嵌入式加固，加拿大已有学者对 GFRP 筋嵌入木结构梁抗弯加固进行了试验研究，取得较好的效果，并在某木结构桥梁的加固工程中进行了实际应用。

6.3 机械锚固快速加固法

FRP 板机械锚固快速加固法（Rapid Strengthening with Mechanically Fastened FRP Strips）是一种新型的 FRP 加固方法，它是通过按一定要求排列的金属铆钉群将 FRP 板直接固定在被加固构件表面，依靠铆钉传递 FRP 板与混凝土之间的剪切力，保证 FRP 板与混凝土结构协调变形、共同工作，从而达到良好的加固效果，如图 6.3.1 所示。

对于某些有特定用途或特定需要的结构，当需要提高其承载力等级或者结构遭受破坏需要修复时，不能中断结构的正常使用，且对加固作业的时间要求非常紧迫，因此需要一种速度快（最多只要几小时，而不是粘贴 FRP 等方法所要的几天）、不受各地不同气候影响的加固技术。FRP 板机械锚固快速加固技术能够满足这些要求，而且兼有传统 FRP 加固技术的众多优点，可被广泛地应用于结构加固领域。以桥梁加固为例，在军用方面，该技术能够迅速加固一些承载力不足或被战争损坏的桥梁，使其能够通过重型军用设备，赢得作战先机；在民用方面，随着汽车荷载等级的提高、汽车超载现象的增多和桥梁的劣化，许多桥梁承载力不满足要求，从经济和社会效益角度考虑，不允许长时间封闭高速公路桥梁，因此，该加固方法在高速公路桥梁加固方面也具有一定的优势。

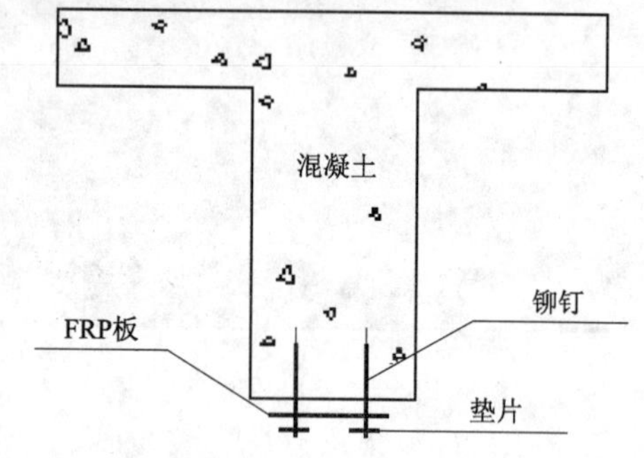

图 6.3.1　FRP 板快速机械锚固法（MF-FRP）示意

FRP 板机械锚固快速加固技术最初应用于航空工业、汽车制造业等领域，英国的 Thomas Telford 公司于 1994 首先尝试将其用于土木工程领域。此后，在美国军方工程技术发展研究中心（US Army Engineer Research and Development Center，ERDC）的主导和资助下，ERDC 的 James C. Ray、威斯康星大学的 Anthony J. Lamanna 和 Lawrence C. Bank 等对 FRP 板机械锚固快速加固混凝土构件的抗弯、抗剪性能进行了一系列小比例和大比例的模型试验，对影响加固性能的参数作了细致的分析和研究，并进行了一系列的工程应用，取得了良好的加固效果。图 6.3.2 ~ 图 6.3.5 为 FRP 板机械锚固快速加固法的工程实例照片。

图 6.3.2　FRP 板机械锚固快速加固桥梁面板及梁

图 6.3.3　FRP 板机械锚固快速加固桥梁面板

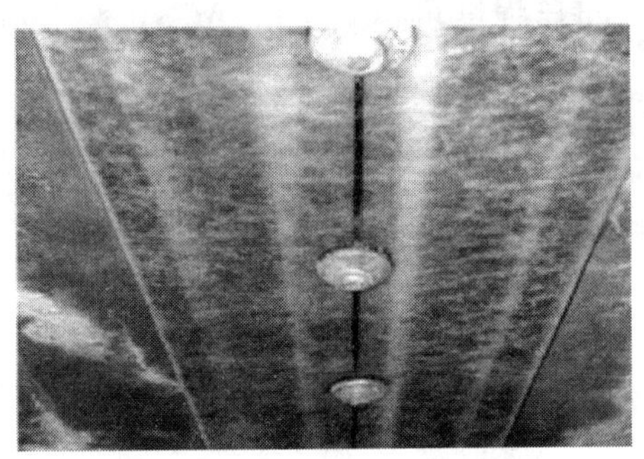

图 6.3.4　MF-FRP 中部铆钉

图 6.3.5　MF-FRP 端部螺栓

6.3.1　技术优势

与外部粘贴 FRP 片材加固法相比，FRP 板机械锚固快速加固法（MF-FRP）除同样具有高强高效、耐腐蚀等优点外，还有以下几方面的优势：

1. 施工简单方便、速度快。外贴 FRP 加固法需要对混凝土表面进行喷砂、打磨、抹平等工序以适合粘贴，粘贴质量的好坏直接影响到加固效果；快速加固法只需要电钻和专门的铆钉打入设备，操作方便、速度快，而且混凝土表面不需要处理或仅需要简单的平整处理，节省工期。在相同条件下，快速加固法是外贴 FRP 加固法所耗时间的 1/8 ~ 1/10。

2. 不使用粘结材料，因此不存在固化等待时间，加固完成后结构能够立即投入使用，军事意义、社会效益显著，非常有利于交通繁忙的桥梁以及抗灾、救灾、战时抢修等争取时间的情况。

3. FRP 片材外贴法需要使用粘结胶，粘结胶在高温环境下粘结强度的下降以及随时间的老化都会降低加固效果。快速加固法使用铆钉机械加固，不存在对环境和温度的敏感性。

6.3.2　材料

机械锚固快速加固法（MF-FRP）所用的材料，主要包括 FRP 材料、锚固材料（各种型号的铆钉、螺栓）。

6.3.2.1　FRP 材料

机械锚固快速加固法使用的 FRP 材料主要是指 FRP 板。通常使用的 FRP 板具有很高的纵向抗拉强度和弹性模量，但是横向抗拉强度和弹性模量较低，表现为典型的正交各向异性，打入铆钉后，当 FRP 板承受较高的拉力时，很容易表现出劈裂破坏，见图 6.3.6。国外的某些厂家和科研机构已经开发并生产专用于机械锚固快速加固法的 FRP 板，比较有代表性的是由美国威斯康星大学土木及环境工程系开发的名为“SafStrip”的新型 FRP 板，见图 6.3.7、图 6.3.8。这种新型的 FRP 板使用了单向的碳纤维、玻璃纤维以及双向的玻璃纤维网，是一种混杂纤维板，除了具有很高的纵向抗拉强度和弹性模量外，在横向也具有较高的抗拉强度。传统 FRP 板的抗挤压强度（bearing stress）较低，在较低的荷载作用下即可能在铆钉处发生挤压破坏（图 6.3.9），导致加固失效，而新型 FRP 板的纵向抗挤压强度可达到235.2MPa ± 17.2MPa，横向抗挤压强度可达到160.1MPa ± 23.2MPa，完全满足快速加固法的使用要求[22]。

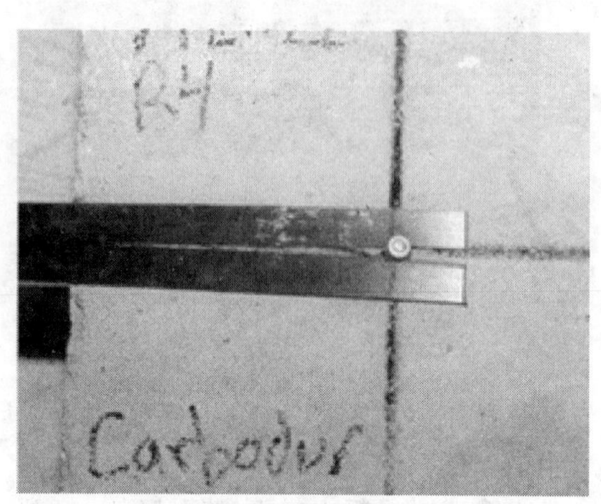

图6.3.6　FRP板劈裂破坏

图6.3.7　快速加固法专用的FRP板

图6.3.8　快速加固法专用的FRP板

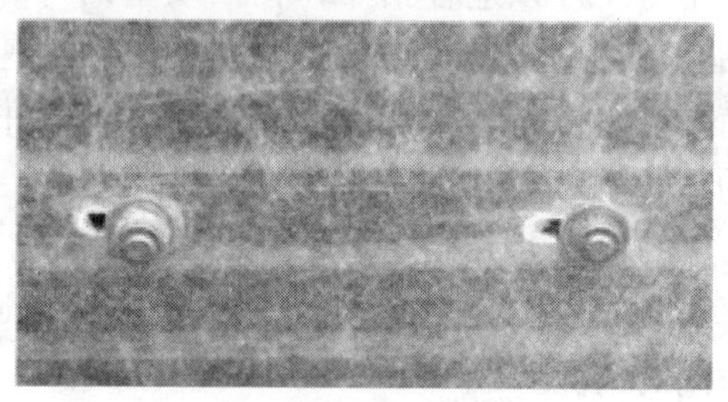

图6.3.9　FRP板挤压破坏

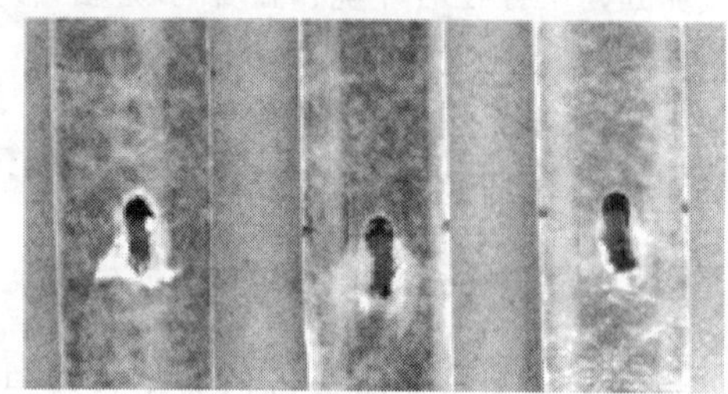

图6.3.10　FRP板挤压破坏

图6.3.11　FRP板挤压破坏

6.3.2.2　锚固材料

FRP板主要依靠按一定要求排列的金属铆钉群锚固在混凝土表面，如有必要，还应该在FRP的端部使用膨胀螺栓进行加固，以防止FRP板的端部剥离破坏，表6.3.1列出了某些型号的铆钉和膨胀螺栓的相关参数。铆钉需使用火药射钉枪（Powder Actuated Fastening（PAF）gun）打入混凝土内部，可选用目前较为流通的Hilti、Ramset、Powers和Simpson等品牌的相关型号的射钉枪，见图6.3.12。铆钉和膨胀螺栓需要穿过FRP板后打入混凝土内部，因此需要预先在FRP板上钻孔，可使用常用的电钻等工具，如图

6.3.13 所示。

不同型号的铆钉和膨胀螺栓（Hilti）　　表 6.3.1

型　　号	适　用　范　围	材　　质	直径（mm）	长度（mm）	外　　观
X-ALH-47	高强混凝土、高强钢板	镀锌硬化钢	4.5	47	
X-CR-44	混凝土、钢板	SS CrNiMo 合金钢（HRC 52）	4.0	44	
KBII CS	混凝土、钢板	碳钢	12.5	70	
KBII SS	混凝土、钢板	不锈钢	12.5	70	

图 6.3.12　Hilti DX 460 型射钉枪

图 6.3.13　Hilti TE 6-A 型电钻

考虑到钻孔、射钉等作业具有一定的危险性，施工时应采取必要的保护措施，如使用面罩、隔音耳罩等装备，如图 6.3.14 所示。

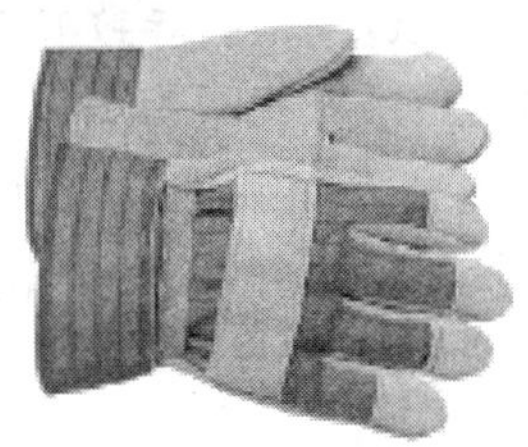

图 6.3.14　保护装备（面罩、手套、安全帽、隔音耳罩）

6.3.3　试验研究

关于机械锚固快速加固法的试验研究，主要集中在锚固件锚固效果研究、FRP 板的锚固连接效果研究以及钢筋混凝土构件抗弯加固试验等三个方面。

6.3.3.1　锚固件锚固效果　Fastener Investigation

快速加固法主要是依靠铆钉等锚固件将 FRP 板固定在混凝土表面的，锚固件的锚固效果直接影响着加固效果。控制锚固效果的因素主要有：混凝土强度、锚固深度、铆钉与混凝土边缘的间距、混凝土预钻孔、铆钉垫圈、耐久性等。

1. 混凝土强度

混凝土强度的高低可以显著影响铆钉的锚固效果，针对不同强度的混凝土，应当选用不同型号的铆钉。研究[23]表明，镀锌硬化钢铆钉的锚固效果要优于普通钢铆钉，例如

Hilti X-ALH 型铆钉的锚固强度可达到 8400psi。

2. 锚固深度

试验[23]表明，依靠铆钉将 FRP 板锚固在混凝土表面，需要一个最小锚固深度。假定混凝土预钻孔的深度为 L_P，则最小锚固深度可近似定为 $L_E = 1.2L_P$，因此选用的铆钉长度 L_F 应大于 $L_P + L_E$，如图 6.3.15 所示。

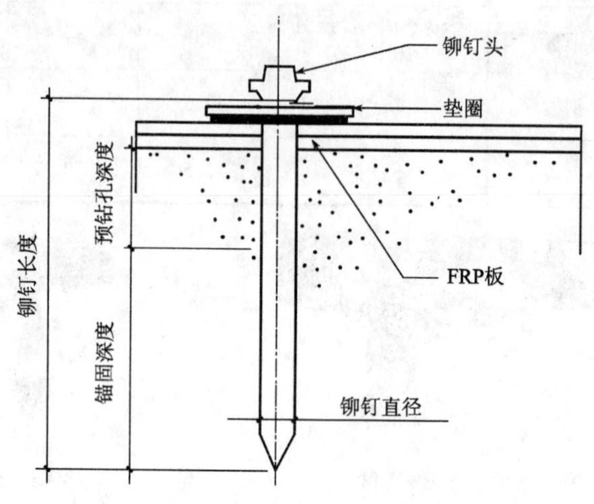

图 6.3.15　锚固深度示意图

3. 铆钉与混凝土边缘的间距

铆钉打入混凝土时，若与混凝土边缘的间距过小，会导致混凝土破裂甚至混凝土块的局部剥离。Hilti 公司在其产品说明中给出的最小边缘间距为 2in（约 50mm），研究表明这个间距仅适用于普通混凝土，对于高强混凝土需要更大的边缘间距，Ramset 公司给出的边缘间距是 3in（约 76mm）。试验表明，最小边缘间距为 3in 比较适合于机械锚固快速加固法。

4. 混凝土预钻孔

如果不钻孔而直接将铆钉打入混凝土，很容易导致铆钉周围的混凝土局部碎裂，为了尽量减少铆钉对混凝土的损伤，快速加固法建议在打入铆钉前预先在混凝土表面钻孔。预钻孔深度过大将减弱铆钉的锚固效果，预钻孔深度过小将无法起到减弱混凝土碎裂的作用，因此需要一个合适的预钻孔深度，试验表明，在一般情况下，预钻孔深度为 0.5in（约 13mm）能够满足使用要求。

5. 铆钉垫圈

铆钉打入混凝土时，由于巨大的冲击作用，铆钉的头部可能对混凝土造成冲击破坏，需要使用垫圈以减小冲击作用，目前使用较多的主要是氯丁橡胶垫圈。

6. 耐久性

玻璃纤维是非导电体，不会有电化学腐蚀现象的产生，而碳纤维是导电体且电极电位又较正，当碳纤维与铆钉接触时，若有电解质溶液存在，则可能引起电化学腐蚀，在试验中已经发现潮湿环境中的铆钉发生了电化学腐蚀，应采取相应措施予以避免，比如使用耐腐蚀的不锈钢材料制作的铆钉，如 Hilti X-CR-SS 型铆钉。

6.3.3.2 FRP板的锚固连接性能 Connections with FRP

机械锚固快速加固法不需要对混凝土进行表面处理，完全依靠铆钉来连接FRP板与混凝土，尽管铆钉附近的FRP板存在应力集中，仍然比容易受环境影响的FRP粘贴加固法更为可靠。但是，和任何一种连接方法一样，FRP板的机械锚固连接在极限荷载下仍然会发生破坏，就FRP板自身的破坏而言，通常可分为四种破坏模式，即：拉伸破坏、劈裂破坏、挤压破坏和剪切破坏，如图6.3.16所示。

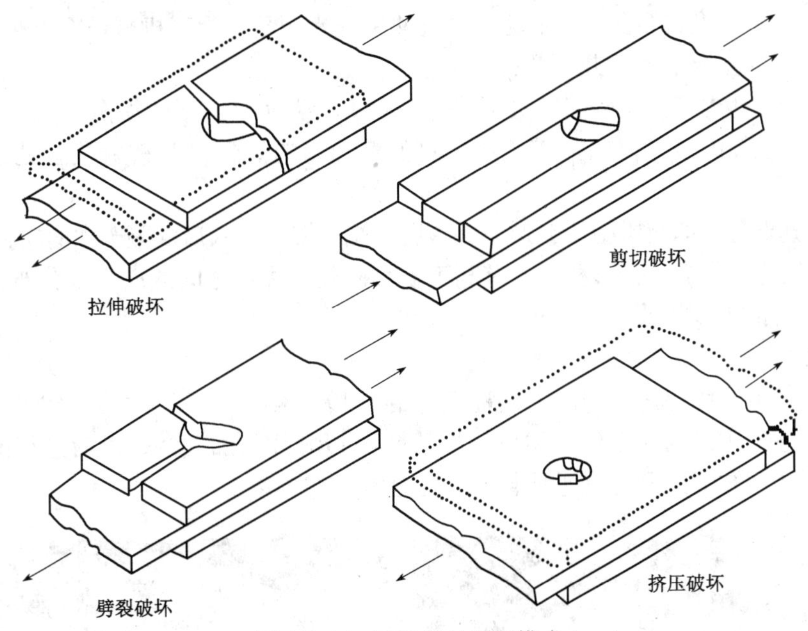

图6.3.16 FRP板的破坏模式

四种破坏模式中，挤压破坏是延性破坏，是最理想的破坏模式，如果挤压破坏连续发生，则会形成剪切破坏。挤压破坏的形成取决于多种影响因素，主要包括：钻孔孔径、FRP板横向抗拉强度、铆钉与混凝土边缘的间距、FRP板含脂率等。如果FRP材料的横向抗拉强度较高，则FRP板破坏时比较容易形成挤压破坏模式，此外，新型FRP板中额外的横向纤维织物层亦能显著地提高FRP板的抗挤压强度[24]。

在FRP板抗挤压强度固定的情况下，影响FRP板锚固连接性能的因素主要有：铆钉的直径和强度、铆钉的长度、铆钉垫圈及夹紧力、孔隙填充物等。

1. 铆钉的直径和强度

铆钉的直径和强度直接影响到锚固处的破坏模式，比如FRP板挤压破坏、混凝土碎裂、铆钉拔出或屈服等。在工程中应当选择有足够强度和直径的铆钉以避免铆钉自身的破坏或者失效。铆钉的直径亦有上限，从技术上讲，当铆钉间距较小时，过大的铆钉直径将导致各铆钉周围的混凝土裂缝贯通而破坏；从工程上讲，过大的铆钉直径将加大工程量，延长施工时间，而且打孔等工序亦可能损伤原有的混凝土结构，导致加固效果的减弱。

2. 铆钉的长度

尽管从理论上讲，铆钉长度越长，锚固深度越深，效果越好，但是会加大打孔作业的工作量，亦有可能对混凝土内部的钢筋造成损伤，因此通常认为4cm左右的铆钉较为合适。

3. 铆钉垫圈及夹紧力

机械锚固快速加固法是依靠铆钉传递 FRP 板与混凝土之间的剪切力，保证 FRP 板与混凝土结构协调变形、共同工作。当铆钉打入混凝土后，部分的荷载就由铆钉垫圈与混凝土之间的摩擦力承担，夹紧力越大，摩擦力效果越明显，且在铆钉垫圈区域形成横向约束，以防止纵向纤维的分层或扭结。

4. 孔隙填充物

FRP 板、铆钉及混凝土之间孔隙的填充物能非常明显地提高机械锚固快速加固法的整体加固效果，它主要能发挥几下几种作用：

1）混凝土孔内填充树脂能够阻止铆钉的刚性运动对 FRP 板的损伤；

2）混凝土孔内填充树脂能够减小铆钉的弯曲影响导致的与铆钉接触处的混凝土的碎裂；

3）混凝土孔内填充树脂能够作为缓冲层，减小铆钉打入后混凝土中的应力集中；

4）环氧树脂作为可变形材料，有利于较大荷载下铆钉之间的应力重分布，以阻止或延缓锚固系统的逐步实效。

6.3.3.3 抗弯加固试验

FRP 板机械锚固快速加固法的试验研究始于 1999 年，一系列的小比例模型试验表明机械锚固快速加固法的加固效果类似于外部粘贴 FRP 片材加固法，随后进行的众多大比例模型试验表明被加固梁的抗弯承载力平均能提高 20% 以上[25]。

(*a*)　　(*b*)

(*c*)

(*d*)

图 6.3.17　弯曲破坏模式

(*a*) FRP 板拉断；(*b*) 混凝土压碎；(*c*) FRP 板剥离破坏；(*d*) FRP 板挤压破坏

试验表明，当铆钉的数量和锚固强度达到合理的设计要求时，机械锚固快速加固法对被加固构件延性的提高要优于传统的外部粘贴 FRP 片材加固法[23][26][27][28]。大部分试验梁在达到极限荷载时，部分铆钉被拔出混凝土，FRP 板逐渐剥离，上部受压区混凝土压碎，整个破坏过程持续时间长，而且有明显的破坏特征，表现出典型的延性破坏。

不同尺寸和加固量的试验梁在试验中表现出了多种破坏模式，主要有以下几种：

1. FRP 板拉断，构件脆性破坏；
2. 受压区混凝土压碎，加固区无明显破坏特征；
3. 铆钉拔出，锚固失效，FRP 板剥离破坏；
4. FRP 板在铆钉锚固处挤压破坏，锚固失效。

6.3.4 设计方法

6.3.4.1 加固设计的特点

FRP 板机械锚固快速加固法主要依靠铆钉传递 FRP 板与混凝土之间的剪切力，保证 FRP 板与混凝土结构共同工作，从而达到良好的加固效果。

对于外部粘贴 FRP 片材加固法，目前大多数计算模型都假定 FRP 板和混凝土粘结可靠并且忽略粘结胶厚度的影响，认为 FRP 板与混凝土之间的变形是协调。而机械锚固快速加固法中，两者之间没有协调关系，若忽略 FRP 板与混凝土表面之间的摩擦，相邻铆钉间的 FRP 板的应变是相等的，并等于相邻铆钉间混凝土底面的平均应变。

机械锚固快速加固梁的弯曲破坏模式，除了混凝土压碎、FRP 板拉断破坏以外，也有可能发生由于铆钉锚固失效导致的 FRP 剥离破坏以及由于 FRP 板抗挤压强度不足导致的挤压破坏，使 FRP 材料的强度未得到充分发挥。这些破坏模式在设计时均应加以适当的考虑，不同的破坏模式有不同的计算方法和设计方式。

6.3.4.2 抗弯加固设计

1. 机械锚固快速加固混凝土结构的抗弯承载力计算分析模型依据以下假定：

1）平截面假定；

2）钢筋、混凝土的本构关系与现有的规范规定相同；

3）FRP 板截面厚度范围内应力与应变均匀分布；

4）铆钉锚固后的 FRP 板仍然保持线弹性；

5）忽略被加固构件中的初始应变；

6）忽略 FRP 板对构件抗剪强度的影响；

7）沿 FRP 板长度方向任意一点的拉力等于铆钉和端部螺栓承受的剪力，即铆钉和螺栓传递混凝土与 FRP 板之间的全部剪切力，该假定已从大比例试验中的 FRP 应变分布结果得到验证。

2. 根据以上假定，铆钉和螺栓与 FRP 板之间的力相互作用关系如下图所示：

由力平衡关系可知：

$$T_{\mathrm{frp}} = \sum_{1}^{N} P_{\mathrm{f}} + \sum_{1}^{M} P_{\mathrm{a}} \tag{6.3.1}$$

式中 N——从端部到截面 x_{e} 处的铆钉数量；

M——从端部到截面 x_{e} 处的螺栓数量；

P_{f}——单个铆钉所受的剪力；

P_a——单个螺栓所受的剪力。

截面 x_e 处 FRP 板承受的拉应力为：

$$f_f = \frac{\sum_1^N P_f + \sum_1^M P_a}{A_{strip}} \tag{6.3.2}$$

当所有的铆钉和螺栓达到其极限承载力时，f_f 亦达到极限值，即：

$$f_{f,b} = \frac{\sum_1^N P_{f,u} + \sum_1^M P_{a,u}}{A_{strip}} \tag{6.3.3}$$

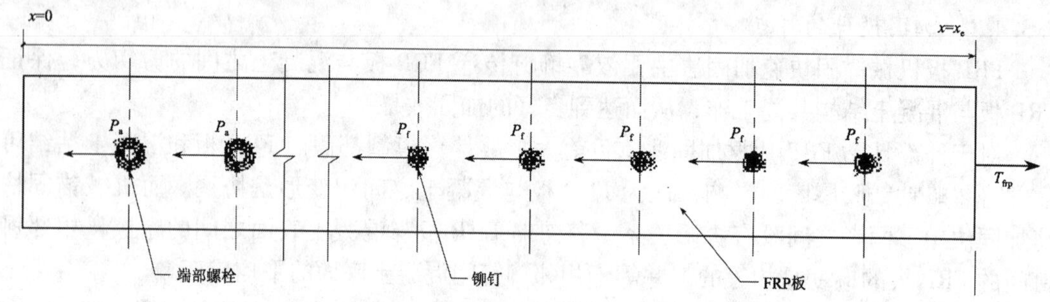

图 6.3.18 FRP 板中的力传递过程

显然，若要使加固构件发生延性破坏，$f_{f,b}$ 必须小于 FRP 板的开孔抗拉强度 f_0（即考虑 FRP 板开孔的削弱作用后的极限抗拉强度），否则 FRP 板将被拉断而发生脆性破坏。

假定在承载力极限状态下，受拉区钢筋已屈服，受压区混凝土在 FRP 板拉断或剥离前已压碎，被加固梁的极限承载弯矩为：

$$M_n = A_s f_y \left(d_s - \frac{a}{2} \right) + A_{frp} f_f \left(d_{frp} - \frac{a}{2} \right) \tag{6.3.4}$$

式中 A_s ——受拉钢筋的截面积；

f_y ——受拉钢筋的屈服强度；

d_s ——受拉钢筋的质心到混凝土上表面的距离；

A_{frp}——FRP 板的截面积；

f_f ——FRP 板的拉应力；

d_{frp}——FRP 板的质心到混凝土上表面的距离；

a ——等效矩形应力图形的高度。

中和轴高度 $c = a/\beta_1$，根据内力平衡关系、材料本构关系以及平截面假定，可以通过下式计算：

$$Ac^2 + Bc + C = 0 \tag{6.3.5}$$

式中

$$A = 0.85 f'_c \beta_1 b \tag{6.3.6}$$

$$B = (-A_s f_y + A_{frp} E_{frp} \varepsilon_{cu}) \tag{6.3.7}$$

$$C = -A_{frp} E_{frp} \varepsilon_{cu} d_{frp} \tag{6.3.8}$$

计算出中和轴高度 c，即可得到 FRP 板的应力和应变，即：

$$\varepsilon_{\mathrm{frp}}=0.003\left(\frac{d_{\mathrm{frp}}}{c}-1\right) \tag{6.3.9}$$

$$f_{\mathrm{f}}=E_{\mathrm{frp}}\varepsilon_{\mathrm{frp}} \tag{6.3.10}$$

3. 通过计算 FRP 的拉应力f_{f}即可判断加固梁的破坏模式：

1）$f_{\mathrm{f}} \geqslant f_{\mathrm{f,b}}$，且$f_{\mathrm{f,b}}<f_0$，FRP 板在铆钉锚固处挤压破坏；

2）$f_{\mathrm{f}} \geqslant f_{\mathrm{f,b}}$，且$f_{\mathrm{f,b}} \geqslant f_0$，FRP 板拉断，构件脆性破坏；

3）$f_{\mathrm{f}}<f_{\mathrm{f,b}}$，受压区混凝土压碎，构件破坏；

4）$f_{\mathrm{f}}<f_{\mathrm{f,b}}$，且$f_{\mathrm{f}}=f_{\mathrm{pryout}}$，FRP 板剥离，混凝土底层破坏，其中$f_{\mathrm{pryout}}$为能造成铆钉或端部螺栓拔出的剪应力。

6.3.5 施工

在采用 FRP 板机械锚固快速加固法之前，应充分调查并掌握原有混凝土结构所处的环境及损伤状况，如有开裂、腐蚀劣化等状况，应先进行相应的处理，然后再进行加固施工。

机械锚固快速加固的主要施工工序为：

1. 材料准备

在加固施工之前，应首先将整卷的 FRP 板剪裁成施工设计要求的长度。

2. 标记 FRP 板中心线位置

在剪裁完毕的 FRP 板上标记出纵横交错的网格，以定位 FRP 板的中心线以及铆钉的位置和间距。

3. FRP 板预钻孔

在 FRP 板表面标记好的位置打孔。

4. 混凝土表面处理

机械锚固快速加固法不需要对混凝土表面进行喷砂、打磨、抹平等工序，但有必要对混凝土表面进行简单的清洁处理，比如使用抹刀和钢丝刷去除表面浮浆、油脂等污物。

5. 放线定位

在混凝土表面用石灰粉或其他标记物画出 FRP 板的加固位置。

6. 临时固定 FRP 板

用手或支撑物临时固定 FRP 板于加固位置，直至已经打入足够数量的铆钉以保证 FRP 板不会脱离混凝土表面。

7. 混凝土预钻孔

透过 FRP 板的预钻孔，在混凝土表面钻孔，钻孔深度应符合设计要求。

8. 试锚固

通过调节射钉枪的能量强度，选择合适的档位，对铆钉进行试锚固，直至锚固深度和锚固效果达到要求，以此确定射钉枪的能量档位。

9. 铆钉锚固

10. 端部螺栓锚固

11. 拆除临时固定设施，清理施工现场。

参考文献

[1] ネフマック増厚・巻立て工法によるコンクート構造物の補修補強設計・施工マニコアル，エム・エス・アッア株式会社，2000.

[2] “*NEFMAC as Reinforcement for Concrete Bridge Decks and Barrier Walls*”, Draft Report on Phase 2 for AUTOCON Composites INC., Institute for Research in Construction, National Research Council Canada, 1995.

[3] 曹锐 . NEFMAC 加固钢筋混凝土板的试验性能研究与理论计算，[硕士学位论文]，冶金工业部建筑研究总院，2002.

[4] 丁一 . ECC 材料的理论及应用试验研究，[硕士学位论文]，中冶集团建筑研究总院，2008.

[5] 格子状 FRP 筋の引張試験結果報告書，清水建設株式会社技術研究所，1995.

[6] Asplund S O. “Strengthening Bridge Slabs with Grouted Reinforcement”, Journal of the American Concrete Institute, 1949, 20 (6), 397 – 406.

[7] Hogue T, Comforth R C, Nanni A. Myriad Convention Center Floor System Reinforcement. Proceedings of the Fourth International Symposium on Fiber Reinforced Polymer Reinforcement for Reinforced Concrete Structures, C. W. Dolan S, Rizkalla, Nanni A, Editors, American Concrete Institute 1999, SP – 188, 1145 – 1161.

[8] Emmons P, Thomas J, Sabnis G M. New Strengthening Technology Developed-Blue Circle Cement Silo Repair and Upgrade. Proceedings of the International Workshop on Structural Composites for Infrastructure Applications, Cairo, Egypt, May 28-30, 2001, 97-107.

[9] Gentile C, Rizkalla S. Flexural Strengthening of Timber Beams Using FRP. Technical Rep., ISIS Canada, Univ. of Manitoba, Winnipeg, Manitoba, Canada: 1999

[10] Tumialan G, Tinazzi D, Myers J, et al. Field Evaluation of Masonry Walls Strengthened with FRP Composites at the Malcolm Bliss Hospital. Report CIES99-8, University of Missouri-Rolla, Rolla, MO. 1999

[11] De Lorenzis, L., “Strengthening of RC Structures with Near Surface Mounted FRP Rods”, *Ph. D. Thesis*, Department of Innovation Engineering, University of Lecce, Italy, 2002, http: //nt-lab-ambiente. unile. it/delorenzis.

[12] De Lorenzis, L. and Nanni, A., “Characteristics of FRP rods as NSM reinforcement, *Journal of Composites for Construction*, ASCE, 2001, 5 (2), 114-121.

[13] De Lorenzis, L. and Nanni, A., “Bond between NSM fiber-reinforced polymer rods and concrete in structural strengthening”, *ACI Structural Journal*, 2002, 99 (2), 123-132.

[14] De Lorenzis, L., Rizzo, A., La Tegola, A., “A modified pull-out test for bond of near-surface mounted FRP rods in concrete” *Composites Part B: Engineering*, 2002, 33 (8), 589-603.

[15] Blaschko, M., “Bond behavior of CFRP strips glued into slits”, *Proceedings of the Sixth International Symposium on FRP Reinforcement for Concrete Structures*, *Singapore*, 2003, 205-214.

[16] 李荣，滕锦光，岳清瑞 . 嵌入式 CFRP 板条—混凝土界面粘结性能的试验研究，工业建筑，2005. 35 (8): 31-34.

[17] De Lorenzis L, Lundgren K and Rizzo A. Anchorage length of near-surface mounted fiber-reinforced polymer bars for concrete strengthening-experimental investigation and numerical modeling [J]. ACI Structure Journal, 2004, 267-278.

[18] De Lorenzis, L. , Micelli, F. and La Tegola, A. , "Passive and active near – surface mounted FRP rods for flexural strengthening of RC beams", *Proceedings of the Third International Conference of Composite in Infrastructures*, San Francisco, California, 2002, CD-ROM version.

[19] Taljsten, B. , Carolin, A. and Nordin, H. , "Concrete structures strengthened with near surface mounted reinforcement of CFRP", *Advances in Structural Engineering*, 2003, 6 (3), 201-213.

[20] Teng, J. G. , Chen, J. F. , Smith, S. T. and Lam, L. , FRP-strengthened RC structures, John Wiley and Sons Ltd. , 2002.

[21] Nordin, H. , Taljsten, B. and Carolin, A. , "Concrete beams strengthened with prestressed NSM reinforcement", Proceedings of the International Conference on FRP Composites in Civil Engineering, Hong Kong, China, 2001, 1067-1075.

[22] A. Rizzo, N. Galati, A. Nanni, L. C. Bank, "Strengthening Concrete Structures with Mechanically Fastened Pultruded Strips", *COMPOSITES* 2005 *Convention and Trade Show*, American, 2005.

[23] Dushyant Arora, "Rapid Strengthening of Reinforced Concrete Bridge with Mechanically Fastened-Fiber Reinforced Polymer Strips", thesis of Master of Science, 2003.

[24] Gulbrandsen, P. W. (2002). "Tensile and bearing Tests of FRP Composite Strengthening Strips", *Study Report*, University of Wisconsin-Madison.

[25] David T. Borowicz , "Rapid Strengthening of Concrete Beams with Powder Actuated Fasteners and Fiber Reinforced Polymer (FRP) Composite Materials", thesis of Master of Science, 2002.

[26] Lamanna, A. J. "Flexural Strengthening of Rcinforced Concrete Beams with Mechanically Fastened Fiber Reinforced Polymer Strips", PhD Thesis, University of Wisconsin-Madison, Madison, USA, 2002.

[27] Ekenel, M. , Rizzo, A. , Myers, J. J. , Nanni, A. "Effect of Fatigue Loading on Flexural Performance of Reinforced Concrete Beams Strengthened with FRP Fabric and Pre-Cured Laminate Systems", Accepted for the Conference of Composites in Construction, Lyon, France. 2005.

[28] Borowicz, D. T. , Bank, L. C. , Nanni, A, Arora, D. , Desa, U. , and Rizzo, A. "Ultimate Load Testing and Performance of Bridge with Fiber Reinforced Composite Materials and Powder-Actuated Fasteners", Proceedings of 83rd Annual Transportation Research Board Meeting, CD-ROM, Washington, D. C. 2004.

第七章

FRP 设计计算软件

FRP Design Software

7.1 概　　述

FRP 加固后的钢筋混凝土构件在材料的力学性能、力学平衡关系以及结构的破坏模式等方面都与普通钢筋混凝土构件有很大的不同，在进行加固计算和分析时可能会遇到以下几种问题：

1. 结构（构件）的延性问题。FRP 是线弹性材料，由 FRP 失效控制的结构破坏（FRP 拉断或者 FRP 剥离）通常都是脆性破坏，为了确保结构的安全性和必要的延性，需要计算分析在特定荷载（如正常使用极限荷载）作用下 FRP 的应力应变水平。

2. 剥离破坏的问题。FRP 的剥离破坏是一个相当复杂的破坏模式，单一的简单公式很难准确计算出真实的破坏荷载，因此有必要引入不同的剥离破坏模型协助计算分析，帮助工程师了解并掌握结构剥离状况，防止出现结构安全性不足或者材料性能发挥程度过低等情况。

3. 二次受力影响的问题。FRP 加固施工时，有些荷载是无法完全卸除的，如结构的自重，由于不能完全卸荷，原有结构（构件）中混凝土和钢筋的应变水平与新增 FRP 的应变水平不一致，存在二次受力的计算分析问题。

4. 计算难度和精度的问题。不同的 FRP 材料力学性能差异很大，包括材料的抗拉强度、弹性模量、极限伸长率等，采用传统的力学平衡模型进行手工计算存在很大的困难，而且计算精度也难以保证。

针对上述情况，编者比较和总结了相关的研究计算方法，采用 Microsoft Visual Basic 平台编写了 FRP 加固钢筋混凝土构件计算软件，使用本计算软件可以有效地协助工程师及研究人员进行设计计算和分析。

7.2 软件的主要功能及特点

1. 本计算软件分为受弯承载力计算和受剪承载力计算两个模块，可以实现以下主要功能：

1）可以通过完善的 GUI 界面快速方便地输入相关参数，主要包括截面几何尺寸参数、截面配筋几何参数和钢筋材料参数、混凝土材料参数、FRP 材料参数以及荷载参数。

2）可进行 FRP 加固钢筋混凝土构件受弯承载力的相关计算，计算后可分别输出在考虑二次受力影响的情况下的原梁初始状态、加固梁极限状态和加固梁设计弯矩状态下截面各材料的应变水平。

3）在受弯承载力计算模块中可以进行剥离验算。

4）可进行 FRP 加固钢筋混凝土构件受剪承载力的相关计算，输出计算结果并对斜截面抗剪加固的可行性、必要性和抗剪加固是否满足要求进行判断。

5）计算软件在实现计算功能的同时可完成计算结果的输出，生成相应的计算书可供打印。

2. 使用本软件计算 FRP 加固钢筋混凝土构件具有如下主要优点：

1）计算方便、快捷。输入相关参数即可计算出相应的结果，大大提高了计算效率。

2）计算结果更加准确。受弯承载力计算中，采用《混凝土结构设计规范》(GB 50010—2002）中混凝土应力应变关系进行迭代计算，计算结果较传统的采用等效矩形应力图求解更加精确。

3）计算更加可靠。受弯承载力计算中，考虑了二次受力因素，可计算受弯构件在初始弯矩影响下截面各材料的真实应变水平，用户可以更充分地了解二次受力的影响。用户在进行受弯承载力计算时还可以选择是否进行 FRP 的剥离验算，使计算结果更加可靠。

4）计算内容更加丰富。受弯承载力计算中，分别对截面加固前初始荷载作用下，加固前极限状态，加固后极限状态和加固后设计荷载作用下的各工况进行计算，用户可以更加全面的了解截面各材料的实时应力应变水平。

5）计算参考内容更多。FRP 加固混凝土结构的受剪计算受多种因素影响，计算结果差异很大，本软件选取了目前国内外常用的几种 FRP 抗剪加固计算公式供用户参考对比，用户可以选择多种受剪承载力计算方法进行计算。

7.3 粘贴 FRP 片材抗弯加固

7.3.1 基本假定

1. 粘贴 FRP 片材抗弯加固混凝土结构主要参照以下的规范、规程和标准：

1）《混凝土结构设计规范》(GB 50010—2002)

2）《碳纤维片材加固混凝土结构技术规程》(CECS 146：2003)

2. 本软件在进行粘贴 FRP 片材抗弯加固混凝土结构计算时主要采用了以下基本假定：

1）截面应变保持平面，构件达到受弯承载力极限状态时，FRP 片材的拉应变 f 按截面应变保持平面的假定确定，但不超过 FRP 的允许拉应变 $[\varepsilon_f]$；

2）不考虑混凝土的抗拉强度；

3）粘贴的 FRP 片材与混凝土间不发生相对滑移或剥离，与截面中和轴距离相同的纤维具有相同大小的应变；

4）不考虑钢筋的极限应变限值。

7.3.2 应力应变关系

C50 及以下混凝土受压应力应变关系采用《混凝土结构设计规范》(GB 50010—2002)第 7.1.2 条规定，计算中考虑混凝土的非线性应力应变关系，如图 7.3.1（a）所示。C50 以上混凝土应力应变关系更加复杂，在普通的钢筋混凝土结构中并不多见，如需对其进行加固计算，工程师可根据工程经验及更简单、可靠的计算方法进行加固设计。C50 以下混凝土应力应变关系为：

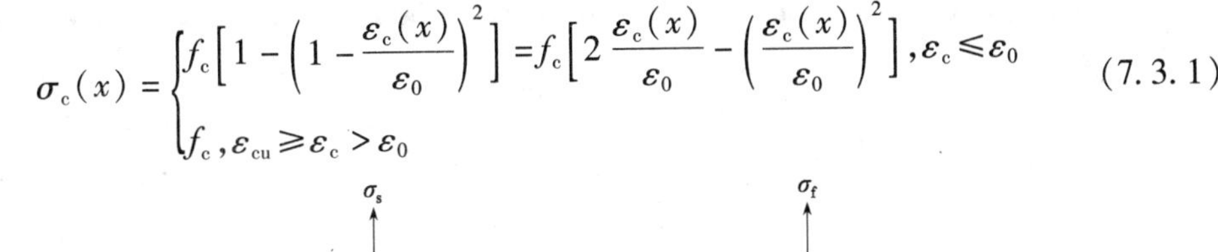

$$\sigma_c(x)=\begin{cases} f_c\left[1-\left(1-\dfrac{\varepsilon_c(x)}{\varepsilon_0}\right)^2\right]=f_c\left[2\dfrac{\varepsilon_c(x)}{\varepsilon_0}-\left(\dfrac{\varepsilon_c(x)}{\varepsilon_0}\right)^2\right], \varepsilon_c\leqslant\varepsilon_0 \\ f_c, \varepsilon_{cu}\geqslant\varepsilon_c>\varepsilon_0 \end{cases} \tag{7.3.1}$$

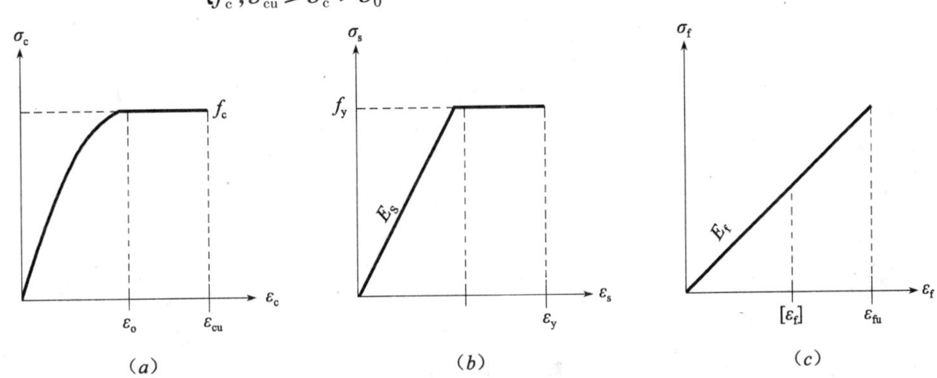

图 7.3.1 混凝土、钢筋、FRP 的应力应变曲线

（a）混凝土应力应变曲线；（b）钢筋应力应变曲线；（c）FRP 应力应变曲线

钢筋的应力应变关系为双线性关系，如图 7.3.1（b）所示，钢筋的应力应变关系为：

$$f_s=\begin{cases} E_s\varepsilon_s, \varepsilon_s<\varepsilon_y \\ E_s\varepsilon_{sy}=f_y, \varepsilon_s\geqslant\varepsilon_{sy} \end{cases} \tag{7.3.2}$$

FRP 可考虑成理想线弹性材料，如图 7.3.1（c）所示，FRP 的应力应变关系为：

$$f_s=E_f\varepsilon_f, \varepsilon_f\leqslant\varepsilon_{fu} \tag{7.3.3}$$

为避免发生由 FRP 失效控制的脆性破坏（FRP 拉断或者 FRP 剥离），采用允许设计应变［ε_f］来进行设计，根据《碳纤维片材加固混凝土结构技术规程》中第 4.3.2 条中关于 FRP 片材的允许设计应变［ε_f］的规定和相关说明，［ε_f］取值按照下列公式确定，或者由工程师根据相关的经验数据进行取值。

$$[\varepsilon_f]=\min\left(k_m\varepsilon_{fu}, \frac{2}{3}\varepsilon_{fu}, 0.01\right) \tag{7.3.4}$$

其中，

$$k_m=1-\frac{n_fE_ft_f}{420000} \tag{7.3.5}$$

式中 ε_{fu}——FRP 片材的极限拉应变；

E_f——FRP 片材的弹性模量；

t_f——单层 FRP 片材的厚度；

n_f——FRP 片材的粘贴层数。

7.3.3 剥离破坏

剥离破坏验算是 FRP 加固钢筋混凝土结构中的重点和难点，剥离破坏的影响因素很多，很难用一种模型准确计算所有原因引起的剥离破坏。本计算软件主要参考了两种剥离破坏验算方法，一种是我国规范方法，另一种是德国方法。

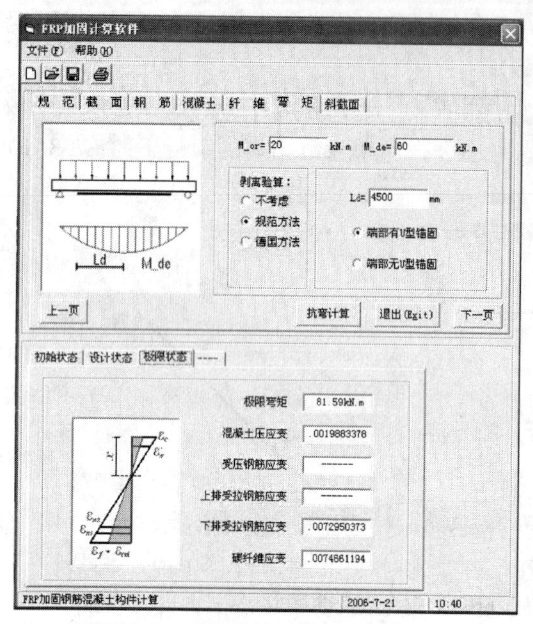

图 7.3.2 剥离破坏验算（规范方法）

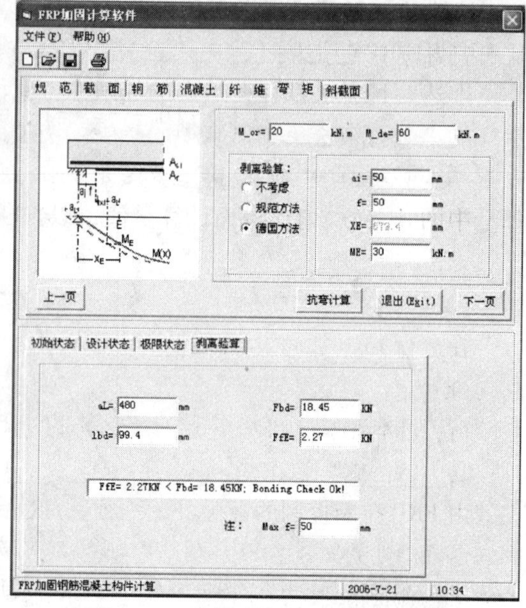

图 7.3.3 剥离破坏验算（德国方法）

我国规范方法主要根据目前国内外剥离破坏试验研究的结果，对正截面受弯剥离破坏时 FRP 的应变进行归纳总结，得出一个相对安全的经验公式来限制 FRP 的应变以避免剥离破坏的产生[1]，该方法为经验方法，计算结果相对保守，FRP 的应变限制如下式：

$$[\varepsilon_f] < \varepsilon_{f,debond} = (1.1/\sqrt{E_f n_f t_f} - 0.2/L_d)\beta_w f_t \tag{7.3.6}$$

宽度修正系数

$$\beta_w = \sqrt{(2.25 - b_f/b_c)/(1.25 + b_f/b_c)} \tag{7.3.7}$$

$$L_d = L_f + 200 \tag{7.3.8}$$

L_f——受弯承载力充分利用截面至 FRP 截断点的距离

德国方法参考德国 FRP 应用指南的剥离破坏验算方法，以 FRP 提供的粘结拉力 F 与粘结长度 l 的关系为基础进行验算。当 FRP 粘贴长度达到有效粘结长度 l_{bd}后，FRP 提供的粘结力不再增加，极限粘结力 F_{bd}可以通过下列公式进行计算：

$$F_{bd} = 0.5 b_f k_b k_T \sqrt{E_f n_f t_f f_c} \tag{7.3.9}$$

$$l_{bd} = 0.6\sqrt{\frac{E_f n_f t_f}{f_c}} \tag{7.3.10}$$

式中 k_T ——温度折减系数，温度保持范围 −20～30℃，外部粘贴取 0.9，内嵌法取 1.0；

k_b ——宽度系数，$k_b = 1.06\sqrt{\dfrac{2 - b_f/b}{1 + b_f/400}}$ (7.3.11)

E_f ——FRP 片材的弹性模量；

t_f ——单层 FRP 片材的厚度；

n_f ——FRP 片材的粘贴层数；

b_f ——FRP 片材的粘贴宽度；

b ——混凝土截面受拉区边缘宽度。

本软件可计算任意荷载下有效粘结长度 l_{bd} 对应点 FRP 的拉力 F，与粘结极限力 F_{bd} 对比可判断 FRP 与混凝土间是否会发生剥离失效。

上述两种方法都存在一定的局限性，建议使用者按上述两种方法分别计算，取其中较保守的承载力来避免剥离破坏的产生。在加固基层表面比较光滑平整的混凝土结构或者加固钢结构时，可参考本书第三章关于 FRP 剥离破坏的界面应力理论，利用本软件计算该理论中的 $\sigma_1 - \sigma_2$ 值，进而计算 τ 值，以判断是否剥离，是一种理论公式。

7.3.4 二次受力问题

在进行 FRP 加固设计时通常不考虑结构已有荷载对加固结构的影响，而在实际的 FRP 加固过程中，部分结构荷载无法卸除，如结构自重、与结构绑定的设备荷载等。由于不能完全卸荷，原有结构构件中混凝土及钢筋的应变水平与新增 FRP 的应变水平不一致，产生了二次受力的问题。二次受力对结构加固效果有不同程度的影响，在 FRP 加固的受弯构件的失效由 FRP 拉断控制的情况下，二次受力对受弯构件极限抗弯承载力影响不大，而在 FRP 加固的受弯构件的失效由 FRP 粘结控制的情况下，二次受力对结构的影响不容忽视。本软件充分考虑了二次受力问题，使计算结果与实际情况更加吻合，用户可以更准确的把握结构的实际安全情况和材料的受力情况，避免出现结构安全性不足或者材料性能发挥程度过低等情况。

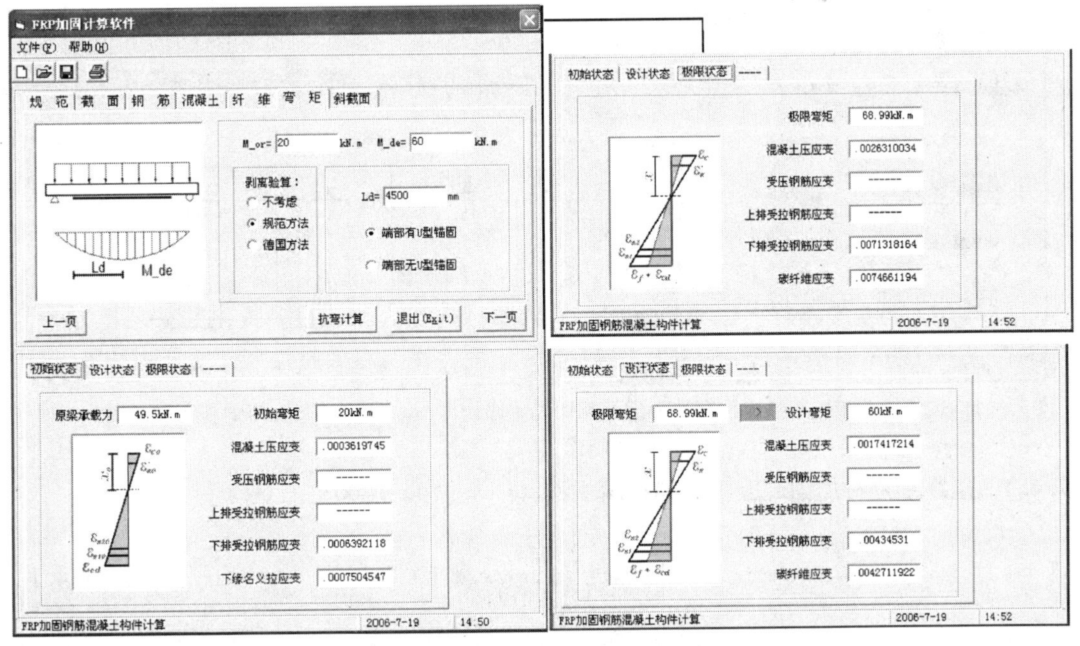

图 7.3.4 软件中关于二次受力影响的考虑及相关结果输出

7.4 粘贴 FRP 片材抗剪加固

混凝土构件侧面粘贴 FRP 片材受剪承载力的理论计算模型，一般是在钢筋混凝土构件计算模型的基础上，增加 FRP 对受剪承载力的贡献项，即 $V=V_c+V_s+V_f$，式中前两项分别为无腹筋梁的受剪承载力和钢筋对受剪承载力的贡献，可采用普通钢筋混凝土构件的计算方法。钢筋混凝土斜截面受剪承载力受剪跨比、跨高比、支撑情况等多种因素的影响，计算结果的离散性较大，加入 FRP 后，由于粘贴方式的不同以及剥离破坏的存在，FRP 提供的受剪承载力的离散性也很大，因此国内外有许多不同的计算公式。为了更好地把握安全度和材料经济性，本软件采用《混凝土结构设计规范》(GB 50010—2002) 中的计算方法，计算出斜截面的极限受剪承载力和原有配筋下的受剪承载力，并判断斜截面是否可以进行加固以及是否需要加固，然后选取了目前国内外常用的几种 FRP 抗剪加固承载力计算公式供工程师设计计算和研究分析，如图 7.4.1 所示。图 7.4.2 为 FRP 抗剪加固的参数图例，下文中介绍的计算方法若无特别注明均以此图例为准。

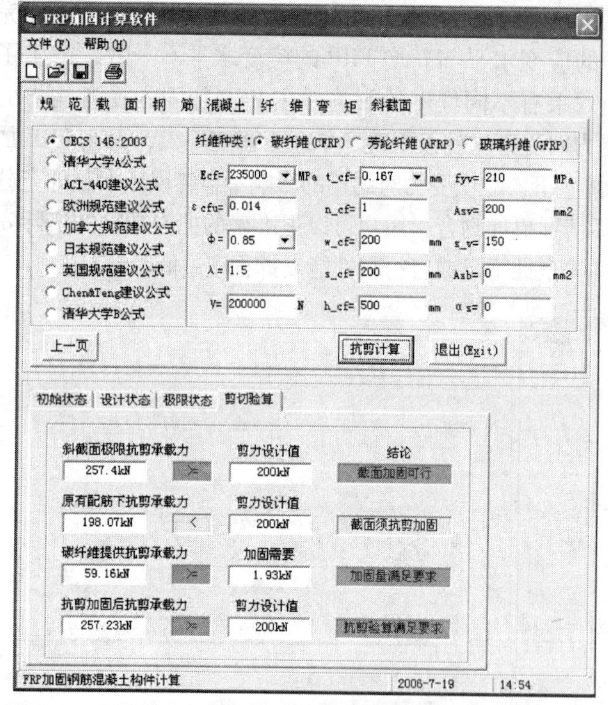

图 7.4.1 软件中关于抗剪加固计算的考虑及相关结果输出

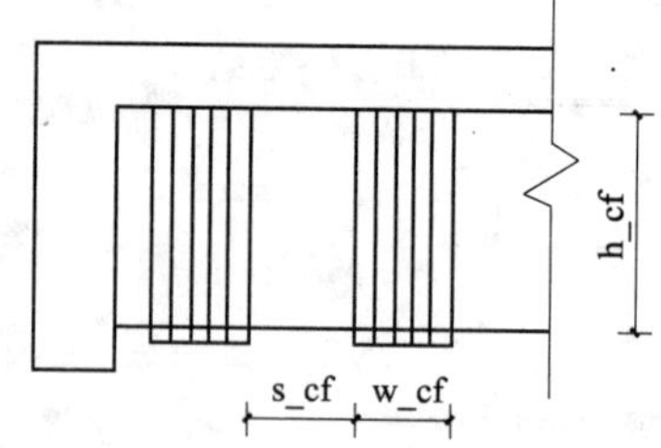

图 7.4.2 FRP 抗剪加固图例

7.4.1 碳纤维片材加固混凝土结构技术规程（CECS 146：2003）

$$V_f=\varphi\frac{2n_f w_f t_f}{(s_f+w_f)}\varepsilon_{fv}E_f h_f \tag{7.4.1}$$

$$\varepsilon_{fv}=\frac{2}{3}(0.2+0.12\lambda_b)\varepsilon_{fu} \tag{7.4.2}$$

式中 V_f ——FRP 片材承担的剪力；

E_f ——FRP 片材弹性模量；

t_f ——单层 FRP 片材厚度；

n_f ——FRP 片材粘贴层数；

h_f ——侧面粘贴的 FRP 片材高度；

s_f ——FRP 片材粘贴净间距；

w_f ——FRP 片材粘贴宽度；

ε_{fv} ——达到受剪承载力极限状态时 FRP 片材的应变；

ε_{fu} ——FRP 片材的极限拉应变；

φ ——FRP 片材受剪加固形式系数，封闭粘贴取 1.0，U 形粘贴取 0.85，侧面粘贴取 0.70

λ_b ——梁受剪计算截面的剪跨比，取值如下：

$$\lambda_b=\begin{cases}1.5, a/h_0\leqslant 1.5\\ a/h_0, 3.0>a/h_0>1.5\\ 3.0, a/h_0\geqslant 1.5\end{cases} \tag{7.4.3}$$

a ——集中荷载作用点到支座边缘的距离；

该计算方法的优点是综合考虑了 FRP 对受剪加固混凝土梁贡献的影响因素，其不足之处在于：随着 FRP 加固量的增加，FRP 对受剪加固混凝土梁承载力的贡献会不断增加，这与实际情况不符合。实际研究表明，FRP 对受剪加固混凝土梁受剪承载力提高的贡献不会随着 FRP 加固量的增大而无限增大，在 FRP 加固量达到临界值时，混凝土梁承载力的增加将取决于混凝土与 FRP 之间的剥离强度（非封闭加固情形）或者混凝土本身的抗压强度（剪压区混凝土破坏）。

7.4.2 纤维增强复合材料建设工程应用技术规范（报批稿）

$$V_b\leqslant V_{b,rc}+V_{b,f} \tag{7.4.4}$$

式中 V_b ——梁的剪力设计值；

$V_{b,rc}$ ——未加固钢筋混凝土梁的受剪承载力，按现行国家标准《混凝土结构设计规范》(GB50010—2002)的规定计算；

$V_{b,f}$ ——达到受剪承载力极限状态时 FRP 片材抗剪贡献设计值。

1. 粘贴 FRP 片材对钢筋混凝土梁进行抗剪加固时，达到受剪承载力极限状态时 FRP 片材承担的剪力设计值 $V_{b,f}$ 按以下方法计算：

1）封闭粘贴加固时，按以下公式确定：

$$V_{b,f}=\psi_v\frac{2w_ft_f}{(s_f+w_f)}\sigma_{f,vd}h_f(\sin\alpha+\cos\alpha) \tag{7.4.5}$$

其中，

$$\sigma_{f,vd}=\min\{f_{fd},E_f\varepsilon_{fe,v}\} \tag{7.4.6}$$

$$\varepsilon_{fe,v}=\frac{8}{\sqrt{\lambda_{Ef}}+10}\varepsilon_{fd} \tag{7.4.7}$$

$$\lambda_{Ef}=\frac{2n_f w_f t_f}{b(s_f+w_f)}\cdot\frac{E_f}{f_t} \tag{7.4.8}$$

2）U 形及侧面粘贴加固时，按以下公式确定：

$$V_{b,f}=K_f\tau_b w_f\frac{h_{fe}^2}{s_f+w_f}(\sin\alpha+\cos\alpha) \tag{7.4.9}$$

其中，

$$K_f=\varphi\frac{\sin\alpha\sqrt{E_f t_f}}{\sin\alpha\sqrt{E_f t_f}+0.3h_{fe}f_t} \tag{7.4.10}$$

$$\tau_b=1.2\beta_w f_t \tag{7.4.11}$$

$$\beta_w=\sqrt{\frac{2.25-w_f/(s_f+w_f)}{1.25+w_f/(s_f+w_f)}} \tag{7.4.12}$$

式中 $V_{b,f}$ ——加固梁达到受剪承载力极限状态时 FRP 片材承担的剪力设计值；

$\sigma_{f,vd}$ ——采用封闭包裹粘贴或有可靠锚固措施的 U 形粘贴受剪加固时 FRP 片材的有效拉应力设计值；

$\varepsilon_{fe,v}$ ——采用封闭包裹粘贴或有可靠锚固措施的 U 形粘贴抗剪加固时 FRP 片材的有效应变；

ε_{fd} ——FRP 片材的拉应变设计值，取 FRP 材料抗拉强度设计值 f_{fd} 除以 FRP 片材的弹性模量；

λ_{Ef} ——采用封闭包裹粘贴或有可靠锚固措施的 U 形粘贴的受剪加固特征值；

s_f ——FRP 片材条带净间距；

w_f ——FRP 片材条带宽度；

t_f ——单侧 FRP 片材的厚度；

h_{fe} ——FRP 片材的粘贴高度；

ψ_v ——二次受力影响系数，按下文规定确定；

α ——FRP 纤维方向与梁轴线的夹角；

K_f ——U 形及侧面粘贴受剪加固时受剪剥离系数；

φ ——受剪加固形式系数，对于侧面粘贴加固 $\phi=1.0$；对于 U 形粘贴加固 $\phi=1.3$；

τ_b ——FRP 片材与混凝土的粘结强度设计值；

E_f ——FRP 材料的弹性模量；

f_t ——混凝土抗拉强度设计值。

2. 对于梁的抗剪加固，加固前初始剪力设计值 V_i 对受剪承载力的影响按下列方法考虑：

1）对于封闭包裹情况，当初始剪力 $V_i\leqslant 0.7f_t bh_0$ 时，可忽略二次受力的影响；当初始剪力 $V_i>0.7f_t bh_0$ 时，FRP 片材的受剪承载力设计值 $V_{b,f}$ 应按下列公式考虑二次受力影响的折减系数 ψ_v。

$$\psi_v=1-\frac{V_i-0.7f_t bh_0}{V-0.7f_t bh_0} \tag{7.4.13}$$

式中 V_i——加固前梁受剪计算截面承担的初始剪力；

2）对于 U 形和侧面粘贴加固情况，可忽略二次受力的影响。

3）当初始剪力设计值 V_i 大于未加固截面受剪承载力设计值的 50% 以上，且无法卸载时，不宜进行抗剪加固。当有工程经验或可靠依据进行加固时应进行专门设计。

7.4.3 ACI—440[2] 建议公式

$$V_f = \psi_f \frac{2n_f t_f w_f E_f \varepsilon_{fe}(\sin\beta + \cos\beta)d_f}{(s_f + w_f)} \tag{7.4.14}$$

式中 ε_{fe}——纤维有效应变；

封闭包裹粘贴： $\psi_f = 0.95, \varepsilon_{fe} = 0.004 \leqslant 0.75\varepsilon_{fu}$ (7.4.15)

U 形粘贴或者侧面粘贴： $\psi_f = 0.85, \varepsilon_{fe} = k_v \varepsilon_{fu} \leqslant 0.004$ (7.4.16)

$$k_v = \frac{k_1 k_2 L_e}{11900\varepsilon_{fu}} \tag{7.4.17}$$

L_e—纤维有效锚固长度，

$$L_e = \frac{23300}{(n_f t_f E)^{0.58}} \tag{7.4.18}$$

折减系数

$$k_1 = \left(\frac{f'_c}{27}\right)^{2/3} \tag{7.4.19}$$

U 形粘贴

$$k_2 = \frac{d_f - L_e}{d_f} \tag{7.4.20}$$

侧面粘贴

$$k_2 = \frac{d_f - 2L_e}{d_f} \tag{7.4.21}$$

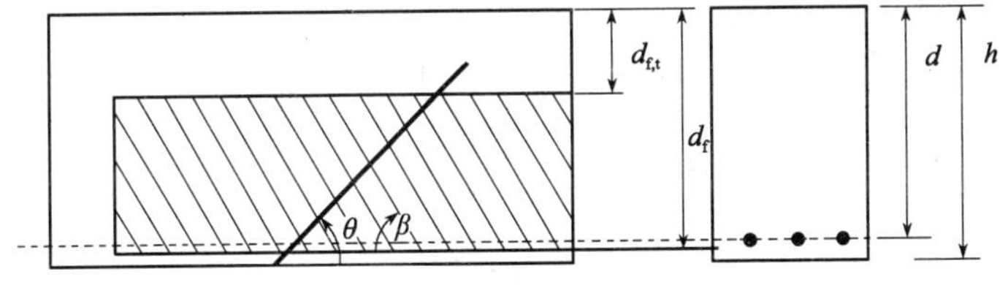

图 7.4.3 公式参数图例

7.4.4 欧洲设计规范建议公式

$$V_f = 0.9\varepsilon_{f,e} E_f P_f b h_0 (1 + \cot\beta)\sin\beta \tag{7.4.22}$$

式中 P_f ——纤维配筋率（下同），$\rho_f = (2n_f t_f / b)\dfrac{w_f}{s_f + w_f}$ (7.4.23)

$\varepsilon_{f,e}$——纤维有效发挥应变，

对 于包裹粘贴的碳纤维（CFRP）：$\varepsilon_{f,e} = 0.17\left(\dfrac{1000 f_c^{2/3}}{E_f \rho_f}\right)^{0.3} \varepsilon_{fu}$ (7.4.24)

对于侧面或者 U 形粘贴的碳纤维（CFRP）：

$$\varepsilon_{f,e} = \min\left[0.65\left(\frac{1000 f_c^{2/3}}{E_f \rho_f}\right)^{0.56} \times 10^{-3}, 0.17\left(\frac{1000 f_c^{2/3}}{E_f \rho_f}\right)^{0.3} \varepsilon_{fu}\right] \tag{7.4.25}$$

注：上式中强度与模量单位为 MPa

7.4.5 英国设计规范建议公式

$$V_f = \frac{1}{\gamma_{mf}} \cdot 2n_f t_f w_{fe} E_f \varepsilon_{fe} \sin\beta(1+\cot\beta) d_f / s_f \tag{7.4.26}$$

式中 γ_{mf}——材料分项系数,对 CFRP 为 1.4,对 GFRP 为 3.5,对 AFRP 为 1.5;

E_f ——FRP 片材的弹性模量,单位取 GPa;

w_{fe} ——FRP 片材有效宽度,侧面粘贴 $w_{fe} = d_f - 2L_e$ (7.4.27)

U形粘贴 $w_{fe} = d_f - L_e$ (7.4.28)

L_e ——纤维有效粘结长度,$L_e = 461.3/(n_f t_f E_f)^{0.58}$ (7.4.29)

纤维拉断破坏:$\varepsilon_{fe} = \varepsilon_{fu}[0.5622(\rho_f E_f)^2 - 1.2188\rho_f E_f + 0.778]$ (7.4.30)

纤维剥离破坏:$\varepsilon_{fe} = 0.0042[(0.835 f_{cu})^{2/3} w_{fe}]/[(E_f n_f t_f)^{0.58} d_f] \leqslant 0.004$ (7.4.31)

7.4.6 加拿大设计规范建议公式

$$V_f = \phi_f 2n_f t_f w_f E_f \varepsilon_{fe}(\sin\beta + \cos\beta) d_f / s_f \tag{7.4.32}$$

式中 ϕ_f——纤维材料分析系数,CFRP 可取 0.7～0.78,GFRP 不大于 0.6;

纤维拉断破坏:
$$\varepsilon_{fe} = 0.8\lambda_1 \left[\frac{f_c^{2/3}}{\rho_f E_f}\right]^{\lambda_2} \varepsilon_{fu} \tag{7.4.33}$$

其中对 CFRP,$\lambda_1 = 1.35$,$\lambda_2 = 0.30$;对 AFRP 和 GFRP,$\lambda_1 = 1.23$,$\lambda_2 = 0.47$;

纤维剥离破坏:
$$\varepsilon_{fe} = \frac{0.8\phi_f k_1 k_2 L_e}{9525} \tag{7.4.34}$$

其中
$$k_1 = \left(\frac{f'_c}{27.65}\right)^{2/3} \tag{7.4.35}$$

U 形粘贴
$$k_2 = \frac{d_f - L_e}{d_f} \tag{7.4.36}$$

侧面粘贴
$$k_2 = \frac{d_f - 2L_e}{d_f} \tag{7.4.37}$$

有效锚固长度
$$L_e = \frac{25350}{(n_f t_f E)^{0.58}} \tag{7.4.38}$$

7.4.7 日本设计规范建议公式

$$V_f = 2K n_f t_f w_f E_f \varepsilon_{fu}(\sin\beta + \cos\beta) d_f / 1.25 \tag{7.4.39}$$

式中 K——强度折减系数,$K = 1.68 - 0.67R$ (7.4.40)

$$R = (\rho_f E_f)^{1/4} (\varepsilon_{fu})^{2/3} \left(\frac{1}{f'_c}\right)^{1/3} \tag{7.4.41}$$

$$0.5 \leqslant R \leqslant 2.0$$

注:式中 E_f 单位为 GPa。

7.4.8 Chen & Teng 公式[2]

$$V_f = 2 f_{fe} n_f t_f w_f \frac{h_{fe}(\cot\theta + \cot\beta)\sin\beta}{(s_f + w_f)} \tag{7.4.42}$$

式中 $f_{fe}=D_f\sigma_{fmax}$ (7.4.43)

$$D_f=\begin{cases}\dfrac{2}{\pi\lambda}\dfrac{1-\cos\dfrac{\pi\lambda}{2}}{\sin\dfrac{\pi\lambda}{2}},\lambda\leqslant 1\\[2ex] 1-\dfrac{\pi-2}{\pi\lambda},\lambda>1\end{cases} \tag{7.4.44}$$

$$\sigma_{fmax}=\min\left(f_{fu},0.427\beta_l\beta_w\sqrt{\frac{E_f\sqrt{f'_c}}{n_f t_f}}\right) \tag{7.4.45}$$

$$\beta_l=\begin{cases}1,\lambda\geqslant 1\\[1ex] \sin\dfrac{\pi\lambda}{2},\lambda<1\end{cases} \tag{7.4.46}$$

U 形粘贴：

$$\lambda=\frac{h_{fe}}{\sin\beta}L_e \tag{7.4.47}$$

侧面粘贴：

$$\lambda=\frac{h_{fe}}{2\sin\beta}L_e \tag{7.4.48}$$

$$L_e=\sqrt{\frac{E_f n_f t_f}{\sqrt{f'_c}}} \tag{7.4.49}$$

$$\beta_w=\sqrt{\frac{2-w_f/[(s_f+w_f)\sin\beta]}{1+w_f/[(s_f+w_f)\sin\beta]}} \tag{7.4.50}$$

上述 FRP 抗剪加固钢筋混凝土构件的计算方法的焦点在于 FRP 有效应变的取值，目前的相关研究和各国规范大多采用理论与试验数据相结合的半理论半经验方式确定，因此计算结果存在一定的局限性，用户可以对比计算后选择合适的计算结果。

7.5 算　　例

FRP 加固计算软件

计算结果输出

抗弯加固部分

计算依据

《混凝土结构设计规范》(GB 50010—2002)

《碳纤维片材加固混凝土结构技术规程》(CECS 146：2003)

几何参数

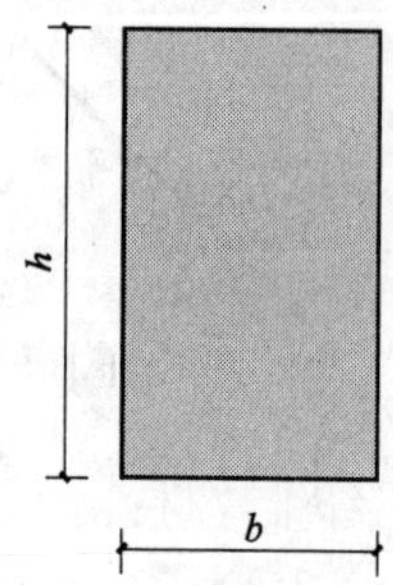

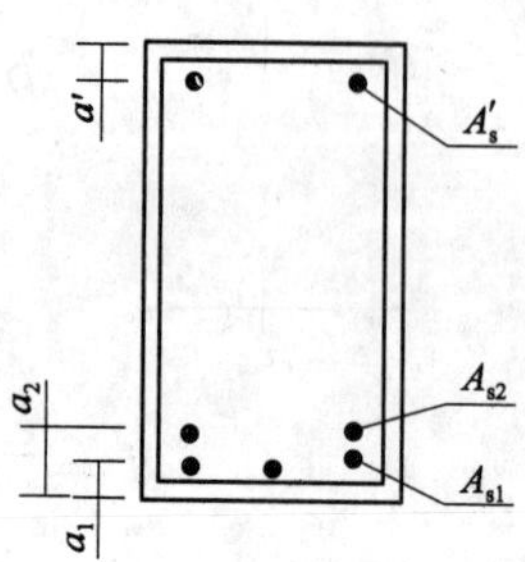

截面尺寸：	钢筋面积及距离各自翼缘高度：	
h：500 ［mm］	A_{s1}：429［mm^2］	a_1：40［mm］
b：200 ［mm］	A_{s2}：0 ［mm^2］	a_2：—［mm］
	A'_s：0 ［mm^2］	a'：—［mm］

材料参数

设计阶段

设计弯矩：70E6 ［N·mm］

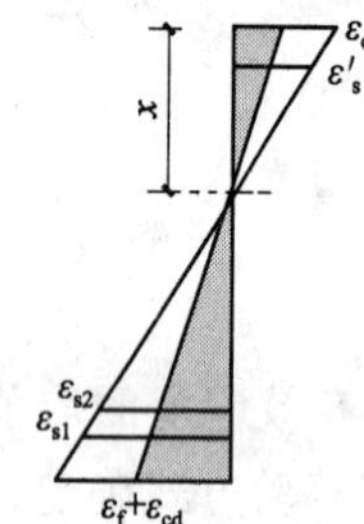

ε_c =.0014058109

ε'_s =……

x =108.6862849mm

ε_{s2} =……

ε_{s1} =.0045440937

ε_{cf} =.0044253088

极限状态

极限弯矩：81.56E6 ［N·mm］

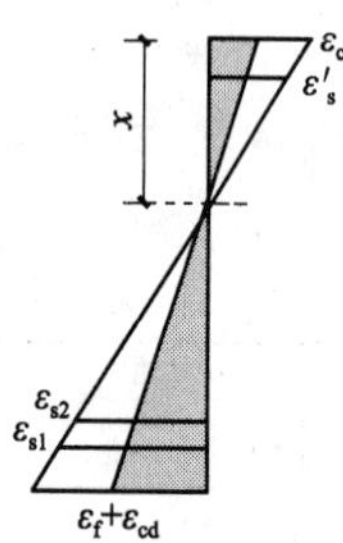

ε_c =.0019865604

ε'_s =……

x =98.53425244mm

ε_{s2} =……

ε_{s1} =.0072875527

ε_{cf} =.0074578294

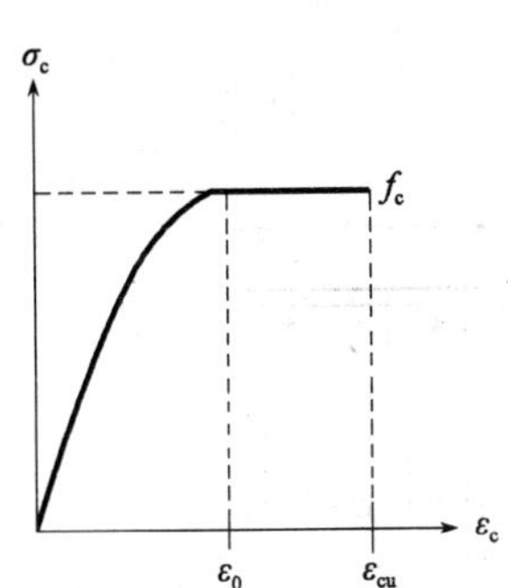

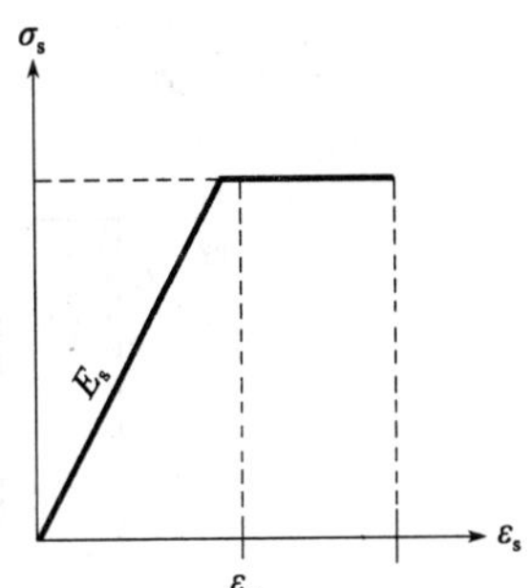

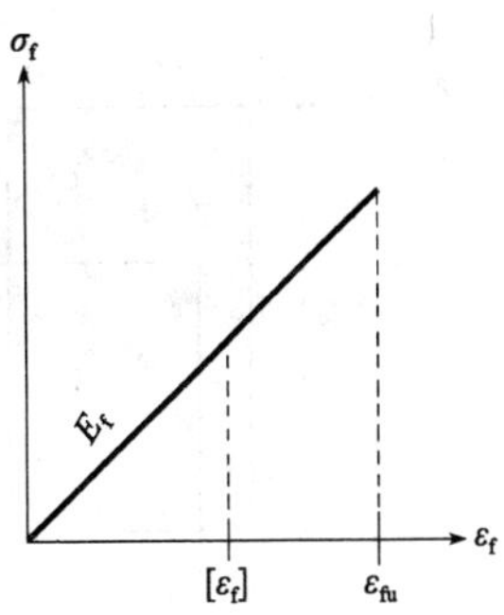

混凝土：

等级：C30

F_c：14.3[N/mm^2]

F_t：1.43[N/mm^2]

E_c：3E4 [N/mm^2]

ε_0：0.002

ε_{cu}：0.0033

钢筋：

f_y：300 [N/mm^2]

E_s：2E5 [N/mm^2]

f'_y：300 [N/mm^2]

E'_s：2E5 [N/mm^2]

纤维片材：

E_{frp}：2.35E5 [N/mm^2]

t_{frp}：0.167 [mm]

n_{frp}：1

b_{frp}：200 [mm]

ε_{fu}：0.15

剥离验算

计算方法：规范方法

锚固方式：有 U 形锚固　　L_{bd}：4000mm

荷载参数

初始弯矩：20E6 [N · mm]

设计弯矩：70E6 [N · mm]

数据输出

初始阶段

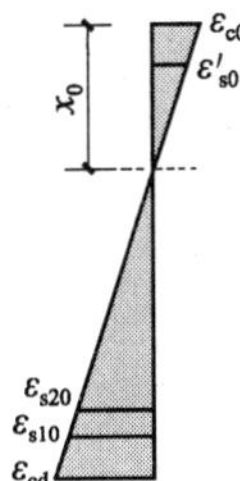

ε_{c0} = .0002505258

ε'_{s0} = ……

x_0 = 56.39240479mm

ε_{s20} = ……

ε_{s10} = .0002505258

ε_{cd} = .0002505258

FRP 加固计算软件

计算结果输出

抗剪加固部分

计算依据：

纤维类型：

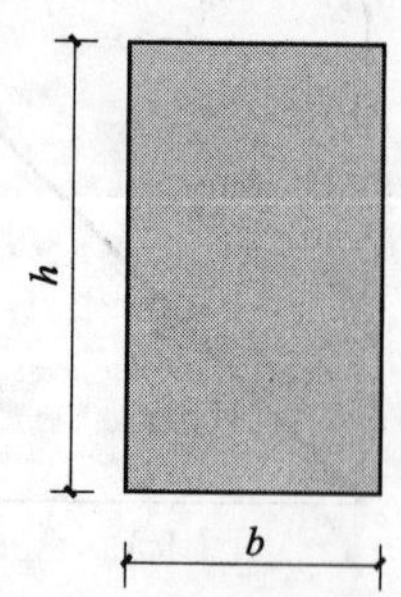

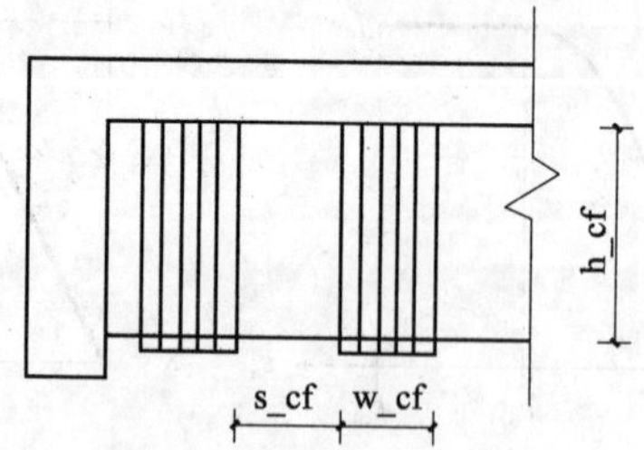

截面尺寸:

h:500[mm]

b:200[mm]

纤维:

E_{cf}:2.35E5 [N/mm^2]

ε_{cfu}:0.015

t_{cf}:0.167 [mm]

n_{cf}:1 [mm]

w_{cf}:200 [mm]

s_{cf}:200 [mm]

h_{cf}:500 [mm]

混凝土:

等级:C30

F_c:14.3[N/mm^2]

F_t:1.43[N/mm^2]

箍筋及弯起钢筋:

f_{yv}:210 [N/mm^2](箍筋强度)

A_{sv}:200 [mm^2] (箍筋面积)

s_v:150 [mm] (箍筋间距)

A_{sb}:0 [mm^2] (弯起钢筋面积)

α_s:0 (弯起钢筋角度)

荷载及其他:

λ:1.5 (剪跨比)

ϕ:0.85 (1.0 表示封闭缠绕,0.85 表示 U 形粘贴,0.7 表示侧面粘贴)

V:2E5 [N] (梁的剪力设计值)

计算方法

CECS 146:2003

数据输出

斜截面极限抗剪承载力: 328.9E3 [N] > 剪力设计值:200E3 [N]

原截面抗剪承载力: 253.09E3 [N] > 剪力设计值:200E3 [N]

纤维提供抗剪承载力: 63.38E3 [N]

抗剪加固后抗剪承载力: 316.47E3 [N] > 剪力设计值:200E3 [N]

参考文献

[1] 纤维增强复合材料建设工程应用技术规范(报批稿).

[2] Chen J. F., Teng J. G., Anchorage strength models for FRP and steel plates bonded to concrete, Journal of Structural Engineering, ASCE. 2001. 127 (7). 784-791.

尊敬的读者：

感谢您选购我社图书！建工版图书按图书销售分类在卖场上架，共设22个一级分类及43个二级分类，根据图书销售分类选购建筑类图书会节省您的大量时间。现将建工版图书销售分类及与我社联系方式介绍给您，欢迎随时与我们联系。

★建工版图书销售分类表（详见下表）。

★欢迎登陆中国建筑工业出版社网站www.cabp.com.cn，本网站为您提供建工版图书信息查询，网上留言、购书服务，并邀请您加入网上读者俱乐部。

★中国建筑工业出版社总编室　电　话：010—58934845

传　真：010—68321361

★中国建筑工业出版社发行部　电　话：010—58933865

传　真：010—68325420

E-mail：hbw@cabp.com.cn

建工版图书销售分类表

一级分类名称（代码）	二级分类名称（代码）	一级分类名称（代码）	二级分类名称（代码）
建筑学（A）	建筑历史与理论（A10）	园林景观（G）	园林史与园林景观理论（G10）
	建筑设计（A20）		园林景观规划与设计（G20）
	建筑技术（A30）		环境艺术设计（G30）
	建筑表现·建筑制图（A40）		园林景观施工（G40）
	建筑艺术（A50）		园林植物与应用（G50）
建筑设备·建筑材料（F）	暖通空调（F10）	城乡建设·市政工程·环境工程（B）	城镇与乡（村）建设（B10）
	建筑给水排水（F20）		道路桥梁工程（B20）
	建筑电气与建筑智能化技术（F30）		市政给水排水工程（B30）
	建筑节能·建筑防火（F40）		市政供热、供燃气工程（B40）
	建筑材料（F50）		环境工程（B50）
城市规划·城市设计（P）	城市史与城市规划理论（P10）	建筑结构与岩土工程（S）	建筑结构（S10）
	城市规划与城市设计（P20）		岩土工程（S20）
室内设计·装饰装修（D）	室内设计与表现（D10）	建筑施工·设备安装技术（C）	施工技术（C10）
	家具与装饰（D20）		设备安装技术（C20）
	装修材料与施工（D30）		工程质量与安全（C30）
建筑工程经济与管理（M）	施工管理（M10）	房地产开发管理（E）	房地产开发与经营（E10）
	工程管理（M20）		物业管理（E20）
	工程监理（M30）	辞典·连续出版物（Z）	辞典（Z10）
	工程经济与造价（M40）		连续出版物（Z20）
艺术·设计（K）	艺术（K10）	旅游·其他（Q）	旅游（Q10）
	工业设计（K20）		其他（Q20）
	平面设计（K30）	土木建筑计算机应用系列（J）	
执业资格考试用书（R）		法律法规与标准规范单行本（T）	
高校教材（V）		法律法规与标准规范汇编/大全（U）	
高职高专教材（X）		培训教材（Y）	
中职中专教材（W）		电子出版物（H）	

注：建工版图书销售分类已标注于图书封底。